Das NEUE

Seine Entstehung und Aufnahme in Natur und Gesellschaft

Das NEUE
Seine Entstehung und Aufnahme in Natur und Gesellschaft

Herausgegeben
von Heinrich Parthey
mit Beiträgen
von Werner Ebeling
Heinz-Dieter Haustein
Helmut Koziolek
Heinrich Parthey
Rainer Schwarz
Günter Tembrock
Manfred Wölfling
und Wolfgang Ullrich Wurzel

Akademie-Verlag Berlin
1990

Dieser Titel wurde vom Originalmanuskript der Autoren reproduziert.

ISBN 3-05-000 963-2

Erschienen im Akademie-Verlag Berlin, DDR-1086 Berlin, Leipziger Str. 3-4

Lizenznummer: 202·100/36/90
Printed in the German Democratic Republic
Einbandgestaltung: Christian Krebs
Gesamtherstellung: TASTOMAT, 1275 Eggersdorf
LSV 0155
Bestellnummer: 755 1141 (9231)
01900

Heinz-Dieter Haustein

Vorwort

Das Neue als neue Qualität im Prozeß quantitativer und qualitativer Veränderungen beschäftigte Dialektiker aller Zeiten. Für G.W.F.Hegel (Logik I, S. 380) "ist ein Maßverhältnis vorhanden, eine selbständige Realität, die qualitativ von anderen unterschieden ist. Ein solches Fürsichsein ist, weil es zugleich wesentlich ein Verhältnis von Quantis ist, der Äußerlichkeit und der Quantumsveränderung offen; es hat eine Weite, innerhalb deren es gegen diese Veränderung gleichgültig bleibt und seine Qualität nicht ändert. Aber es tritt ein Punkt dieser Änderung des Quantitativen ein, auf welchem die Qualität geändert wird, das Quantum sich als spezifizierend erweist, so daß das veränderte quantitative Verhältnis in ein Maß und damit in eine neue Qualität, ein neues Etwas umgeschlagen ist. ... - Die neue Qualität oder das neue Etwas ist demselben Fortgange seiner Veränderung unterworfen und so fort ins Unendliche."
Bekanntlich reichen die verschiedenen Formen dialektischen Denkens von der Anerkennung von Veränderungen, von qualitativen Umwandlungen bis zur Berücksichtigung von Tendenzen der Höherentwicklung. Dabei stellt sich stets die Frage nach den Quellen der Veränderungen, der qualitativen Umwandlungen und der Tendenzen der Höherentwicklung, die von materialistischen Dialektikern mit Erkenntnissen über die Selbstbewegung der objektiven Realität beantwortet wird.
Für letzteres hat K.Marx (Mehrwert III, S. 414-415) auf dialektische Widersprüche als Einheit und Kampf der Gegensätze in der gesellschaftlichen Entwicklung hingewiesen: "Die ursprüngliche Einheit zwischen Arbeiter und Arbeitsbedingungen (vom Sklavenverhältnis abstrahiert, wo der Arbeiter selbst zu den objektiven Arbeitsbedingungen gehört) hat zwei Hauptformen: das asia-

tische Gemeinwesen (naturwüchsigen Kommunismus) und die kleine Familienagrikultur (womit Hausindustrie verbunden) in one or the other form. Beide Formen sind Kinderformen und gleich wenig geeignet, die Arbeit als gesellschaftliche Arbeit und die Produktivkraft der gesellschaftlichen Arbeit zu entwickeln. Daher die Notwendigkeit der Trennung, der Zerreißung, des Gegensatzes zwischen Arbeit und Eigentum (womit zu verstehen Eigentum an den Produktionsbedingungen). Die äußerste Form dieser Zerreißung, worin zugleich die productive forces of social labour are most powerfully developed, ist die des Kapitals. Auf der materiellen Basis, die es schafft, und vermittels der Revolutionen, die im Prozeß dieser Schöpfung die Arbeiterklasse und the whole society undergoes, kann erst wieder die ursprüngliche Einheit hergestellt werden."

Auch heute setzen sich Vertreter der materialistischen Dialektik sowohl mit Kreislauftheorien, die ein Entstehen des Neuen in Abrede stellen, als auch mit der Identifizierung von Neuem und Höherem auseinander. Dabei ist vor allem zu unterscheiden, ob beim Umschlagen unwesentlicher in wesentliche Veränderungen einer Ausgangsqualität nur eine andere Qualität der gleichen Grundqualität oder, ob eine neue Grundqualität entsteht oder, ob wesentliche Veränderungen von der Ausgangsqualität über neue Qualitäten zur besseren Erfüllung der Funktionen der Ausgangsdurch die Endqualität, eben zur Höherentwicklung führen.

Das Neue im Sinne neuer Grundqualitäten ist mehr als eine andere Qualität und muß nicht zugleich eine höhere Qualität sein. In jedem Fall ist es erst seit kurzem als neue Qualität vorhanden, entweder entstanden oder hergestellt. Es liegen Forschungsergebnisse darüber vor, wie neue Qualitäten in der Natur entstehen, die gesellschaftswissenschaftliches Denken herausfordern und befördern können. "Wir wissen inzwischen", formulierten I.Prigogine und I.Stengers (1981, S. 21), "daß fern vom Gleichgewicht neue Strukturtypen spontan entstehen können. Unordnung und Chaos können sich unter gleichgewichtsfernen Bedingungen in Ordnung verwandeln. Es können neue dynamische Zustände der Materie entstehen, in denen sich die Wechselwirkung eines Systems mit seiner Umgebung widerspiegelt. Wir

haben diese neue Strukturen als dissipative Strukturen bezeichnet, um die paradoxe Rolle von dissipativen Prozessen bei ihrer Entstehung hervorzuheben". I.Prigogine (Nobelpreis für Chemie 1977) begann seine Untersuchungen zur Thermodynamik offener Systeme Ende der 40er Jahre zu veröffentlichen und schlug im Jahr 1969 die Bezeichnung "dissipative Strukturen" für die Strukturbildung selbstorganisierender Systeme vor. Für die Selbstorganisation von Makromolekülen formulierte M.Eigen (Nobelpreis für Chemie 1967) im Jahre 1971 die Mechanismen und Randbedingungen. Eigen konnte zeigen, daß die Evolution durch Informationsvermehrung den Fall einer "starken Zeitlichkeit" bildet, die sich in einem begrenzten Lebensraum in einer Abfolge von Phasensprüngen äußert. Er geht mit seiner Auffassung, "daß Selektion dank gleichzeitiger Begünstigung fast-neutraler Mutanten bereits eine Art Vorausplanung der nächsten Mutationsschritte einschließt", weit über Darwin hinaus, denn "es wird dort am intensivsten nach neuen Mutanten gesucht, wo aufgrund der Werttopographie die Aussicht auf Erfolg am größten ist. Der Unterschied ist analog dem zwischen einer ausgeklügelten Zielsuche und einem blinden Ausprobieren" (Eigen, 1988, S. 133). Eigen geht es von dieser Position aus "nicht um eine Beschreibung oder Vorausberechenbarkeit der Wirklichkeit, sondern um ein Verstehen dessen, was in unserer Gesellschaft geschieht oder geschehen kann. Allein in diesem Sinne dürfen wir die Übertragung der Idee der Phasensprünge aus dem Bereich der Lebenserscheinungen in den der Gesellschaft betrachten. Mit einem solchen Verständnis werden wir eher in der Lage sein, uns der Wirklichkeit optimal anzupassen. Das Streben nach Ausgewogenheit, das Erhalten des lebensnotwendigen Nichtgleichgewichts – es bedeutet nun einmal Dissipation von Energie –, die Pflege lebenswerter Umweltbedingungen und die Bewahrung von Frieden trotz ständig sich verschärfender Konkurrenz um Lebensraum und trotz naturgegebener Ungleichheiten, all diese Zwänge verlangen subtile Einsicht in das Mögliche" (Eigen, 1988, S. 137 - 138).
Die in diesem Band vorgelegten Beiträge versuchen jeder auf seine Weise Ergebnisse der Erforschung selbstorganisierender Systeme auch für das gesellschaftstheoretische Denken fruchtbar

umzusetzen. Wenn sowohl zu Petty's als auch zu Marx' Zeiten bereits "der mächtige Strom von den Naturwissenschaften zu den Gesellschaftswissenschaften floß", ist dieser Strom "auch im 2o. Jahrhundert nicht weniger machtvoll, wenn nicht noch machtvoller" (Lenin, 1914, S. 191). In dem letzten Vierteljahrhundert wird dieser Strom vor allem durch Ilja Prigogines Theorie der dissipativen Strukturen und Manfred Eigens Arbeiten zur molekularen Selbstorganisation geprägt.

Unstrittig ist, daß eine bloße gesellschaftstheoretische Analogisierung der Konzepte von Prigogine und Eigen nicht ausreicht (vgl. Mocek, 1988, S. 133 ff.; Druwe, 1988; Marz und Wohanka, 1989; Simon 1989; Erpenbeck, 1989). In diesem Zusammenhang ist vor allem zu betonen, daß die Natur kein Bewußtsein hat, das erreichbare Zustände vorwegnimmt und entwirft.

Auch treten Probleme nur in der menschlichen Tätigkeit auf, wovon Philosophen verschiedener Richtungen bereits in der Antike ausgingen, "denn wunderliches kommt Allen aus der Unwissenheit" (Plato, Staatsmann, S. 227), vor allem aus der Unwissenheit über Mittel und Wege zur tatsächlichen Erreichung der gedanklich bereits vorweggenommenen erstrebenswerten Zustände.

So sind für theoretische Überlegungen über das Neue in der Gesellschaft unter anderem auch problemtheoretische Grundlagen notwendig, denn in der Wissenschaft und Technik entsteht das Neue zuerst in Form von Problemen und dann im Verlauf ihrer Auflösung in Form von Erfindungen und Entdeckungen. Dabei werden technische Gebilde zuerst entworfen und danach zur beabsichtigten Zielstellung als funktionserfüllende Struktur gestaltet und schließlich, wenn möglich, ökonomisch als Innovation verwertet. Den Begriff "Innovation" haben Biologen bereits im 19. Jahrhundert zur Beschreibung der überaus verbreiteten Erscheinung verwendet, daß die vegetative Fähigkeit von älteren auf neuere Teile der Pflanze übergeht (vgl. Denffer, Ziegler, Ehrendorfer und Bresinsky, 1983, S. 148). In analoger Weise haben Ökonomen den wirtschaftlichen Prozeß mit Innovation bezeichnet, in dem die ökonomische Effektivität von alter auf neue Technik beziehungsweise von älteren Produkten und Verfahren auf neuere übergeht. In diesem Sinne greifen die in diesem

Band vorgestellten ökonomischen Beiträge die oben angedeuteten Diskussionsangebote von Naturwissenschaftlern auf, denn sie fordern sowohl Gesellschaftstheoretiker als auch Wirtschaftspraktiker dazu heraus, eigene Positionen zu den Bedingungen der Entstehung und der Aufnahme des Neuen in der Wirtschaft zu überdenken und zu präzisieren.

Dialektisch-materialistisches Denken über die Entwicklung in der Zeit schließt bekanntlich die Anerkennung von Sprüngen, der Unterbrechung der Allmählichkeit, des Umschlagens quantitativer in qualitative Veränderungen sowie des Entstehens neuer Qualitäten und des Vergehens des Alten in der Selbstbewegung der objektiven Realität ein. Dabei weist die Dialektik von Altem und Neuem in der natürlichen Evolution gegenüber der in der gesellschaftlichen Entwicklung sowohl Gemeinsamkeiten als auch Besonderheiten auf. Für letzteres ist aufschlußreich, in welcher Art und Weise soziale Revolutionen mit weltanschaulichen Positionen zur Dialektik von Altem und Neuem verbunden sind. Im Zusammenhang mit dem sozialistischen Aufbau formulierte W.I.Lenin im Jahre 1919: "Wenn das Neue eben erst entstanden ist, bleibt das Alte stets eine gewisse Zeit lang stärker; das ist immer so, sowohl in der Natur als auch im Leben der Gesellschaft. ... Wir müssen die Keime des Neuen sorfältig untersuchen, ihnen die größte Aufmerksamkeit entgegenbringen, mit allen Mitteln ihr Wachstum fördern und diese schwachen Keime 'hegen und pflegen'. Es ist unvermeidlich, daß einige von ihnen zugrunde gehen werden. ... Nicht darauf kommt es an. Worauf es ankommt, das ist die Unterstützung aller und jeder Keime des Neuen, von denen das Leben die Lebensfähigsten auslesen wird " (Lenin , Die große Initiative, S. 413).

Positionen dieser Art können auch so verstanden werden, daß das Neue in der Gesellschaft zuerst in Form von Problemen entsteht, deren Lösung mit Entwürfen für gesellschaftliche Veränderungen versucht wird. Das Ziel jeder Problembearbeitung, sei es neue Erkenntnisse zu gewinnen, sei es neue Technik zu erfinden und neue gesellschaftliche Strukturen zu entwerfen, besteht letzlich darin, Bedürfnisse besser zu befriedigen und damit auch neue zu wecken.

Im Unterschied zu Entdeckungen, die zu neuem Wissen führen, und Erfindungen, die neue Technik entwerfen, verstehen die Autoren vorliegenden Bandes unter Innovation die neue Technik, die für die Menschheit erstmalig wirtschaftlich angewandt und durchgesetzt wird. Das hat auch eine hervorragende Bedeutung für die ökonomischen Abläufe der wirtschaftlichen Einheit, sei es ein Betrieb oder eine Volkswirtschaft, in der eine Erfindung innovativ genutzt wird, denn erst die auf dem Weltmarkt dafür erzielbaren Extragewinne rechtfertigen ökonomisch die heute mitunter enormen Vorleistungen für Wissenschaft und Technik. Oder anders gesprochen: Offensichtlich sind die immer höher werdenden Aufwendungen für Wissenschaft und Technik zum Erreichen von Originalproduktion nur über einen auf dem Weltmarkt erreichbaren Extragewinn ökonomisch sinnvoll. Alle Länder müssen sich darauf einstellen, daß gegenwärtig sich international ein qualitativer Übergang zu überwiegender Innovationskonkurrenz vollzieht.

Bekanntlich hat K.Marx im "Kapital" die mit dem Entstehen und der Aufnahme von technischen Neuerungen dieser Art verbundene Entwicklung der Produktivkräfte aus der Wechselbeziehung des gesellschaftlich notwendigen und des individuellen Arbeitsaufwandes für neue Produkte und Produktionsverfahren erklärt und in der französischen Ausgabe (Marx, Le capital 1873, S. 273) mit "Innovation" bezeichnet. Welche Probleme die sozialistischen Länder insbesondere mit der Startphase von Innovationen im internationalen Maßstab haben, zeigt sich für Länder mit hohem Außenhandelsvolumen, wie der Deutschen Demokratischen Republik, im Verhältnis der Entwicklung des produzierten Nationaleinkommens zu dem des im Inland für Konsumtion und Akkumulation verfügbaren Nationaleinkommens. Die zunehmenden Aufwendungen an nationaler Arbeit für wissenschaftlich-technische Leistungen haben nur bei realer Anerkennung auf dem internationalen Markt, die sich in den Exporterlösen und der Exportrentabilität ausdrückt, die Chance, dazu beizutragen, daß mit dem produzierten auch das im Inland verwendbare Nationaleinkommen wächst. Liegt letzteres in der Deutschen Demokratischen Republik nun seit Jahren unter ersterem, dann mögen die Ursachen dafür noch so verschiedene und vielfältige sein, eine Antwort auf die Frage nach einer dauerhaften Beseitigung dieser mitunter beträchtlichen Wachstumsdiffenrenz kann nur lauten: Letztlich muß durch die Innovationskraft der eigenen Volkswirtschaft ein dauerhafter Beitrag zur Erhöhung des im Inland verfügbaren Nationaleinkommens erreicht werden, denn schließlich kann nur das nach Konsumtion und Akkumulation proportioniert werden, was an Nationaleinkommen im Inland verfügbar ist. Entscheidend dafür sind letzlich innere ökonomische Triebkräfte der Wirtschaftseinheiten eines Landes selbst. Ansatzpunkte für eine höhere ökonomische und soziale Wirksamkeit des auf eigenen Leistungen beruhenden Zuwachses an verfügbarem Nationaleinkommen sind direkt mit der Gestaltung eines nationalen Innovationssystem und der Beherrschung des Innovationsprozesses verbunden, vor allem mit dem Zeitfaktor und dem Neuheitsgrad sowie der Wohlfeilheit der Erzeugnisse.

Die in diesem Band zur Diskussion gestellten Überlegungen versuchen, ausgehend sowohl von evolutionstheoretischen als auch von innovations- sowie problemtheoretischen Gesichtspunkten, den weitgespannten Rahmen von Untersuchungen über die Entstehung und Aufnahme des Neuen in Wissenschaft und Technik abzudecken. Hinsichtlich der problemtheoretischen Gesichtspunkte setzt der vorliegende Sammelband auch die Bemühungen von Vertretern verschiedener Wissenschaftsdisziplinen fort, die Zusammenhänge von "Problem und Methode in der Forschung" (Parthey, 1978) und die "Interdisziplinarität in der Forschung" (Parthey und Schreiber, 1983) tiefer zu verstehen und an einem gemeinsam interessierenden Anliegen zu praktizieren. Die nun vorgelegten Beiträge von Vertretern der Physik, Biologie, Linguistik, Wissenschaftswissenschaft und Ökonomie entstanden in gemeinsamer Diskussion vor allem aus dem Bestreben, den theoretischen und praktischen Sinn für die Bedingungen der Entstehung und Aufnahme des Neuen in Wissenschaft und Technik zu fördern.

Ein erster Beitrag befaßt sich mit dem Neuen in Natur und Technik aus evolutionstheoretischer Sicht. Dabei wird Innovation als der erstmalige Einsatz von Erfindungen zur Bedürfnisbefriedigung verstanden. Ausgehend von einer evolutionstheore-

tischen Betrachtung gesellschaftlicher Prozesse tragen Parallelen und Besonderheiten zwischen technischer und biologischer Evolution zu einem tieferen Verständnis von Innovationen bei.
In einem zweiten Beitrag werden Innovationsstrategien aus verhaltensbiologischer Sicht betrachtet, die davon ausgeht, daß die Auffassung von Strategien unlöslich mit dynamischen Prozessen verbunden ist, die durch individuelle Aneignung von Gattungserfahrungen in der Jugendperiode erworben werden und zur Erhaltung und Entwicklung der Gattung beitragen. Das stellt einen erheblichen Evolutionsvorteil dar, denn dadurch wird das ganze natürliche Selektionsgefüge verändert.
Der dritte Beitrag wendet sich dem Neuen in der Sprache zu, das zustande kommt, indem die Sprache sich verändert, sich wandelt. Eine ganze Reihe von Fragen der zeitgenössichen Sprachwissenschaft sind nicht nur für die Sprachtheorie relevant, sondern darüber hinaus für die allgemeinere Frage, wie Neues in einem Bereich der Gesellschaft entsteht und aufgenommen wird.
Im vierten Beitrag werden Entdecken und Erfinden vom problemtheoretischen Standpunkt aus betrachtet. Bei den Entdeckungen handelt es sich um die Erkenntnis von objektiv Gegebenem, das bisher ideell noch nicht abgebildet wurde. Technische Gebilde dagegen sind neu zu entwerfen und zu schaffen. Wissenschaftlich - technische Neuerungen sind bei ihrer Aufnahme in Wissenschaft und Technik mit allen Problemen des Neuen verbunden: Die Bedeutung des Neuen wird erst zukünftig wirksam und ist mit allen zusätzlichen Risiken verbunden, überlebte Gewohnheiten stehen ihm entgegen, denn seine Effektivität entwertet das Alte.
In den weiteren drei Beiträgen wird das Neue vom ökomomischen Standpunkt als wissenschaftlich-technischer Fortschritt betrachtet. Wissenschaftlich-technische Neuerungen sind Beiträge zur weiterführenden Lösung des Grundwiderspruchs zwischen der Befriedigung der wachsenden gesellschaftlichen Bedürfnisse und den vorhandenen Ressourcen. Die Analyse des Zusammenhangs zwischen Neuerungen und Arbeitswert berührt eine Reihe in der Diskussion befindlicher Fragen des ökonomischen Mechanismus, unter anderem die Wirkungsweise des Wertgesetzes, die Bestimmung von produktiver und unproduktiver Arbeit sowie von einfa-

cher und komplizierter Arbeit. Neuerungen tragen in wachsendem Maße zur Umgestaltung des gesellschaftlichen Arbeitsprozesses bei. Seit Mitte des 18.Jahrhunderts sind grundlegende Wandlungen im Arbeitsprozeß zu verzeichnen, die seit der Mitte des 20.Jahrhunderts den Charakter einer wissenschaftlich-technischen Revolution angenommen haben. Ausgewählte Strategien zu ihrer Meisterung sind in der Regel dann erfolgreich, wenn eine gesellschaftlich umfassende Bewertung der Bedingungen und Auswirkungen der in der Produktion materieller Güter aufzunehmenden Technik erfolgt ist; sie versagen, wenn bestimmte wirtschaftliche Kreisläufe und ihre Verflechtung vernachlässigt oder nur allzu kurzfristige Interessen wahrgenommen werden. Vom Standpunkt der politischen Ökonomie wird hier der wirtschaftliche Kreislauf und seine Veränderung durch Innovationen untersucht. Ausgehend von der notwendigen Kreislaufbeschleunigung in der sozialistischen Volkswirtschaft wird für den Einfluß von Innovationen auf den Wirtschaftskreislauf ein Meßkonzept vorgestellt.

Die vorgelegten Beiträge entstanden in gemeinsamer Diskussion aus dem Bestreben, sowohl das Verständnis für das Entstehen und die Aufnahme von Neuem in Natur und Gesellschaft zu vertiefen als auch das Interesse anderer Wissenschaftdisziplinen anzuregen, weiterführend zu untersuchen, wie das Neue vor allem in den verschiedenen Bereichen der gesellschaftlichen Entwicklung entsteht und aufgenommen wird.

Berlin, im Juni 1989 Heinrich Parthey

Werner Ebeling

Das Neue in der natürlichen und in der technischen Evolution

Die Entstehung des Neuen ist stets das erstmalige Auftauchen neuer Qualitäten in der Geschichte unseres Kosmos, unseres Planeten und der Gesellschaft. Wir sind heute in der Lage, die Entstehung der Elementarteilchen, wie Elektron, Proton und Neutron, zu datieren und die Ursachen für ihre Entstehung im expandierenden heißen Weltall zu analysieren. Weiterhin verstehen wir die Entstehung der chemischen Elemente und ihre Verteilung und Häufigkeit im Weltall. Schließlich haben wir zumindest ein annäherndes Bild von der Entstehung der biologischen Spezies mit Einschluß des Menschen. Das Datieren des Auftretens neuer Qualitäten im Prozeß der Evolution ist in vielen Fällen äußerst schwierig, aber mit modernen Methoden mit zunehmender Genauigkeit möglich.

So gelingt es immer mehr, zu dem von den griechischen Philosophen auf der Basis genialer Intuition angestrebten Gesamtbild der Entwicklung unserer Welt zu gelangen. Friedrich Engels drückte das in der "Dialektik der Natur" mit folgenden Worten aus: "Und so sind wir denn wieder zurückgekehrt zu der Anschauungsweise der großen Gründer der griechischen Philosophie, daß die gesamte Natur, vom Kleinsten bis zum Größten, von den Sandkörnern bis zu den Sonnen, von den Protisten bis zum Menschen, im ewigen Entstehen und Vergehen, in unaufhörlichem Fluß, in rastloser Bewegung und Veränderung ihr Dasein hat" (Engels, Dialektik, S. 320). Naturgeschichte und Menschheitsgeschichte werden enger miteinander verflochten. Es gilt dabei, im Sinne einer dialektischen Grundkonzeption, auch die Parallelen und Gemeinsamkeiten natürlicher und technischer Evolution, ebenso wie ihre Besonderheiten herauszuarbeiten. Aus diesem umfangreichen Komplex von Problemen, der nur im Zusammenwirken von Vertretern verschiedener Disziplinen zu bewältigen ist.

wird im folgenden das Teilproblem einer Gegenüberstellung der natürlichen Evolution und der Evolution von Technologien herausgegriffen.

1.Evolution und Innovation

Ausgehend von der Annahme, daß der Kosmos in seiner heute vorliegenden Form mit Einschluß der menschlichen Gesellschaft auf unserem Planten das Resultat eines historischen Prozesses ist, der natürlichen und gesellschaftlichen Evolution, sind alle heute vorliegenden Strukturen irgendwann einmal entstanden. Wir definieren in diesem Sinne als das Neue die erstmalig im historischen Prozeß der Evolution auftretende, vom bisherigen verschiedene Qualität. Im physikalisch-chemischen Sinne verstehen wir als solche neuen Qualitäten die Elementarteilchen, die Atome und Moleküle der chemischen Elemente, die verschiedenen Aggregatzustände der Stoffe (fest, flüssig, gasförmig, plasmaartig) und so weiter. Im astrophysikalischen Sinne bezeichnet das Neue die Entstehung von Sternen, Planeten, Kometen, Galaxien, Systemen von Galaxien etc. Im biologischen Sinne bezeichnet das Neue die Entstehung der Zellen, der biologischen Spezies, der Lebensgemeinschaften etc. Wesentlich schwieriger ist es, das Neue im Prozeß der gesellschaftlichen Entwicklung zu definieren. Wir greifen hier nur die Innovationen als wesentliches Element der Entwicklung der Technik heraus. Als Innovationen bezeichnen wir hier die erstmalige Einführung neuer Techologien in Industrie, Landwirtschaft, Verwaltung, Verkehr, Kommunikation und so weiter. Im engen Zuammenhang mit Innovationen stehen Entdeckungen, Erfindungen und technische Veränderungen (vgl. Parthey, in diesem Band). Unter Entdeckungen verstehen wir neue Erkenntnisse über die in der Natur und in der Gesellschaft existierenden Zusammenhänge, während Erfindungen sich auf künstliche Veränderungen beziehen. Wie es Mansfield (1971), einer der Pioniere der Innovationsforschung ausdrückt, ist Entdecken auf Verstehen und Erfinden auf Nutzen gerichtet. Wir unterscheiden zwischen relativen Innovationen, die Neuheitsgrad für ein Land (Wirtschaftsgebiet) besitzen und absoluten Innovationen, die Neuheiten im Weltmaßstab darstellen.

Innovationen setzen Erfindungen voraus, aber sie sind nicht mit jenen gleichzusetzen. Das Ziel einer Erfindung besteht darin, eines der menschlichen Grundbedürfnisse wie Nahrung, Wohnung, Bewegung, Unterhalt, Gesundheit, Information, Komfort usw. auf eine neue Weise zu befriedigen. Zwischen dem Finden einer grundsätzlich neuen Lösung, d.h. dem Erfinden und dem erstmaligen Einsatz zur Bedürfnisbefriedigung, d.h. der Innovation, kann durchaus ein längerer Zeitraum liegen. Die meisten Erfindungen kommen sogar überhaupt nicht zur Anwendung. Nur wenige Erfindungen, die durchschlagende Verbesserungen gegenüber älteren Lösungen bringen und auf günstige gesellschaftliche Verhältnisse für ihre Aufnahme und Durchsetzung treffen, werden zu Innovationen. Schließlich sind die meisten technischen Veränderungen in einem Betrieb nicht das direkte Resultat einer Innovation, sondern vielmehr das Ergebnis von Technologie-Transfer bzw. der Imitation neuer Lösungen. Aus dieser Sicht sind absolute Innovationen seltene Ereignisse, zu ihnen zählen etwa die Einführung der Dampfmaschine und des Elektromotors im 19. Jahrhundert sowie des Radars, des Transistors und des Lasers in unserem Jahrhundert. Zu den absoluten Innovationen, die in der DDR entwickelt wurden, zählt zum Beispiel das Malimo-Verfahren.
Im Verlaufe der gesellschaftlichen Entwicklung ist die Beziehung zwischen Entdeckungen und Innovationen immer enger geworden, die Beherrschung dieses Zusammenhanges ist eine der wichtigsten Voraussetzungen für die Leistungskraft eines Landes. Ein hoher Anteil von Innovationen sichert einen Leistungsvorsprung und hohe Gewinne auf dem internationalen Markt. Mansfield hat aus statistischen Untersuchungen über die USA-Stahlindustrie in den Jahren 1911-1926 abgeleitet, daß die besten Betriebe das 1,8 bis 2,4-fache der Produktivität des Durchschnitts erreichten (gemessen in Tonne Stahl pro Arbeitsstunde). Die statistische Analyse der Baumwollindustrie in den USA in den ersten Jahren nach dem 2. Weltkrieg ergibt nach Grosse Faktoren zwischen 1,2 und 1,4 für das Verhältnis Spitzenreiter

zu Durchschnitt (Angaben nach Mansfield, 1971).
Die Marxsche These (Marx, Manuskript 1861 - 1863, S. 2060), daß jede Entdeckung Basis neuer Erfindungen oder neuer verbesserter Methoden der Produktion wird, trifft für die moderne Wirtschaft in noch höherem Maße zu. Es dürfte daher von großer Bedeutung sein, die Pionierarbeiten von Marx ebenso wie die Ansätze bürgerlicher Innovationsforschung (wie Schumpeter, 1912, 1952; Mansfield, 1971; Fisher und Pry, 1971; Nelson und Winter, 1974,; Ayres, 1985) ebenso wie die neueren Resultate marxistischer Forscher (wie Haustein, 1975, 1976, 1979; Nick, 1974; Glushkov und Pshenichny, 1977; Glushkov, Ivanenko und Yanenko, 1983; Koziolek, 1981) aufzuarbeiten und im gegebenen Zusammmenhang auszuwerten. Die vorliegende Untersuchung möge als ein interdisziplinärer Ansatz dazu betrachtet werden.

2. Natürliche und technischen Evolution

Die moderne wissenschaftliche Weltanschauung, deren Grundlagen im 19.Jahrhundert ausgearbeitet wurden, gipfelt heute in der dialektisch-materialistischen Philosophie. Sie betrachtet die Welt als Ganzes und die natürliche und die gesellschaftliche Entwicklung als einen ihrem Wesen nach einheitlichen Prozeß.
Daher gehören die zu beobachtenden Parallelen zwischen natürlichen und gesellschaftlich determinierten Evolutionsprozessen zum Wesen der Erscheinungen und können nicht als bloße formale Ähnlichkeiten abgetan werden.
Nach Hegel (Logik I, S. 138 - 139) ist die Entwicklung ein zyklischer Prozeß, der stufenweise zu Ganzheiten höherer Qualität führt. Marx (Mehrwert II, S. 414-415), Engels (Dialektik, S. 126) und Lenin (Philosophische Hefte, S. 214) haben das Modell der Evolutionsspiralen als wesentlichen Bestandteil der dialektisch-materialistischen Entwicklungstheorie herausgearbeitet.
Aus physikalischer Sicht verstehen wir unter Evolution eine Kette von Zyklen der Selbstorganisation , worauf Abbildung 1 hinweist.

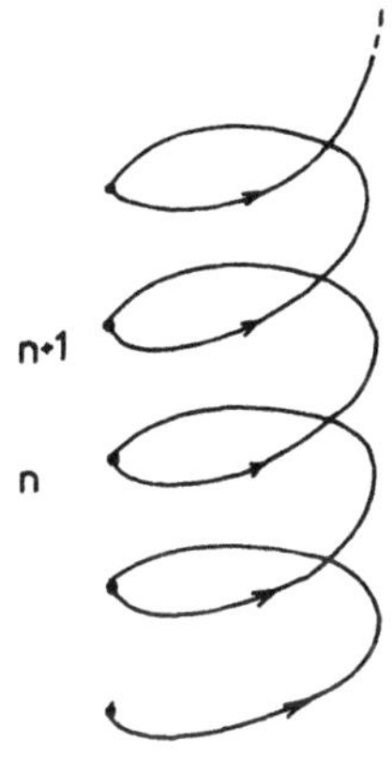

Abb. 1:
Modell der Evolutionsspirale als Folge von Zyklen der Selbstorganisation

Unter Selbstorganisation werden Prozesse verstanden, die in Systemen weitab vom Gleichgewicht durch inhärente Triebkräfte zu komplexeren Ordnungsstrukturen führen. Ein einzelner Selbstorganisationszyklus, anschaulich gesehen ein "Gang der Spirale", besteht dabei aus drei Grundprozessen , wie Abbildung 2 zeigt.

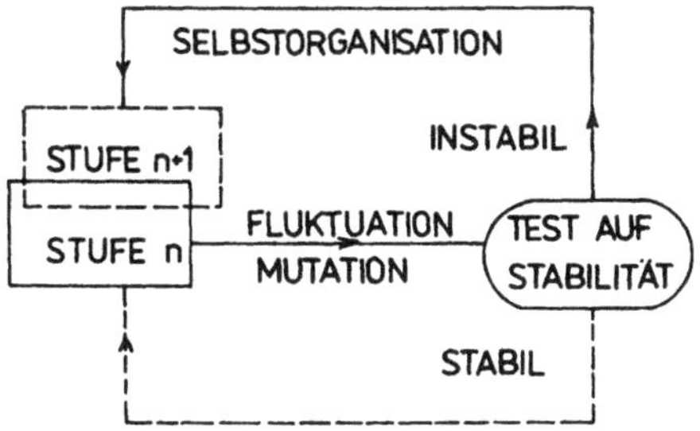

Abb. 2:
Modell eines Selbstorganisationszyklus, der die Einheit von Evolutionsprozessen darstellt

Erstens: Ein relevanter Gleichgewichtszustand des Systems wird unter veränderten Bedingungen oder durch das Auftreten qualitativ neuer Bewegungsformen auf Stabilität getestet. Als neue Bewegungsformen können dabei sowohl mechanische, elektrische oder hydrodynamische Bewegungen, neue chemische Sorten, Mutanten biologischer Spezies oder auch neue wissenschaftliche Ideen bzw. neue technische Lösungen auftreten.
Zweitens: Systeme, die gegenüber Modifikationen stabil sind, kehren in den Ausgangszustand zurück. Erweist sich das System als instabil gegenüber den Veränderungen, so kommt es zur Amplifikation. Die neue Bewegungsform wird verstärkt und verdrängt unter Umständen in einem Selektionsprozeß frühere strukturelle oder dynamische Elemente.
Drittens: Im Wechselspiel von Verstärkung und Selektion wird eine neue Systemebene erreicht.
Wir werfen nun einen kurzen Blick auf die Evolution unserer Welt, d.h. unserer Metagalaxis. Die frühesten Kenntnisse, die wir haben, beziehen sich auf die Expansionsphase, die mit dem heißen Urknall vor 18-20 Milliarden Jahren begann. Die Metagalaxis war ein sehr dichtes und heißes Plasma, dichter als Atomkerne und heißer als das Innere von Sternen. Die ersten Evolutionszyklen betrafen die Bildung der Elementarteilchen und später die der chemischen Elemente bis hin zu Atomen und Molekülen. In der frühesten Epoche der Expansion bestand die "Urmaterie" aus Quarks, Antiquarks, Elektronen, Positronen, Neutrinos, Antineutrinos und Photonen. Die Protonen und Neutronen entstanden durch Vereinigung von Quarks und Antiquarks in der Zeit zwischen einer Mikrosekunde und einer Millisekunde nach Expansionsbeginn (Urknall). Die ersten zusammengesetzten Kerne (Helium) entstanden im Verlaufe der folgenden zwei bis drei Minuten durch Verschmelzung von Protonen und Neutronen. Die Kerne der übrigen, schwereren Elemente sind nach heutiger Auffassung erst später bei Sternprozessen entstanden. Die Atome entstanden in der Periode 100 000 - 1000 000 Jahre nach Expansionsbeginn.
Danach trennten sich die Evolutionswege von Stoff und Strahlung. Das sich immer weiter abkühlende Photonengas blieb homo-

gen und erfüllt heute den Kosmos mit einer Dichte von 500 Photonen pro Kubikzentimeter, die ein Temperaturäquivalent von etwa drei Kelvin besitzen. Das stoffliche Gas klumpte sich infolge von Gravitationsinstabilitäten später zusammen und bildete als neue Qualitäten Sterne und Planeten. Vor vier bis fünf Milliarden Jahren entstand unsere Erde, auf der vor drei bis vier Milliarden Jahren die biologische Evolution begann. (Eigen, 1971; Eigen und Schuster, 1977, 1978, 1979; Ebeling und Feistel, 1982).

Details der Evolution der anorganischen und organischen Komponenten unserer Welt können hier nicht dargestellt werden. Wichtig ist, daß die Evolution im wesentlichen eine Folge der Bildung neuer Qualitäten darstellt. Die Zeiten der Genesis der neuen Qualitäten können wir in vielen Fällen schon recht genau datieren.

Aus der Betrachtung der kosmischen anorganischen Evolution leiten wir folgende Grundzüge ab:

Erstens: Im Vordergrund stehen mechanische, chemische und thermodynamische Prozesse.

Zweitens: Es besteht die Tendenz zur Optimalisierung bestimmter thermodynamischer Funktionen.

Drittens: Spontane Schwankungen auf der molekularen und der himmelsmechanischen Skala spielen eine wichtige Rolle.

Viertens: Die Temperatur fällt monoton ab und damit auch die globale Intensität der thermischen Fluktuationen.

Die biologische (organische) Evolution weist andererseits folgende Grundzüge auf:

Erstens: Die zentralen Prozesse sind mit Selbstreproduktion (Replikation, Vermehrung) verknüpft. Die primäre Rolle spielt dabei die Replikation von Polynukleotiden (Desoxyribonucleinsäure, Ribonucleinsäure), welche das Erbmaterial (Genotyp) ausmachen.

Zweitens: Es besteht die Tendenz zur Optimalisierung der Fitness einer biologischen Spezies.

Drittens: Spontane Fehler beim Replikationsprozeß verursachen Mutationen des Genotyps und damit auch des Phänotyps.

Viertens: Die Genauigkeit der Replikation ist im Laufe der

Evolution stark angestiegen. Bei Säugetieren wird eine genaue Replikation von DNA-Ketten erreicht, die mehr als eine Milliarde Elemente enthalten.

Fünftens: Im Genotyp wird Information gespeichert und im Laufe der Evolution akkumuliert.

Sechstens: Die Individualentwicklung und Belehrung spielt eine zunehmende Rolle.

Siebtens: Die Evolutionsgeschwindigkeit steigt immer weiter an.

Es sei auf die Analogie zwischen den ersten vier Grundzügen der anorganischen (kosmischen) und der organischen (biologischen) Evolution hingewiesen. Zur Frage der Evolutionsbeschleunigung werden wir später noch eine Illustration geben.

Ebenso wie die biologische Evolution auf der kosmischen Vorstufe fußt, so basiert die gesellschaftliche Evolution auf der biologischen Vorstufe. Wie sich die Evolution von den vormenschlichen Hominiden zum Menschen vollzogen hat, ist im einzelnen noch nicht geklärt. Auf der Basis von Funden und theoretischen Überlegungen ergibt sich jedoch bereits ein grobes Bild der wesentlichen Evolutionsschritte (Herrmann und Ullrich, 1985; Herrmann, 1986). Man spricht von einer subhumanen Phase der Evolution, welche durch das Auftreten der Hominiden (Affenmenschen) vor fünf bis zehn Millionen Jahren , aus denen sich vor 1,8-2,5 Millionen Jahren die besondere Art Homo habilis (Affenmenschen) ausgliederte. In der Übergangsepoche löste sich der Mensch durch Entwicklung einer neuen Beziehung zur Natur, der Arbeit, vom Tierreich Herrmann, 1988). Gleichzeitig und in engem dialektischen Zusammenhang damit entwickelte sich eine neue Form der sozialen Beziehungen, die Sprache (Klix, 1985). Die ältesten bekannten Werkzeuge wurden aus Steinen durch mehr oder weniger gezielte Schläge hergestellt. So schlug man Schaber, Kratzer und Klingen zu. Die ältesten Funde von Werkzeugen stammen aus dem Omotal und sind etwa zweieinhalb Millionen Jahre alt. Ab dieser Entwicklungsstufe nehmen die Hominiden die Züge von Menschen an (Homo-Deviation). Der Affenmensch (Homo habilis) war entstanden und gleichzeitig mit ihm die Vorstufe der Technik. Im folgenden greifen wir aus dem Gesamtkomplex der Evolution der menschlichen Gesellschaft nur die Evolution der

Technik heraus.
Die technische Evolution beginnt eigentlich schon in der vormenschlichen Evolutionsphase mit der Benutzung von primitiven Werkzeugen. Die Schimpansenforscher, besonders Jane Goddal, haben in letzter Zeit nachgewiesen, daß Menschenaffen durchaus den Gebrauch von Werkzeugen, zum Beispiel von Schwämmen und Röhrchen zur Wasseraufnahme, beherrschen. Spezifisch für den Homo habilis ist die Werkzeugherstellung, welche vor etwa zweieinhalb Millionen Jahren auftauchte. Der Gebrauch des Feuers, von Holz- und Steinwerkzeugen wie Hammer, Messer und Beil, des Hakenpfluges und der Anspannung von Tieren kennzeichnen wichtige Stadien der Evolution der Technik. Ein großer Teil dieser Werkzeuge ist noch heute in Verwendung, was auf ihren eher konservativen Charakter hinweist. Übrigens gibt es auch in der biologischen Evolution solche konservativen Elemente, wie die entwicklungsgeschichtlich sehr alten Bakterien und Fische.
Die Betrachtung der frühen technischen Innovationen gestattet uns bereits, einige besondere Aspekte herauszuarbeiten. Die technischen Innovationen sind das Ergebnis einer zufälligen oder gezielten Suche nach neuen Methoden zur besseren Befriedigung der elementaren Bedürfnisse der Menschen und der Erhöhung der Lebensqualität. Schaber, Kratzer und Klingen sowie der Gebrauch des Feuers waren für die Mitglieder der jagenden und sammelnden Urgemeinschaft wertvolle Instrumente für die bessere Befriedigung der Bedürfnisse nach Nahrung und Behausung. Die neuen Werkzeuge (Schaber, Kratzer, Klingen usw.) bzw. neuen Verfahren (Gebrauch des Feuers) sind wahrscheinlich zunächst punktuell durch einzelne Mitglieder der Gemeinschaft eingeführt worden. Dabei mögen die spielerischen Elemente des Ausprobierens verschiedener Möglichkeiten und der Zufall eine entscheidende Rolle gespielt haben. Ein weiteres wichtiges Element ist der bewußte Vergleich des Neuen mit dem Alten, die Erkenntnis von Vor- und Nachteilen sowie die Entscheidung für das Neue, soweit es sich im Vergleich als besser erweist. Die Besonderheiten der technologischen Evolution gegenüber den vorhergehenden Stufen liegen in der Funktion des Bewußtseins und des Lernens. Einzelne Mitglieder der Gesellschaft erweisen sich als

besonders kreativ bei der Suche nach neuen technologischen Lösungen, das "Schöpfertum" kommt ins Spiel (Perlaki, 1977; Hörz, 1988; Fleischer und Banse, 1988).
Ein weiteres wichtiges Element ist das Nachahmen, die Imitation bereits eingeführter guter Lösungen. Imitation ist ein zentraler Prozeß beim Durchsetzen technischer Innovationen (Jiménez-Montaño und Ebeling, 1980). Im Prozeß des Durchsetzens neuer technologischer Lösungen werden Innovationen zu gesamtgesellschaftlichen Vorgängen, die nicht auf die rein technologische Veränderung reduziert werden dürfen (Haustein, Ivanov und Kinze, 1988). Innovationen erweisen sich somit als dynamische Umgestaltungen der Produktivkräfte. Bei den frühen Innovationen zeigen sich die dargestellten Elemente noch in keimhafter Form. Sie prägen sich mit dem Fortschreiten der technologischen Evolution mehr und mehr aus. Eine grundlegende Innovation, welche zu einer neuen Stufe der technischen Evolution führte, war die Einführung von Maschinen (Grassmann, 1985). Maschinen gibt es seit 4000 - 6000 Jahren, wobei Bewässerungssysteme, Transport- und Waffensysteme den Anfang machten. Komplexe Maschinen mit einem Steuerzentrum entwickelte man etwa vor 300 Jahren, und wir betrachten als ihre Prototypen die großen Domorgeln in Freiberg (1714), Straßburg (1720) und Dresden (1736). Die Einführung von Steuerzentralen, wie sie uns hier begegnet, ist zweifellos eine bedeutende Innovation. Andererseits würden wir die noch etwas früheren Erfindungen von Leonardo da Vinci gemäß unserer Begriffsbildung nicht als Innovation betrachten, da sie ja nicht zum Zwecke der Nutzung realisiert wurden. Als erster industrieller Innovator kann James Watt betrachtet werden, welcher der Dampfmaschine zum Durchbruch verhalf. Die Geschichte der Wärmekraftmaschinen ist untrennbar mit der Geschichte der Thermodynamik und besonders mit der Begründung der Hauptsätze durch Carnot(1824), Mayer(1842), Joule(1843), Helmholtz(1847) und Clausius(1850) verbunden (Rompe, Treder und Ebeling, 1987). Wir erkennen, daß die Geschichte der technischen Innovationen eng mit der Geschichte der Wissenschaft zusammenhängt (Bernal, 1961, 1986). Besonders sinnfällig wird dieser Zusammenhang in der Entwicklung der Elektrotechnik und

Tabelle 1:
Evolution der Elektrotechnik und Elektronik

1742	Reibungs-Elektrisierungsmaschine: Ch. A. Hansen
1792	Zink-Silber- und Zink-Kupfer-Elemente
1823	Elektrische Motoren: W. Faraday, P. Barlow
1832	Elektrischer Generator: A.H. Pixii
1834	Gleichstrommotor: M.H. Jacobi
1836	Konstante Zink-Kupfer-Elemente: J.F. Daniell
1838	Elektrolok mit Batterie: R. Davidson
1842	Bogenlampen: L.J. Deleuil
1843	Fernschreiber: A. Bain
1845	Kohleglühlampe: J.W. Starr
1854/59	Erste Akkumulatoren: W.J. Sinsteden/G.R. Plante
1856	Quecksilberdampf-Bogenlampe: A. Way
1858	Vakuumleuchtröhre: H. Geißler
1866	Dynamomaschinen ohne Permanentmagnete: W. v. Siemens
1874	Kristalldetektor: K.F. Braun
1879	Kohlefadenlampe: T.A. Edison
1879	Elektrische Bahn: W. v. Siemens
1880	Elektrischer Personenaufzug: W. v. Siemens
1883	Elektrische Heizplatten und Kocher: M. Jüllig
1887/88	Trockenelemente: A. Hellesen, J. Gassner
1890	Hochfrequenzgenerator: N. Tesla
1892	Drahtlose Telegrafie: T.A. Edison
1895	Röntgenröhre: W.A. Röntgen
1897	Elektronenstrahlröhre: K.F. Braun
1901	Quecksilberdampf-Niederdrucklampe: P. Cooper-Hewitt
1904	Glühkatoden-Diode: J.A. Fleming
1910	Neon-Röhren: G. Claude
1912	Elektronenröhre mit Rückkopplung: A. Meißner
1913	Gasgefüllte Wolframdraht-Lampe: J. Langmuir
1915	Raumladungsgitterröhre: W. Schottky
1919	Flip-Flop-Schaltung von Röhren: W.H.Eccles, F.W.Jordan
1927	Quarz-Uhr: W.A. Morrison
1930	Fernsehübertragung: M. v. Ardenne
1931	Elektronenmikroskop: E. Ruska, M. Knoll
1933	Elektronenbeschleuniger: M. Steenbeck
1934	Halbleiter-Dioden: C.M. Zener
1936	Quecksilber-Höchstdrucklampe: R. Rompe, W. Thouret
1941	Ätztechnik zur Herstellung von Schaltungen: H. Eisler
1944	Xenon-Lampen: P. Schulz
1948	Ge-Transistor mit Verstärkereffekt: W. Shockley, J. Bardeen, W.H. Brattain
1952	Flächentransistor: W. Shockley
1954	Silizium-Transistor: G.K. Teal
1957	Epitaxie-Verfahren: G.K. Teal
1957	Esaki-Dioden: L. Esaki, J. Giaever, B.D. Josephson
1958	Integrierte Schaltung auf Ge-Chip: J.S. Kilby
1959	Integrierte Schaltung auf Si-Chip: R.N. Noyce
1962	Feldeffekttransistor in MOS-Technik: F.P.Herrmann, S.R.Hofstein
1969	Mikroprozessor: M.E.T. Hoff, F. Faggin
1970	Integrierter Halbleiterspeicher: R.N. Noyce bei INTEL
1986	Megabit-Chip: bei IBM

(Quelle: Johannsen, 1986)

Elektronik sowie auch in der Evolutionsgeschichte der Rechentechnik und Information, die in den Tabellen 1 und 2 skizziert werden.
Vor dem Hintergrund der kosmischen und biologischen Evolutionsgeschichte nimmt sich die Geschichte der Menschheit und ihrer Technik wie eine Episode aus. Die enorme Beschleunigung der Evolution in dieser jüngsten Phase der Evolution kann man durch Gedankenexperimente mit Zeitraffern beleuchten. Solche Gedankenexperimente demonstrieren, daß unsere Epoche ein Wendepunkt der Weltgeschichte ist, in der schwerwiegende Entscheidungen fallen, welche den zukünftigen Gang der Evolution betreffen. Insbesondere müssen Wege gefunden werden, die infolge der unterschiedlichen Zeitskalen der biologischen und der technologischen Evolution aufbrechenden globalen Widersprüche zu lösen. Im Zusammenhang damit erhält auch die Frage der theoretischen Durchdringung und Modellierung technischer Evolutionsprozesse eine zunehmende Bedeutung.

3. Ansätze einer Evolutionstheorie der technischen Entwicklung

Die Evolutionsbetrachtung gesellschaftlicher Prozesse geht in den Grundzügen auf Hegel und Marx zurück. Die zeitgenössische marxistische Innovationsforschung baut auf diesen Ansätzen auf (Koziolek, 1981; Haustein, Ivanov und Kinze, 1988). Ein Pionier der bürgerlichen Innovationsforschung war Schumpeter (1912, 1952), dessen Werk zum Beispiel von Mansfield (1971), Georgescu-Roegen (1971, 1976), Fisher und Pry (1971), Nelson und Winter (1974) und von Mensch (1976) weiterentwickelt wurde. Im Rahmen der bürgerlichen Ökonomie spielt der Evolutionsansatz zweifellos eine progressive Rolle, soweit er dem vorherrschenden statischen Ansatz entgegentritt. In letzter Zeit setzt sich das Evolutionsdenken immer stärker unter Technikwissenschaftlern durch (Rechenberg, 1973; Schwefel, 1977; Grassmann, 1985; Ablay, 1985; Dosi, Freeman, Nelson, Silverberg und Soete, 1988). Eine erste Aufgabe einer Evolutionstheorie der Technik besteht sicher darin, die Gemeinsamkeiten und die Besonderhei-

Tabelle 2:
Innovationen auf dem Gebiet der Rechentechnik und Informatik

3000	Abakus: Erfinder im Zweistromland
1617	Rechenstäbchen: J. Napier
1620	Rechenschieber mit logarithmischer Teilung: E. Gunter
1641	Addier- und Subtrahiermaschine: B. Pascal
1694	Rechenmaschine mit Staffelwalze: G.W. Leibniz
1725	Lochstreifengesteuerter Webstuhl: B. Bouchon
1727	Rechenmaschine für 4 Rechenarten: A. Braun
1823	Universal-Rechenmaschine: Ch. Babbage
1876	Mechanischer Integralrechner: J. Thomsen
1889	Lochkartenmaschine: H. Hollerith
1902	Vollautomatische Rechenmaschine: Chr. Hamann
1930	Gezeitenrechner: in England
1930	Differential-Analysator: V. Bush
1933	Elektromagnetischer Trommelspeicher: G. Tauschek
1936	Elektrische Rechenmaschine: H. Cordt
1938	Programmgesteuerter mechanischer Rechner Z1: K. Zuse
1939	Rechner mit elektromagnetischem Relais Z2: K. Zuse
1939	Elektronischer Analogrechner: H.H. Hoelzer
1941	Digitalrechner mit 2000 Relais Z3: K. Zuse
1942	Röhrenrechner ähnlich Z3: J.V. Atanasoff, C. Berry
1943	Röhrencomputer: T.H. Flowers
1945	Prinzip der Speicherprogrammierung: J. v. Neumann
1947	Rechner Mark II: H.H. Aiken
1947	Rechner ENIAC mit 17.000 Röhren: J.P. Eckert, J.W. Maughly, J.M. Brainerd, H.H. Goldstine
1948	Binärcode: C.E. Shannon, J.W. Tukey
1950	Rechner mit Speicherprogrammierung EDSAC und UNIVAC: J.P. Eckert, J.W Maughly, J. v. Neumann, M.V. Wilkes
1955	Zweite Computer-Generation TRADIC (transistorisiert): J.H. Felker bei Bell
1957	Programmiersprache FORTRAN: J. Bachus
1958/59	Programmiersprachen ALGOL und COBOL
1964	Programmiersprache BASIC: J.G. Kemeny, T.E Kurtz
1964	Dritte Computer-Generation mit integrierten Schaltkreisen IBM 360
1965	Minicomputer PDP8: bei DEC
1970	Vierte Computer-Generation mit hochintegrierten Schaltkreisen IBM 370
1971	Programmiersprache PASCAL: N. Wirth
1974	Programmierbare Taschenrechner HP 65

(Quelle: Johannsen, 1986)

ten technischer und biologischer Evolution herauszuarbeiten. Bei der Analyse dieser Faktoren erweist sich ein Verabsolutieren der Parallelen als ebenso schädlich wie ein Leugnen ihres Vorhandenseins. Nur eine ausgewogene, dialektische Betrachtung kann hier zum Ziele führen.

Die wichtigsten Parallelen zwischen technischer und biologischer Evolution sehen wir in folgenden Punkten:

Erstens: Der technischen Evolution liegt ebenso wie der biologischen Evolution ein Reproduktionsprozeß zugrunde. Werkzeuge, Maschinen und Produktionsinstrumente werden reproduziert, sie besitzen nur eine endliche Lebensdauer.

Zweitens: Im Zuge der Nutzung wird eine Selektion zugunsten besonders brauchbarer, zweckentsprechender Varianten durchgeführt.

Drittens: Die Produktionsinstrumente werden durch zufällige und gezielte Veränderungen ständig modifiziert, ihre Weiterentwicklung ist ein gerichteter Suchprozeß.

Die wesentlichen Unterschiede sehen wir in den folgenden Punkten:

Erstens: In der Technik besteht von Anfang an eine Zielsetzung, die in der besten Befriedigung vorhandener Bedürfnisse liegt. Die biologische Evolution verfolgt keine Ziele.

Zweitens: Die Selektion günstiger Varianten erfolgt in der Technik weitgehend schon in der Projektphase. Die Bewertung beruht dabei auf theoretischen Überlegungen. In der biologischen Evolution erfolgt eine Bewertung nur aufgrund der Realisierung.

Drittens: Die Mutationen werden bei der technischen Evolution in erster Linie über das Spiel der Gedanken im Gehirn realisiert.

Viertens: Technische Probleme werden mit einem größtmöglichen Anteil von Arbeitsteilung bearbeitet.

Fünftens: Die Rolle des Bewertungspools übernimmt in der Technik das gesamte Wissen der Menschheit, insofern ist die Bewertung ein kollektiver Akt.

Sechstens: Es existiert in der technischen Evolution ein hochentwickeltes System der Belehrung und Ausbildung, welches das biologische weit in den Schatten stellt.

Siebentens: Die Evolutionsbeschleunigung nimmt in der Technik unerhörte Ausmaße an; man rechnet heute damit, daß sich die Geschwindigkeit alle 20 Jahre verdoppelt.

Zu den ausgesprochenen Besonderheiten der technologischen Evolution gehören auch der Technologie-Transfer, die Technologie-Imitation und die Technologie-Diffusion.

Wird an irgendeiner Stelle in der Welt erstmalig eine Innovation eingeführt, wie zum Beispiel der Transistor Anfang der 50er Jahre in den USA oder das bemannte Raumschiff Anfang der 60er Jahre in der SU, so beginnt ein komplizierter Prozeß der Ausbreitung der neuen technischen Lösung über große Teile der Welt, die für die Nutzung ein Bedürfnis zeigen. Dieser Prozeß wird durch die weltweite Kommunikation, durch wissenschaftliche und technische Publikationen gefördert und andererseits durch Geheimhaltung und Erfindungsschutz teilweise behindert. Da Basisinnovationen häufig mit hohen Investitionen verknüpft sind, ist für kleinere Länder und Betriebe die Übernahme bzw. Adaption nicht unbedingt eine schlechte Lösung, mitunter die einzige ökonomisch vertretbare. In der Regel ist ein Land oder ein Betrieb nur dann in der Lage, Innovationen für den eigenen Bedarf zu imitieren oder zu adaptieren, wenn hochqualifizierte Wissenschaftler und Techniker, die auf dem Gebiet forschen, bereits vorhanden sind.

Der effektivste Weg für den Transfer neuer Ideen und Prinziplösungen ist der persönliche Kontakt zwischen Wissenschaftlern und Technikern. Die Übernahme von Innovationen ist ein äußerst komplizierter gesellschaftlicher Prozeß, in dem sich das Neue gegenüber dem Alten erst durchsetzen muß. Relativ junge kleinere Betriebe zeigen dabei häufig eine höhere Flexibilität und Innovationsbereitschaft als etablierte Betriebe. Die Erhöhung der potentiellen Bereitschaft zur Aufnahme und Realisierung von Innovationen ist ein wichtiger Faktor für die Entwicklung jeder Wirtschaft. Obwohl sich die Erkenntnis längst international durchgesetzt hat, daß der wissenschaftlich-technische Fortschritt seine Schubkraft aus technischen Innovationen bezieht, ist die theoretische Durchdringung der entsprechenden Prozesse

noch ganz am Anfang. Die Ausarbeitung einer Evolutionstheorie der technischen Entwicklung könnte unseres Erachtens zu einem tieferen Verständnis und zu einer Steuerung der Prozesse beitragen. Heute existiert eine solche Theorie, welche von den Analogien zur anorganischen und organischen Evolution ausgeht und die technische Entwicklung als Teil der gesamten Evolution auf unserem Planeten begreift, nur in vagen Ansätzen. Man darf jedoch annehmen, daß ihre Ausarbeitung auch zur Bewältigung des sich heute verschärfenden Widerspruches zwischen der Expansion technischer Strukturen und der natürlichen Umwelt beitragen wird.
Ein Teilproblem der Entwicklung einer Evolutionstheorie ist die Ausarbeitung mathematischer Modelle. Dazu kann die Adaption geeigneter physikalisch-chemischer, biologisch-ökonomischer sowie auch synergetischer Modelle durchaus einen fruchtbaren Beitrag leisten.

4. Ansätze einer mathematischen Modellierung der technischen Evolution

Im Folgenden werden wir vier verschiedene Klassen von Ansätzen zur mathematischen Modellierung von Innovationsprozessen im Rahmen einer Evolutionstheorie behandeln, und zwar erstens die phänomenologische Kinetik, zweitens thermodynamische Modelle, drittens die deterministische Dynamik und schließlich viertens die stochastische Dynamik.

4.1. Phänomenologische Modelle

Evolutionstheoretische Modelle müssen grundsätzlich die Zeit enthalten, denn der zeitliche Ablauf der Erscheinungen, der Prozeßcharakter gehört untrennbar zum Wesen der Evolution. Ausgehend von dieser Forderung kann man als einfachste Modelle, welche den Evolutionscharakter der Technik abbilden, grafische Darstellungen oder Listen von Ereignissen über der Zeit als

Laufvariable betrachten. Die Tabellen 1 und 2 können als Beispiel für Innovationslisten betrachtet werden.
In Analogie zur Mechanik bezeichnen wir im folgenden diese Art der Beschreibung als Kinematik der technischen Evolution. Kinematische Darstellungen gehören zum traditionellen Instrumentarium der Ökonomie und Technikwissenschaften. Sie können bei geschickter Auswahl der über der Zeit aufgetragenen Kenngrößen eine beträchtliche Aussagekraft auch im Hinblick auf den evolutionären Aspekt besitzen (Marchetti, 1982; Koziolek und Schwarz, 1986). So konnten auf diesem Wege präzise Aussagen über die Verkürzung des Zyklus "Wissenschaft-Technik-Produktion" für Neuerungen und über die Vergrößerung der Verbreitungsgeschwindigkeit abgeleitet werden (Koziolek, 1981). Über den Charakter einer rein kinematischen Darstellung hinaus gehen die ebenfalls schon weit verbreiteten grafischen Darstellungen von kausalen Beziehungen und Flüssen zwischen den Teilsystemen bzw. Einflußgrößen. Wir erwähnen als Beispiel einer grafischen Darstellung der kausalen Beziehungen im Zyklus Wissenschaft-Technik-Produktion das Schema von Koziolek (1981), wie Abbildung 3 zeigt.

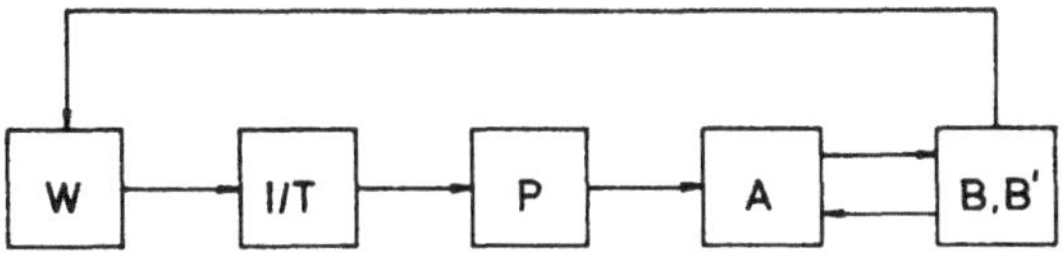

Abb. 3:
Schema der Kausalbeziehungen im Zyklus Wissenschaft - Technik - Produktion (nach Koziolek, 1981)
(W: Wissenschaft; I/T: Investition bzw. Realisierung der Erfindung; P: Produktion; A: Absatz; B: Bedürfnisse; B': Befriedigung von Bedürfnisssen)

Diese Schema berücksichtigt die für Innovationsprozesse zentrale Rolle der Rückkoppelung zwischen Bedürfnissen und Wissenschaft. Nach Koziolek gibt es zwei Ausgangspunkte für Innovationen: die Wissenschaft und die nicht befriedigten Bedürfnisse. Als Beispiele für den ersten Fall nennt er Halbleiter, Kernenergetik und Laser sowie für den zweiten Fall Fotografie,

Radio, Fernsehen und Xerographie.

4.2. Thermodynamische Modelle

Als thermodynamisch bezeichnen wir alle Modelle, die sich ausschließlich auf thermodynamische Größen, wie Stoffmengen, Energie und Entropie sowie ihre Flüsse beziehen. Die thermodynamische Modellierung besitzt ebenfalls eine große Tradition in den ökonomisch-technischen Wissenschaften, allerdings tritt sie meist in Kombination mit anderen Modelltypen auf. Den Versuch der Aufstellung eines thermodynamischen Gesamtmodells hat Georgescu-Roegen (1971, 1976) unternommen. Die traditionellen thermodynamischen Untersuchungen technischer Prozesse im gesellschaftlichen Kontext beschränken sich auf die Untersuchung der Flüsse und Bilanzen der Energie und der Stoffe. Die systematische Analyse der Entropie, ihrer Flüsse und ihrer Bilanz gehört zur Zeit noch zu den ungelösten Fragen der Modellbildung. Für die vollständige thermodynamische Modellierung des Produktionsprozesses ist die Einbeziehung der Entropie unabdingbar. Sie ist notwendige Voraussetzung für eine korrekte Behandlung der Wirkungsgrade von Prozessen, und nur auf diesem Wege können auch die Erkenntnisse der modernen Thermodynamik irreversibler Prozesse einbezogen werden.

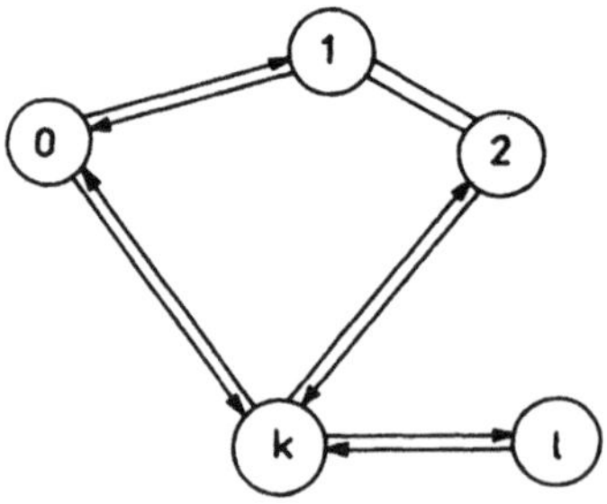

Abb. 4:
Schema der thermodynamischen Flüsse zwischen Produktionseinheiten
(Die Ressourcen werden durch die Nummer 0 bezeichnet)

Ein thermodynamisches Gesamtmodell, welches die oben genannten Grundsätze berücksichtigt, könnte etwa wie folgt aufgebaut werden: Die Gesamtproduktion (etwa eines Landes) wird auf der Basis eines phänomenologischen Modells in Produktionseinheiten unterteilt, welche die Nummern k = 0, 1, 2, ... N tragen (siehe Abbildung 4).
Mindestens eine Einheit zum Beispiel k = 0 entspricht dabei den natürlichen Ressourcen. Die Bilanzen für die Änderungen von Energie und Entropie der k-ten Einheit pro Zeiteinheit lauten

$$\Delta E_K = \sum_{l=0}^{N} \left[\Delta E_{Kl}^{(+)} + \Delta E_{Kl}^{(-)}\right]$$

$$P_K = \left\{\Delta S_K - \sum_{K=0}^{N} \left[\Delta S_{Kl}^{(+)} + \Delta S_{Kl}^{(-)}\right]\right\} > 0$$

Die Größen $\Delta E_{kl}^{(+-)}$ und $\Delta S_{kl}^{(+-)}$ bezeichnen dabei die Ströme von Energie und Entropie pro Zeiteinheit von der Produktionseinheit 1 zur Produktionseinheit k; es wurden dabei positive und negative Ströme (Zu- und Abflüsse) getrennt aufgeführt. Das entscheidende thermodynamische Maß für die Effektivität der Arbeit der k-ten Einheit ist die Entropieproduktion pro Zeiteinheit P_k. Nach dem zweiten Hauptsatz der Thermodynamik ist P_k notwendig positiv, da Produktion immer mit irreversiblen Prozessen verbunden ist. Mit anderen Worten, die Entropieänderung der k-ten Einheit ist aufgrund von Verlusten (Energieentwertung) stets größer als die Import-Export-Bilanz der Einheit. Es sei angemerkt, daß die Energiebilanz wegen des ersten Hauptsatzes stets genau erfüllt sein muß. Energie kann weder erzeugt noch vernichtet werden; sie kann nur zwischen den Einheiten hin- und hergeschoben werden. Bei den Prozessen innerhalb der Einheiten (wie auch beim Transfer) wird Energie entwertet, dem entspricht Entropieproduktion $P_k > 0$. Um ein Produktionssystem in Gang zu halten, muß Negentropie (negative

Entropie in Form wertvoller Energie) aus den Ressourcen zugeführt werden. Diese thermodynamische Situation qualifiziert Produktion als Ordnung und Strukturen schaffenden Vorgang, als Prozeß der Selbstorganisation im Sinne der Physik. Wie jeder andere Evolutionsprozeß wird Produktion nicht von außergesellschaftlichen Faktoren gesteuert, sondern entwickelt sich aufgrund innerer Triebkräfte. Natürlich ist die Thermodynamik nicht imstande, diese inneren Triebkräfte, zu denen auch die Innovationsmechanismen, die Beziehungen Wissenschaft-Bedürfnisse usw. gehören, zu erklären, sie bildet jedoch das Wirken dieser Faktoren korrekt ab. Ganz im Sinne der Engelsschen Auffassung von der Persistenz der physikalischen Bewegungsform in allen höheren Bewegungsformen können thermodynamische Gesetze niemals verletzt werden. Sie reichen lediglich für kausale Erklärungen nicht aus. Nach unserer Auffassung kann eine umfassende Evolutionstheorie von Produktionsprozessen auf das Arsenal der thermodynamischen Methoden nicht verzichten. Da Energie- und Stoffbilanzen schon heute das Rückgrat jeder wirtschaftlichen Planung und Steuerung darstellen, dürften umfassende thermodynamische Analysen zweifellos noch an Bedeutung gewinnen. Es muß jedoch darauf hingewiesen werden, daß das Problem einer Quantifizierung von Entropieflüssen für ökonomisch-technische Prozesse heute noch nicht gelöst ist.
Nach diesem skizzenhaften Entwurf einer allgemeinen thermodynamischen Behandlung wenden wir uns nun dem Problem der Behandlung technologischer Durchbrüche zu. Der Intuition folgend ist zu erwarten, daß Innovationen neben der Änderung rein ökonomischer Parameter wie Gewinn und Kosten auch mit Änderungen (Verbesserungen) thermodynamischer Wirkungsgrade verknüpft sind. In der Thermodynamik wird als Wirkungsgrad das Verhältnis des Flusses der gewünschten Energieform zum Fluß der zugeführten Energie bezeichnet. Dieses thermodynamische Maß trägt spezielleren Charakter als die Entropieproduktion; es ist in der Regel jedoch wesentlich leichter berechenbar. Eine Illustration zu der These, daß Innovationen sich deutlich in thermodynamischen Wirkungsgraden widerspiegeln, zeigt Abbildung 5.

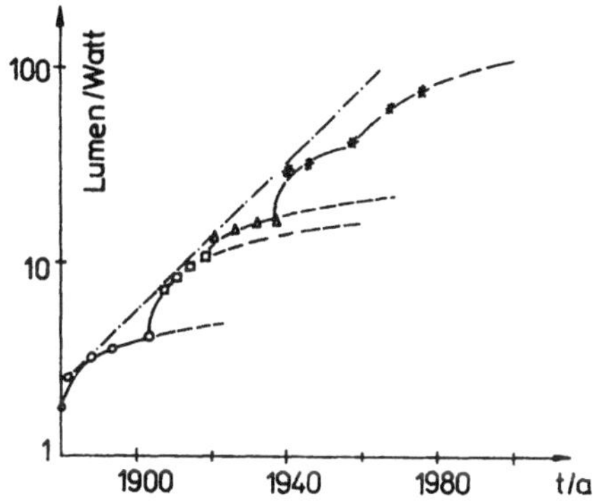

Abb. 5:
Die Lichtausbeute in Lumen pro Watt für elektrische Beleuchtungskörper (nach Lenz, 1985)
Logarithmischer Ordinationsmaßstab. Kreise: Kohlefadenlampen; Quadrate: Metallfadenlampen; Dreiecke: Metallfaden in inerten Gasen; Sternchen: Plasmalampen (Leuchtröhre). Die strichpunktierte Linie bezeichnet das eine obere Schranke darstellende Exponentialgesetz des Wachstums)

Hier wird die Lichtausbeute elektrischer Beleuchtungskörper pro Watt zugeführter Elektroenergie als Funktion der Zeit betrachtet. Man erkennt, daß die Innovationen auf dem Gebiet der Lichttechnik wie die Übergänge Kohlefaden - Metallfaden oder Glühbirne - Leuchtstoffröhre jeweils zu einem signifikanten Anstieg des Wirkungsgrades führte. Die weitere Evolution der entsprechenden technologischen Variante führt dann zu einer Art Sättigung, die erst durch eine grundsätzlich neue Technologie wieder aufgebrochen werden kann. Das oben behandelte Beispiel beweist, daß rein thermodynamische Größen, wie der Wirkungsgrad, bestimmte Aspekte von Innovationen widerspiegeln können.

4.3. Deterministische Dynamik

Als deterministische dynamische Modelle werden solche bezeichnet, die auf Differentialgleichungen (bzw. Differenzengleichungen bei diskreter Zeit, siehe Glushkov und Pshenichnyi,

1977; Glushkov, Ivanenko und Yanenko, 1983) von folgendem Typ beruhen:

$$\frac{d}{dt} x_i(t) = f_i(x_1, \ldots, x_n) \quad ; \; i=1,2,\ldots,n$$

Hierbei bezeichnen die $x_i(t)$ bestimmte quantitative Charakteristika von einem von n Teilsystemen. Als Beispiel könnten die $x_i(t)$ die Anteile einer Technologie an der Produktion einer bestimmten Ware darstellen. Ein Spezialfall ist das Modell von Fisher und Pry (1971) welches den prozentualen Anteil einer neu entstandenen besseren Technologie darstellt

$$\frac{d}{dt} x(t) = ax(1-x)$$

Hierbei ist a ein quantitatives Maß für die Überlegenheit der neuen Technologie. Eine Verallgemeinerung der Fisher-Pry-Gleichung beschreibt die Anteile von n im Wettbewerb stehenden Technologien (Ebeling und Feistel, 1976, 1982, 1986)

$$\frac{d}{dt} x_i(t) = \left[a_i - \langle a \rangle\right] x_i$$

$$\langle a \rangle = \sum a_i x_i \; ; \; \sum x_i = 1$$

Auf der Basis dieser und ähnlicher Gleichungen wurden detaillierte Untersuchungen von Innovationsprozessen durch Silverberg (1984, 1988) sowie Dosi, Orsigo und Silverberg (1986) und Dosi, Freeman, Nelson, Silverberg und Soete (1988) durchgeführt. Komplizierte Modelle für Selektionsprozesse basieren auf Gleichungen vom Lotka-Volterra-Typ (Ebeling und Feistel, 1982, 1986; Hofbauer und Sigmund, 1984; Ebeling und Peschel, 1985; Peschel und Mende 1986; Schuster 1987).

4.4. Stochastische Dynamik

Die Methode der deterministischen Dynamik ist sehr leistungsfähig und gestattet bereits die Aufstellung detaillierter Modelle, die das Durchsetzen von neuen Technologien vor dem Hintergrund älterer beschreiben. In einem Punkt allerdings versagt das deterministische Herangehen: Der stochastische Charakter der Entstehung des Neuen wird nicht widergespiegelt. Die Entstehung von Neuem ist in Evolutionsprozessen zwar als Tendenz gesetzmäßig begründet, die genauen Zeitpunkte und Orte des Auftretens sind aber ebensowenig wie die Schöpfer des Neuen genau festgelegt. Zufällige Einflüsse spielen bei der kausalen Festlegung dieser und anderer Umstände der Entstehung des Neuen und insbesondere auch neuer Technologien eine entscheidende Rolle. Die Berücksichtigung zufälliger Aspekte erfordert die Benutzung der Theorie der Zufallsprozesse, der Stochastik (Nicolis und Prigogine, 1977; Ebeling und Feistel, 1977; Haken, 1983; Feistel und Ebeling, 1988). Die Entstehung der stochastischen Evolutionstheorie ist historisch eng an die Frage der Modellierung der Biogenese sowie biologischer Populationen geknüpft gewesen. Die Leistungsfähigkeit stochastischer Methoden erweist sich aber gerade bei der Anwendung auf die komplexen Prozesse der Evolution gesellschaftlicher Strukturen (Bruckner, Ebeling und Scharnhorst 1989). In stochastischen Modellen werden Evolutionssysteme durch Sätze von Besetzungszahlen $N_1(t)$, $N_2(t)$, $N_3(t)$, ... charakterisiert, welche ganze nichtnegative Zahlen darstellen.

$$N_i(t) = 0, 1, 2, 3, \ldots$$

Die Größe $N_i(t)$ steht für die Anzahl der Repräsentanten einer bestimmten "Sorte", zum Beispiel Anzahl der Nutzer einer bestimmten Technologie. Die Einführung einer neuen Sorte (Technologie) mit der Nummer i entspricht dem diskreten Sprung

$$N_i(t) = 0 \longrightarrow N_i(t+0) = 1$$

Es ist hier nicht der Raum für technische Details. Anschaulich gesehen entspricht die Evolutionsdynamik im stochastischen Bild einem ständigen Hüpfen im Besetzungszahlraum und die Innovation dem Eintritt in eine bisher unbesetzte Dimension (Ebeling und Sonntag, 1986; Ebeling und Scharnhorst, 1988).
Die Möglichkeit einer formalen stochastischen Beschreibung von Innovationen in Technik und Wissenschaft wurde in verschiedenen Arbeiten demonstriert (Montroll und Shuler, 1979; Jiménez-Montaño und Ebeling, 1980; Weidlich und Haag, 1983; Ebeling, 1987; Bruckner, Ebeling und Scharnhorst, 1989).

5. Mutation und Innovation

Innovationsmechanismen sind nicht nur für biologische Evolutionsprozesse von Bedeutung. Sie spielen überall dort eine Rolle, wo Evolutionsprozesse ablaufen, als auch bei der gesellschaftlichen und der technischen Evolution, der Entwicklung der Sprache, des Verhaltens, der sozialen Beziehungen, der geistigen Prozesse usw. Allerdings haben die in komplexen Systemen auftretenden "Innovationen" mit den Mutationen von Biopolymeren nur noch das allgemeine Prinzip gemein: Neue Systemstrukturen werden stochastisch generiert und anschließend getestet, dabei werden unter den neu aufgetretenen Qualitäten solche ausgewählt, die einen "Fortschritt" darstellen. Bereits Hegel (Logik I,S. 380) hat das Auftreten neuer Qualitäten als den Kernpunkt der Evolution erkannt und dieser Aspekt bildet auch heute das Zentrum jeder wissenschaftlichen Evolutionstheorie. Die Existenz eines genügend großen unausgeschöpften Möglichkeitsfeldes der Erzeugung neuer Qualitäten ist eine unabdingbare Voraussetzung jedes Evolutionsprozesses. Die bestehenden Möglichkeiten müssen nicht unbedingt in materieller Form realisiert und dann geprüft werden, wie das bei der biologischen Evolution der Fall ist, sondern sie können auch als reine Denkmöglichkeiten erzeugt und selektiert werden. Diese Möglichkeit bildete die Grundlage für den enormen Fortschritt der Evolutionsgeschwindigkeit beim Auftreten des homo sapiens auf der Erde. Insbesondere die Evolution der Wissenschaften und der Technik basiert wesentlich - aber nicht ausschließlich - auf dieser "Mutationsstrategie". Die "theoretische Mutation" tritt zwar als neue und sehr effektive Methode neben die "reale Mutation", vermag die letztere jedoch nicht vollständig zu ersetzen. Beispiele dafür sind die Notwendigkeit des experimentellen Tests neuer Theorien, des Ausprobierens neuer Erfindungen, des Tests neuer Waren, Lehrmethoden, Studienpläne, Organisationsstrukturen und so weiter. Auch diese Formen der Mutation, das reale Experiment mit dem Neuen, ist für den Evolutionsfortschritt im technischen Bereich unabdingbar. Auf allen Organisationsstufen ist die Fähigkeit eines Systems, Innovationen hervorbringen, zu selektieren und die günstigsten Varianten zu verbreiten, die entscheidende Voraussetzung für seine Fähigkeit sich evolutiv zu verhalten. Systeme, die im Evolutionsprozeß stehen, müssen um den Preis ihrer Existenz Innovationen hervorbringen, auch wenn die günstigeren Möglichkeiten viel seltener als die ungünstigen Möglichkeiten sind. Die Ablehnung von Innovationen ist zwar auf kurze Sicht eine scheinbar optimale Taktik, sie ist jedoch als Strategie tödlich, wie die biologische Evolution zeigt.

Aus der relativen Einheit von Natur und Gesellschaft leitet sich die Notwendigkeit ab, kosmische, biologische und technische Evolution im Zusammenhang zu sehen. Eine wichtige Triebkraft für die Erforschung dieser Zusammenhänge besteht darin, daß die technische Evolution von der biologischen Evolution etwas lernen kann (das Umgekehrte gilt nicht). Seit etwa zehn Jahren gibt es Erfolge bei der Nutzung biologisch motivierter

Evolutionsstrategien für die Lösung technischer Aufgaben. Als Beispiele können die Optimierung von Düsenprofilen für Mehrphasenströmungen (Rechenberg, 1973; Schwefel, 1977), oder die günstige Gestaltung der Maschinenbelegungsplanung (Ablay, 1985) sowie kombinatorische Optimierungsprobleme (Ebeling, 1987; Boseniuk, Ebeling und Engel, 1987) genannt werden.
Eine andere wichtige Aufgabe besteht darin, innovative Strukturen in der Gesellschaft, wie zum Beispiel das Erfindungs- und Neuerungswesen, so zu fördern und zu entwickeln, daß eine Evolutionsbeschleunigung der Technik der betreffenden Einheit der Gesellschaft realisiert wird. Eine Voraussetzung dafür ist ein tieferes theoretisches Verständnis und eine zumindest grundsätzliche Modellierung der innovativen Prozesse. Schließlich besteht die begründete Hoffnung, daß die Ausarbeitung eines einheitlichen Evolutionsmodells für natürliche und gesellschaftliche Prozesse auch dazu beitragen kann, die in letzter Zeit so drängenden globalen Probleme auf unserem Planeten zu lösen.

Günter Tembrock

Innovationsstrategien im organismischen Verhalten

Der Begriff Strategie wird gegenwärtig in drei Sinnbezügen verwendet: Erstens wird eine Strategie als Bestandteil von Aktionsplänen interpretiert, deren Ergebnis den Personen ideell bereits bekannt war, die um den Zweck ihres Handelns wußten. Damit kann in diesem Kontext "Strategie" als Bestandteil eines planbezogenen Handelns aufgefaßt werden, psychologisch im Sinne einer Entscheidungsregel, da situationsabhängig einzelne Handlungsalternativen oder Handlungsfolgen erzeugt werden können. Solche Strategien setzen kognitive Operationen voraus, schließen damit Abstrahieren, Verallgemeinern, Vergleichen und ähnliche Operationen ein und spielen sich daher in Handlungsregulationen wider. Evolutionsbiologisch existieren äquivalente Mechanismen auch bei verhaltensfähigen Organismen, die zu solchen Verhaltensregulationen befähigt sind. Sie optimieren sich aber nicht über die Ziele, sondern über die zielbezogenen Umsetzungen und werden als "ratiomorph" bezeichnet (vgl. Riedl und Bonet, 1987). Es gibt daher im planbezogenen Verhalten (Tiere) ratiomorphe Prozeduren, die evolutiv als Anpassung an gegebene Bedingungsgefüge entstanden sind. "Ratiomorph" werden solche "Planhandlungen" bei Tieren genannt, deren Vollzug Verstandesleistungen des Menschen auch in ihrer inneren Struktur ähnelt, jedoch ohne Einsicht in diese Struktur. Dieses ratiomorphe Verhalten war Voraussetzung für den bewußtseinsbestimmten qualitativen Umschlag in der Human-Evolution, der zu echten kognitiven Leistungen geführt hat. Menschenaffen stellen heute eine Übergangsphase dar, sie können zielbezogene Handlungspläne strukturieren (vgl. Klix, 1983; Müller, 1987). Verhaltenszustände oder -ergebnisse, die in einer Population neu auftreten, werden hier "Innovationen" genannt. Innovationen setzen daher voraus, daß für sie ein "Erhaltungswert" gegeben ist, sie sind

in den Evolutionsprozeß integriert. Aus dieser Sicht ergeben sich - den Menschen eingeschlossen - drei Ebenen, auf denen Innovationen möglich sind: Die biogenetische Ebene, die Veränderungen im Genpool der Population voraussetzt, die tradigenetische Ebene, die über obligatorische Lernvorgänge Neuerungen in die Population einbringt, und die ratiogenetische, bei der solche Neuerungen bewußt übernommen werden. Innovations-Strategien dienen also der Durchsetzung solcher Veränderungen im Verhalten innerhalb.einer Evolutionseinheit.
An der Ausführung ratiomorph orientierte Verhaltens-"Pläne" werden durch Motivationen umgesetzt, am im Bewußtsein repräsentatierten Handlungsziel orientierte kognitive Handlungspläne enthalten darüber hinaus eine Antriebsqualität, die wir umgangssprachlich als "Wille" umschreiben.
Zweitens kennen wir strategische Spiele, die vom Prinzip der Realisierbarkeit des Zieles ausgehen und dabei eine "B/C-Rechnung" zugrunde legen, wobei B für "Benefit" (Gewinn) und C für "Cost" (Aufwand) stehen. Die moderne ethökologisch orientierte Verhaltensforschung hat dafür zahlreiche Beispiele erbracht, die sich spieltheoretisch gut modellieren und simulieren lassen. Dazu gehört auch die "Optimal Foraging Theory" (OFT), die optimale Lösungen der Nutzung von Nahrungsressourcen anbietet, wie sie in der Natur auch realisiert werden. Generell zeichnen sich bei den strategischen Spielen drei Formen ab, die wir als "Gemischte Strategie", "Optimale Strategie" und "Reine Strategie" bezeichnen. Bei der "Gemischten Strategie" wendet der Spieler eine seiner reinen Strategien an und erweitert die Klasse der zulässigen Handlungen, um eine Lösung des Spieles zu sichern. Die "Optimale Strategie" wird im antagonistischen Spiel eingesetzt, um zu garantieren, daß der Gewinn nicht geringer ist als der Wert des Spieles, wobei die optimale Strategie des zweiten Spieles garantiert, daß sein Verlust den Wert des Spieles nicht übersteigt. Die "Reine Strategie" umfaßt beliebige für den Spieler zulässige Handlungen, die den Spielregeln unterliegen. Sie wird als "entarteter" Fall der "Gemischten Strategie" aufgefaßt. Grundlagen für diese Strategien leiten sich im organismischen Verhalten aus dem Bedingungsge-

füge Kooperation - Konflikt ab, ihm kommt wahrscheinlich im Entwicklungsgeschehen eine Schlüsselstellung zu.

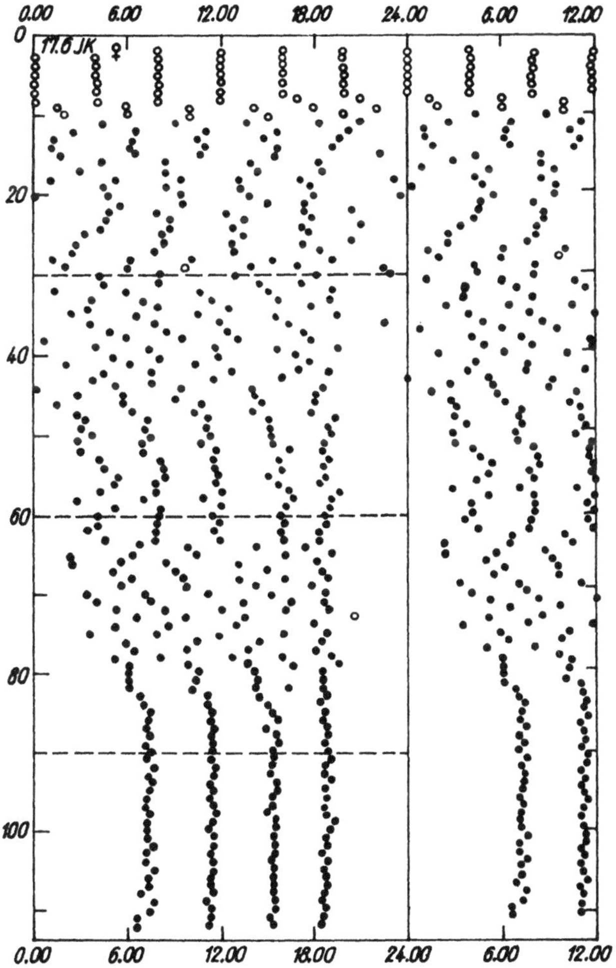

Abb. 6:
Phasenwechsel in der Nahrungsanforderung eines Säuglings (Nach Kneis aus Siegmund, 1978)
(In der Klinik nach vorgegebenem Zeitregime gefüttert: offene Kreise. Nach einem "Wechsel der Order" wird ein neues Zeitmuster erkennbar. Ordinate: Lebenstage; Abszisse: Uhrzeit)

Die evolutionsbiologischen Entscheidungsmechanismen spieltheoretischer Strategien vollziehen sich auf der Ebene der Selektion und Selbstorganisation. In diesen Zusammenhang gehört das von Maynard-Smith (1964) entwickelte Konzept der "Evolutionsstabilen Strategien" (ESS). Es bietet ohne Zieleinsicht ratiomorphe Lösungen für Interaktionen zwischen Artgenossen in einer Population zur "kreativen Bewältigung" der Lebensanforderungen an, die Entwicklung gewährleisten. Kreativ bedeutet hier: Steigerung der Gesamtfitneß, und diese manifestiert sich in dem individuellen Beitrag zum "Überleben" eigener Gene. Das kreative Moment liegt darin, daß Gene in verschiedenen Ausprägungsformen existieren (also Varianten "erfunden" wurden = Allele), die sich in solchen Strategien zu bewähren und gegebenenfalls durchzusetzen haben. Dabei hat sich die "Tit-for-Tat"-Strategie als wirksam erwiesen, der das Prinzip "Wie du mir, so ich dir" zugrunde liegt, etwa bei Hilfeleistungen in der Brutpflege und damit Sicherung des "Neuen" in Gestalt von Nachkommen. Bekannt als evolutionsstabile Strategie ist auch das "Falken-Tauben-Spiel", bei dem in einer Population mit agonistischen Auseinandersetzungen eine bestimmte Relation im Verhältnis des Auftretens beider Verhaltenstypen eingeregelt sein muß, damit die Population als Ganzes sich weiter entwickelt. Dahinter stehen die Konzepte für Kooperationsbereitschaft ("Tauben") und für Wettbewerb ("Falken") in bezug auf die Einschätzung möglicher Partner. Von wesentlicher Bedeutung für diese spielstrategischen Verhaltensweisen ist wieder die Ziel-Erwartung; mit ihr verbunden hat sich eine eigene "Ziel-Erwartungs-Theorie" herausgebildet (Pruitt und Kimmel, 1977). Immer wieder erweist sich aber Reziprozität als erfolgreiche Strategie für Konfliktlösungen. Wenig ist gegenwärtig noch bekannt über mögliche Anwendung solcher Konzepte bei der internen Problemlösung, also bei der "inneren Selektion", aus der neue Verhaltensmuster hervorgehen. Wir gehen von der Hypothese aus, daß alle Interaktionstypen zwischen Individuen interne Vorstufen innerhalb eines Individuums bei der Verhaltensstrukturierung gehabt haben (vgl. Tembrock, 1987).

Drittens gibt es Strategien, die als systeminhärente Eigenschaften der Selbstorganisation wirksam werden. Hier wird die Wertsteuerung vom System selbst vorgenommen und in die eigengesetzliche Entwicklung integriert. Diese systemeigene Optimierungsstrategie ist eine Grundlage der Entwicklung selbst, eine Evolutionsstrategie. Die gegenwärtigen Konzepte der Selbstorganisation (vgl. Dress, Hendrichs und Küppers, 1986), der Synergetik (Haken 1978), der Autopoiesis (Maturana und Varela, 1987) sind hier zu nennen; aber auch die systemtheoretischen Ansätze (v.Bertalanffy, 1968; Riedl, 1975) gehen von vergleichbaren Prämissen aus. In diesen Kontext gehören auch die Katastrophen-Theorie und die Theorie vom "Chaos" (vgl. Küppers, 1986) im Sinne irregulärer Zeitfolgen und räumlicher Muster als Ergebnis der Wechselwirkung mehrerer Ordnungsfaktoren oder beim "Wechsel der Ordner". Solche Phasen der Labilität können im Zusammenhang mit Qualitätsumschlägen gesehen werden, die in der Enwicklungsbiologie auch "Differenzierungsphasen" genannt werden, damit abgesetzt von den Wachstumsphasen, während derer quantitative Phänomene dominieren.

1. Strategien der Evolution

Generell gilt, daß operative Entscheidungen in dem Maße, in welchem sie die "Ad-hoc-Stufe" überschreiten, Strategien benötigen. Stachowiak (1973) unterscheidet dabei den Aktionsvordergrund vom Aktionshintergrund, der den erweiterten Interaktionsrahmen liefert. Wir kommen darauf zurück. Strategien, die mit individualisierten Einheiten verknüpft sind, benötigen eine kommunikative Kooperationsstruktur des Planungssystems, die auch Regeln für Entscheidungsstrategien enthalten muß. Diese sollten sowohl eine Komplexität der Entscheidunsmöglichkeiten sichern als auch die für planmäßige Innovationen erforderliche Suchraumeinschränkung ermöglichen. Damit ist ein weiterer Kontext angesprochen. Er betrifft die prozessuale Integration von Innovationen in den Vorgang der Entwicklung. Bei stochastischen Innovationen vollziehen sich diese im Prozeß der Selbstorganisation als Wechselspiel zwischen "Chaos" und "Ordnung", der

Vorgang selbst setzt die Ziele, ist daher als teleonomer Prozeß interpretierbar. Teleonomie bezeichnet organismische Zweckmäßigkeit, deren Zielgerichtetheit auf ein internes Programm zurückzuführen ist, das selbst im Ergebnis der Entwicklung entstand. Bei planmäßigen Innnovationen erfolgt die Zielvorgabe extern, und damit sind äußere Ordnungsparameter vorgegeben. Sie setzen eine andere Bewußtseinsstruktur des Individuums voraus. Gemischte Innovationen leiten sich aus einem Wechselspiel beider Organisationsformen ab.
Für das Zustandekommen überindividueller Motive und Strategien hat Cattell (1950) den Begriff "Syntalität" zur Kennzeichnung des speziellen Faktorengefüges vorgeschlagen, die als leitende Subsysteme (Ordner im Sinne von Haken) überindividueller Einheiten dasjenige bestimmen, was die Gruppenoperationen bei einer gegebenen Außenweltsituation gruppenintern bedingt. Die Syntalität der Gruppe ist demnach dem motivationellen Aspekt der "Persönlichkeit" des Individuums vergleichbar.
Solche kooperativen Kommunikationsstrukturen ermöglichen auch nichtstrategische Planung, die Eigenschaften der Selbstorganisation enthält und gewöhnlich deswegen als "nichtstrategisch" bezeichnet wird, weil planungsrelevante Entscheidungen erst im Prozeß selbst vollzogen werden. Dieses Verhalten führt bei südamerikanischen Ameisen dazu, daß heranwachsende Kolonien ihr Areal ihrer eigenen Volksstärke und dem Konkurrenzdruck anpassen können: Ihre individuelle Kampfbereitschaft wird von der Anzahl der Begegnungen mit arteigenen und mit artfremden Individuen bestimmt: Überwiegen Kontakte mit Artgenossen, wird gekämpft, überwiegen Kontakte mit Artfremden, wird ausgewichen. Mit Nähe zum eigenen Nest wird sich das Verhältnis umkehren, und damit geht die Volksgröße in die verteidigte Arealgröße ebenso ein wie der Konkurrenzdruck.
Evolutiv lassen sich dabei zwei prinzipielle Mechanismen des "Informationswechsels" mit der Umwelt unterscheiden: Der eine ist als "Speicher-Strategie" auf eine Optimierung der Strukturierung verfügbarer Informationen ausgelegt, während der andere als "Leistungs-Strategie" auf die optimale äußere Umsetzung interner und damit auch individuell modifizierter Wissensstruk-

turen orientiert wird. Hier ist gewissermaßen die "Daseinsbewältigung" gefordert. Beide Strategien sind eigendynamisch angelegt, bilden Konstituenten der Entwicklung und haben keine "Endziele".

Eine besondere Bedeutung kommt als Quelle für "Neues" der Koevolution zu, oder noch allgemeiner der "Ko-Entwicklung". Der Grundgedanke ist einfach: Es handelt sich um eine wechselseitige Anpassung unabhängiger Teile, die zum gleichen oder zu verschiedenen Organismen gehören. Dahinter steht aber wohl ein grundsätzliches Entwicklungsprinzip der Selbstorganisation. Und hier geht es um Ko-entwicklung auf verschiedenen Ebenen, etwa als Mikro- und Makroevolution. Das sei im Beispiel eines sich entwickelnden Organismus erläutert: Auf der "Mikroebene" evolvieren die Zellstrukturen durch Prozesse "vom Besonderen zum Allgemeinen", spezielle Nukleinsäuren konstituieren Eiweißkörper und wirken letzlich bis in den "Makrobereich". Dieser gestaltet sich "vom Allgemeinen zum Besonderen": Aus Keimblättern werden Gewebe und Organe und schließlich hochdifferenzierte Strukturen wie das Gehirn. Das aber kann sich nur im Wechselspiel beider Mechanismen vollziehen. Im Verhalten organisieren elementare motorische Einheiten die "Mikrostrukturen", etwa unserer Hände; aber gleichzeitig differenzieren sich aus großen Bewegungsverläufen im Wechselspiel mit der "Mikroevolution" immer subtilere Bewegungsabfolgen heraus, und diese sind das Ergebnis einer Ko-entwicklung, die natürlich ein großes Potential für Innovationen einschließt, abhängig vom Evolutionsgrad, ausgedrückt im Ausmaß der Kooperationsfähigkeit im Mikrobereich und der Differenzierungsfähigkeit im Makrobereich. Wir kennen beim Menschen verschiedene neurale Störungen, die zu einer Dissoziation beider Prozesse führen, Mikrobewegungen isolieren oder auch Makrobewegungen entdifferenzieren. Das hier vorgestellte Konzept muß noch ausgebaut werden. Die Selbstorganisation ist damit angesprochen.

Strategien der Selbstorganisation sind adaptive Strategien. "Adaptiv" ist hier jedoch neu zu definieren. Es ist eine Systemeigenschaft, die ihre systemspezifische Form der Selbstorganisation nur unter Einschluß von relevanten Umweltparametern vollziehen kann. Diese bilden sich in systemspezifischer Weise in diesem ab. Adaption ist in diesem Sinne Ergebnis innerer und äußerer Selektion. Selbstorganisation verändert die Möglichkeitsfelder und implementiert entwicklungsspezifische Ziele aus diesen Feldern heraus (Teleonomie). Selbstorganisation schließt autoregulative Prozesse, Stabilität und Störfestigkeit, Zunahme an Redundanz und Negentropie und Autoreduplikation mit ein. Neue Zustände können bei dieser Autoreduplikation ("Fortpflanzung", "Vermehrung") auf zwei Wegen entstehen: Erstens durch einfache Redundanzsteigerung; es wird ein gegebener Status in großer Anzahl vervielfacht; dabei auftretende "Fehler" werden bewertet und können zu Entwicklungsförderung führen. Zweitens kann bei der Autoreduplikation der Funktionseinheiten die volle Kapazität ausgeschöpft werden; durch hohen Aufwand wird eine maximale Qualität erreicht; die jeweiligen Möglichkeitsfelder werden ausgeschöpft. Im Ergebnis entsteht eine geringe Anzahl neuer Zustände, aber mit hoher Valenz, die Gesamtentwicklung (Evolution) zu fördern. Der erste Typ heißt in der Biologie "r-Selektion", der zweite wird als "K-Selektion" bezeichnet. So sind die "Kasten" bei "staatenbildenden" Insekten, wie Termiten, Ameisen oder Honigbienen, Ergebnisse der K-Selektion, also "Erfindungen", die nur in wenigen Ausprägungen vorliegen, aber hohe Qualität aufweisen, während die Individuen dann "in Masse" erzeugt werden. Das Gesamtsystem funktioniert also dadurch, daß erst wenige neue Typen entwickelt wurden, diese sich aber dann durch "Massenproduktion" zu bewähren haben. Diese verbessert evolutiv nur Einzelheiten der jeweiligen Morphotypen ("Arbeiter", "Soldat", "Geschlechtstier" und so weiter), führt aber nicht zur Entstehung neuer Kasten, wohl aber zu Subtypen (zum Beispiel "große und kleine Soldaten").

2.Ebenen der Evolution

Wir haben damit den Begriff Entwicklung bereits wiederholt angesprochen. Wir möchten ihn nunmehr etwas untersetzen, indem wir ihn aus verhaltensbiologischer Sicht in drei Funktionsebenen differenzieren.

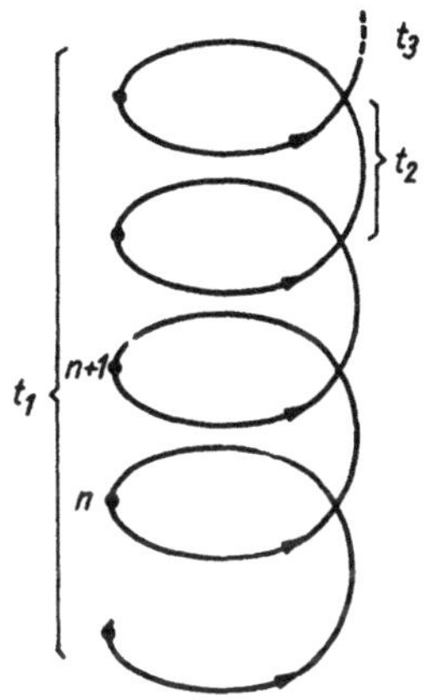

Abb. 7:
Schematische Darstellung der Beziehungen zwischen den Entwicklungsebenen in der Verhaltensorganisation
t_1 bis t_3 stellen die drei Referenzrahmen für die Zeitordnung dar ("Zeitpfeile"): t_1: Phylogenese, t_2: Ontogenese, t_3: Aktualgenese

Die erste und oberste Ebene wird durch die Aktualgenese gekennzeichnet, sie umfaßt das Werden und Ablaufen eines aktuellen Verhaltens. Das unmittelbare Ursachengefüge ist angesprochen, die Qualität der Ausführung. Nur in diesem Kontext sind daher auch Neuerungen möglich. Wir sprechen von den proximaten Faktoren, die diesen Ablauf bestimmen. Die zweite Entwicklungsebene wird durch die Ontogenese konstituiert; diese ist eine Folge von Aktualgenesen, durch Erfahrungseinbau können Neuerungen auftreten. Individuelles Lernen kann "Wissen" neustrukturieren. Durch Tradition können "Wissen" und "Können" weitergegeben werden. Damit hebt sich ein Problemfeld ab, das neue Möglichkeitsfelder organisieren kann: Bei Aktualgenesen dominiert Diachronie im Prozeßgeschehen. Bei der Ontogenese kann durch Kooperation von Individuen (ontogenetischen Einheiten) auch eine Synchronie im Prozeßgeschehen auftreten. Die Komplexität resultiert daher oft aus beiden Zeitstrukturen. Die dritte Ebene ist durch die Phylogenie als Kette von Ontogenesen in Populationen vorgegeben. Hier wird die Entwicklung entscheidend durch Synchronie bestimmt, das gleichzeitige Existieren von Individuen in Populationen mit genetischen Varianten (Allelen). Hier setzt die Selektion an, die zu unterschiedlichen Überlebenschancen für die einzelnen Gene führt. Aus den vorstehenden Kennzeichen der Entwicklung leiten sich für die Untersuchung zunächst zwei Grundbereiche ab, der Objektbereich und der Problembereich. Wenn wir vom Objektbereich "verhaltensfähige Lebewesen" ausgehen, sollten wir den Problembereich in drei Ebenen unterteilen. Die erste Ebene bezieht sich auf die Analyse der prozessualen Kausalität. Mit ihr werden die konstitutionellen Grundlagen und die mit diesen verbundenen physiologischen Mechanismen erfaßt. Wir können das unter dem Blickpunkt der Vergleichbarkeit mit Kreativität beim Menschen allgemeiner formulieren: Es geht um die stofflichen (materiellen) Objekteigenschaften und die damit verbundenen Funktionseigenschaften. Meinen wir aber die Grundlagen der Kreaitivität beim Menschen, dann wären vor allem die Eigenschaften des Gehirns angesprochen (Informationsaufnahme und -verarbeitung), Disziplinen wie Neuropsychologie und Psychophysiologie sind tangiert.

Die zweite Ebene betrifft die Analyse der funktionellen Kausalität. Es ist die Bedeutungsebene. Beim Organismus vollzieht sich dieses Geschehen nach unserer Auffassung in zwei Schritten: Bestimmte Reize aus der Umwelt werden informationell umgesetzt und liefern eine "message" ("Nachricht"). Beispielsweise wurde ein Objekt identifiziert und seine Raumlage erkannt. Jetzt wird diese Information in Beziehung gesetzt zum inneren Status: Sie erhält eine bestimmte Bedeutung (meaning), etwa "Beute" oder "Gefahr". Daraus resultiert ein bestimmtes umweltbezogenes Verhaltensprogramm. Die Funktion wäre "Nahrung aufnehmen" oder "Gefahr vermeiden". Wir können wieder im obigen Sinne verallgemeinern: Es geht um die Bedeutung des Objektes: Was soll es leisten? Tiere setzen die Bedeutung durch Bezug zum inneren Status, der ihre "Motivation" bestimmt. Menschen können die Bedeutung selbst erkennen, sie wissen also (oder sollten es wissen!), warum sie essen oder sonst irgendetwas Bestimmtes tun. Der Mensch kann die Bedeutungsqualitäten subjektiv erleben und sprachlich bezeichnen.

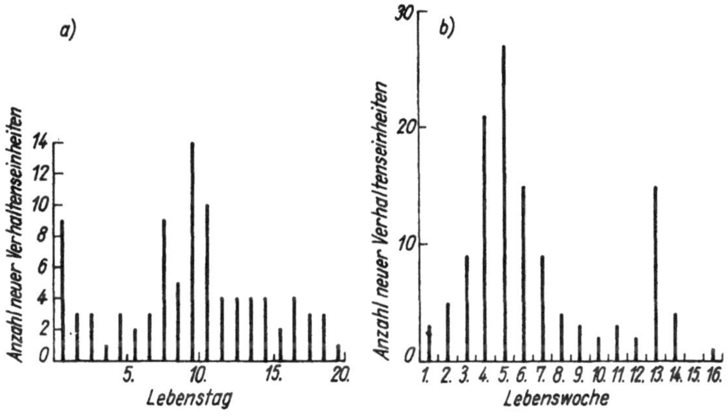

Abb. 8:
Auftreten neuer Verhaltenseinheiten im Verlauf einer Individual - Ontogenese: (a) beim Zwerghamster (Cricetulus) und (b) beim Rotfuchs

Die dritte Ebene betrifft die Analyse der historischen Kausalität. Jetzt ist die Hologenese angefordert, und diese setzt sich aus Ontogenese und Phylogenese zusammen. Nun ist gefragt, wie das geworden ist, was im Handlungskontext steht. "Das Neue" erfährt hier seine elementare Qualität. Hier ist umfassendes "Hintergrundwissen" gefordert, es geht um das "Warum" und damit auch um die letzten Faktoren (ultimate factors).
Die drei Tiefenstufen der Kreativität sind damit angesprochen, die jeder Mensch auch in seiner Individualentwicklung, aber auch im Umgang mit neuen Problemen durchläuft: erst "Probieren", dann die Bedeutung erfassen ("verstehen"), und schließlich auch den "Sinn" des Ganzen sich zu eigen machen. Aus diesen Stufen leiten sich auch die speziellen Kriterien für den Methodenbereich ab. Auf der ersten Ebene sind alle objektspezifischen Verfahren angesiedelt, die sich aus deren strukturellen und funktionellen Eigenschaften ableiten. Diese Verfahren sind objektspezifisch. Da die meisten Disziplinen durch Objektbereiche vorgegeben sind, sind sie also auch disziplinspezifisch. Auf der zweiten Ebene sind die Methoden problemorientiert. Hier können Verfahren wie Kybernetik, Systemtheorie, Modell-Theo-

rien, Automatentheorie, Informationstheorie, Theorie der Markoff-Ketten, Theorien zur Zeitreihenanalyse zum Einsatz kommen, um nur einige Beispiele zu nennen. Auf der dritten Ebene sind Entwicklungstheorien gefordert, Spieltheorie, Chaostheorie, Katastrophentheorie, Theorie der Bifurkationen, "künstliche Intelligenz", Theorien der Synergetik und Selbstorganisation. Für den Menschen ergibt sich noch ein vierter Bereich, der Praxisbereich (vgl. Marx, Thesen über Feuerbach; vgl. auch Oeser, 1988). Damit sind die Grundformen wissenschaftlicher Erkenntnis angesprochen, die Beschreibung, die Erklärung, die Erfassung der Zusammenhänge (des "Sinnbezuges") und die praktische Umsetzung auf Grund von Vorschriften und Entscheidungen.

3. Labilität und Stabilität im Evolutionskontext

Wir haben damit bereits die biologische Ebene zur Ableitung von Wissenschafts- und Innovationsstrategien überschritten. Im Rückblick sollten wir festhalten, daß wir dabei davon ausgegangen sind, daß organismische Systeme der Selbstorganisation und Selbstinstruktion unterliegen, wobei die Umwelt kontextuell integriert ist. Diese Selbstorganisation schließt Zielbildungen mit ein. Diese sind systemimmanenten Möglichkeitsfeldern zugeordnet und bilden sich nicht im "Bewußtsein" ab. Sie sind Bestandteile ziel- und zweckgerichteter Programme, die über ihre Funktionen bewertet werden. Wir können evolutiv dabei mehrere Systemebenen unterscheiden. Die erste Systemebene basiert auf einer physischen Basis und konstituiert über Informationswechsel und Kooperation ein genetisches System. Auf dieser Grundlage ruht die zweite Systemebene; sie hat zudem eine ökologische Basis und realisiert über Nervenzellen den Informationswechsel und die Kooperation, womit ein neurales System gegeben ist. Die dritte Systemebene schließt daran an und konstituiert über einer biosozialen Basis (Population), die sich der physischen und ökologischen überlagert, Informationswechsel und Kooperation zwischen Individuen, womit ein soziales System gegeben ist. Von Übergangstrends abgesehen endet hier die organismische Selbstorganisation der Systeme. Die beiden folgenden Qualitätumschläge kennzeichnen den Evolutionsweg des Menschen. Die vierte Systemebene konstituiert eine kulturelle Basis über den bereits genannten und schafft durch Informationswechsel und Kooperation ein kulturelles System, dessen Werte und Normen nicht mehr biogenetisch, sondern tradigenetisch gesichert werden, indem sie in frühkindlichen Phasen implantiert und damit "unbewußt" übernommen werden. Dieser Vorgang vollzieht sich zwischen nicht-anonymen Individuen. Die fünfte Systemebene ist dadurch gekennzeichnet, daß der Informationsaustausch und die Kooperation sich auf einer alles überlagernden ökonomischen Basis zwischen (anonymen) gesellschaftlichen Einheiten vollziehen, die ein gesellschaftliches System konstituieren. Dabei wird die spezielle Qualität des Informationstransfers und der Kooperation durch Anonymität auf Grund funktioneller Institutionalierung determiniert, obwohl in veränderter Form natürlich die Gesetze der tieferen Systemebenen wirksam bleiben: Der Lehrer ist eine "Institution" und damit austauschbar; wie er das vorgebene Wissen vermittelt, wird durch die Nicht-Anonymität (4.Systemebene) mit beeinflußt. Produkte der Wirtschaft, aber auch der Kunst haben auf der gesellschaftlichen Ebene einen anonymen Adressatenkreis, dessen Besonderheiten durch gesellschaftliche Bedürfnisse bestimmt werden. Dieser veränderte Informationstransfer bestimmt auch das Wesen der Kooperation und damit das in diesem Kontext entstehende und sich durchsetzende "Neue"; um es im Beispiel vorzustellen: Auf der vierten Systemebene wird ein zu feiernder Verwandter oder Freund mit einem Gebäck beschenkt, das nach einem in der Familie tradierten Rezept hergestellt wurde. Auf einer "offiziellen" Geburtstagsfeier stammt das Produkt vom Bäcker, der es an jeden verkauft, der den vorgesehenen Gegenwert in Geld entrichtet.

Während die kulturelle Basis bereits auf die soziale zurückwirkt und diese modifiziert, interferiert die ökonomische darüber hinaus auch mit der ökologischen Basis - ein brisantes Gegenwartsproblem. Für die gesellschaftliche Ebene ist das ratiogenetische Potential (Vogel, 1987) von besonderer Bedeutung, die bewußte Übernahme tradierten Wissens und Könnens. Daraus leiten sich nunmehr zwei weitere nur dem Menschen zukommende Fitneß-Ebenen ab, die kulturelle und die gesellschaftliche Fitneß.

Die Selbstorganisation hat damit im Verlauf der Gesamtentwicklung drei Phasen durchlaufen: die biogenetische Selbstorganisation mit den sich daraus ableitenden Ordnungsprinzipien, die tradigenetische Selbstorganisation, die biogenetische Gesetze in einen neuen Bezug bringt, und schließlich die ratiogenetische Selbstorganisation, in der die Gesetze der beiden tieferen Stufen weiter gültig, aber in einem veränderten Bezugsrahmen eingespannt sind. Die ratiogenetische Ordnung schließt wohl ein, was Hayek (1980) als "technomorphe Ordnung" bezeichnet, die er der "systemisch-evolutionären" gegenüberstellt. Selbstorganisation setzt Autonomie voraus. Diese kann im Anschluß an Susman (1976) durch drei Kriterien gekennzeichnet werden: Unabhängigkeit, Selbstgestaltung und -lenkung ("selfgovernance") und Selbstregulierung. Dazu kommen bei den hier bereits genannten Formen der Selbstorganisation Komplexität, Selbstreferenz und Redundanz. In diesem Zusammenhang unterscheidet H.v.Foerster (1984) "triviale" und "nicht-triviale" Systeme (er spricht auch von "Maschinen"). Triviale Systeme sind im Verhalten vorhersagbar, von der Geschichte unabhängig, synthetisch deterministisch und analytisch bestimmbar. Nichttriviale Systeme (und nur von diesen ist hier die Rede) sind dagegen von der Vergangenheit abhängig, analytisch unbestimmbar, analytisch nicht vorhersagbar und synthetisch deterministisch.

Unser Bemühen, Konzeptionen der Selbstorganisation mit der Wesensbestimmung der Kreativität im natürlichen Entwicklungsgeschehen in Zusammenhang zu bringen, legt es nahe, die Zusammenhänge zwischen Komplexität und Zeit als elementare Konstituenten von "Entwicklung" noch etwas zu hinterfragen. Wir könnten den Grad der Komplexität, von Biologen meist als "Höherentwicklung" bezeichnet, ansprechen. Hier sollen nur Organisationsstufen niederer Ordnung von solchen höherer Ordnung unterschieden werden: Bei jenen niederer Ordnung überwiegen Stabilität, intrinsische Variable und Kontinuitäten, bei jenen höherer Ordnung dagegen Dynamik, extrinsische Variable und Diskontinuitäten. Die Ökologie hat uns gezeigt, daß bei komplexen Systemen hoher Ordnung labile und stabile Phasen sich abwechseln können, das heißt Reifephasen und Phasen der Reife (Klimaxphasen). Das gilt auch für Organismen, und hier wie dort oft in mosaikartigen Vernetzungen (partiell reif, partiell reifend). Bei reifenden Systemen überwiegen: Labilität und Anpassungsfähigkeit an Umweltbedingungen, geringere Anzahl von Strukturparametern, Aufbau größer als Abbau, hohe quantitative Produktivität, geringe Diversität, schneller Energiedurchlauf, lineare Prozesse, Verkettungen von Strukturelementen, geringe Spezialisation der Elemente, starke Fluktuationen, Energie-Nutzung zum Strukturaufbau, zur Informationsaufnahme, Erzeugung von Quantität und relativ geringe Negentropie.

Bei reifen Systemen überwiegen Stabilität, Anpassungen an Invarianten der Umwelt, hohe Anzahl von Strukturparametern, ein ausgewogener Energiedurchfluß und Abbau, hohe Diversität, Kreisprozesse und Vernetzungen, hohe Negentropie, hohe Spezialisation der Strukturelemente, geringe Fluktuationen, Regelmechanismen, Antagonisten und Nutzung der Energie zur Strukturerhaltung, Erzeugung von Qualität, Informationsverarbeitung und Aufbau komplexer Anpassungs- und Regelmechanismen.

In diesem Zusammenhang ist das Phänomen der Stabilisierung angesprochen. Diese setzt adaptive Entscheidungen voraus: Setzung eines "Zweckes" oder Zieles im Kontext verfügbarer Aktionsmuster, Analyse der entscheidungsrelevanten verfügbaren Information, Synthese einer Lösung durch Auswahl einer alternativen Aktion oder Handlungssequenz, die zum Ziel führt, Signale zur Steuerung und Ausführung der Aktion oder Handlungssequenz, Nutzung von bereits erfolgreichen Lösungen bzw. Entscheidungen, weil sie den Zeitaufwand und den Bedarf an Information verringern. Die Entscheidungen haben die Funktion aller Teilsysteme, die Aufwandsminderung, die Optimierung als Aufwand/Nutzen-Bilanz und die Stabilität zu sichern. Typische Kriterien der Stabilität sind: zunehmende Differenzierung von Subsystemen, Dezentralisation der Entscheidungen, komplexe Relationsmatrix, Präzisierung der Regelprozesse, schärfere Abgrenzung der Subsy-

steme, zunehmende Differenzierung und Musterbildung, Multistabilität und Multioszillatorstruktur mit fixierten Phasenbeziehungen, womit zugleich die Komplexität eingebracht ist.
Diese Kriterien erlauben, auch eine Beziehung zu dem Phasenmodell der Forschung herzustellen (vgl. Parthey, 1983; Parthey, in diesem Band). Dort wird die erste Phase durch eine steigende Methodenentwicklung charakterisiert, während in der zweiten Phase auf dieser Basis die Problemstellung ausformuliert wird, deren Auflösung dann in der dritten Phase erfolgt. Oder, noch anders formuliert: Sich entwickelnde Systeme brauchen ein Referenzsystem, auf das sie phasenverschoben sich "einschwingen", wobei ein Zustand auftritt, bei dem ihre Verlaufskurve die des Referenzsytems überschreitet, und wenn jenes sein Plateau erreicht hat. Jetzt kann das neue System zum Referenz-System werden: Die Phase der Inferenz ist besonders labil und zugleich mit hoher Innovationspotenz ausgestattet, ein "Paradigmenwechsel"ist möglich; Sytem A ist dabei in der dritten Phase, System B in der zweiten Phase.

4. Lernstrategien

Aus diesen Überlegungen und Feststellungen lassen sich einige Folgerungen ableiten. Mit der Höhe der Systemebene steigen Präzision der Regelung sowie der Adaption (im oben genannten Sinne). Entwicklung fördert Abgrenzung sowie den Grad der Entscheidungsautonomie von Subsystemen, dagegen fördert Belastung Zentralisation, der bei Überlastung dann Desorganisation folgt. Demgegenüber fördert Dezentralisation Kooperation der Entscheidungseinheiten. Miller (1975) nennt Innovationen, die in einem System erzeugt werden und über Tradition zu seiner Stabilisierung beitragen, "Artefakte". Dazu postuliert er Entscheidungseinheiten, die, "Echelons" genannt, jeweils auf einer Ebene bzw. Systemstruktur wirksam werden, vergleichbar den "Ordnern" von Haken. Organismische Systeme schaffen über die Selbstorganisation Individuationsstufen, wie Einzeller, Mehrzeller, Sozialeinheiten ("der Bien") als verhaltensrelevante

Strukturebenen, innerhalb derer sich individuelle Sondermerkmale differenzieren können. Ein evolutives Grundprinzip ist die quasi-identische Reproduktion, wobei Abweichungen als potentielle Innovationen bewertet werden; es sind daher gewöhnlich mehrere Zustandsformen einer Eigenschaft verfügbar, auf der genetischen Ebene als Allele. Wir erinnern hier wieder an die drei Stufen: Probieren (Versuch und Irrtum), damit arbeitet die biogenetische Evolution, Erfassung der Funktion und schließlich Erfassen des Sinnbezuges. Handgeschlagene Messerklingen werden bei "Vervielfältigung" auch Fehler aufweisen (wie die Gene), und dann kann entdeckt werden, daß ein bestimmter "Fehler" eine spezielle Aufgabe des Instrumentes verbessert. Ist die Funktion als Ziel vorgegeben, wird dies unwahrscheinlich, die nicht funktionsgerechten Ausfertigungen werden verworfen. Jetzt sind externe Zielvorgaben gesetzt. Die klassische Antinomie Kausalität - Finalität ist im Spiel. Der Stier stößt, weil er Hörner hat, sagte Goethe, während Aristoteles meinte, daß er deswegen die Hörner besitzt. Es stimmt aber sofort, wenn wir sagen: der Mensch hat die Axt, um damit zuschlagen zu können.
Diese Zusammenhänge waren auch für die Evolution des Lernens entscheidend: erst prozessuales "Versuch- und Irrtum-Lernen", dann funktionelles Lernen und schließlich "Outcome-Lernen", das gewünschte Ergebnis bestimmt das Lernen, was viel Einsicht und hohe kognitive Leistungen voraussetzt. Weller (1985) unterscheidet das Lernen durch Abspeichern als elementare Stufe und Parameterlernen als abgeleitete Lernform, bei der geeignete Modellparameter, beispielsweise Bewertungskoeffizienten von Signalen, Reaktionswahrscheinlichkeiten und ähnliche Bedingungsgefüge spezifiziert erlernt werden.
Wenn wir Optimierungsprinzipien der Evolution charakterisieren wollen, sind also auch Lernvorgänge in Rechnung zu stellen. Sie alle unterliegen einigen bereits angedeuteten Grundprinzipien, die wir jetzt präzisieren möchten. Noch einmal sind die r- und K-Selektion zu nennen. Bei der r-Selektion erfolgt die Bewertung über die Umwelt, es gibt eine hohe "Ausschußrate", da sehr viel mehr Nachkommen erzeugt werden als überleben; dann erfolgt eine Stabilisation mit schneller Reifung und hoher Anpassung

gegenüber Umweltänderungen. Die r-Selektion bewährt sich also unter schnell wechselnden Umweltbedingungen. Daher hat sich der Mensch, der als Primat K-Selektionist war, im Verlauf seiner Eigengeschichte wieder zum partiellen r-Selektionisten gewandelt, erzeugt also weit mehr Nachkommen, als der natürliche Lebensraum tragen kann. K-Selektion beruht auf einer Nutzung der vollen Kapazität der Umwelt durch hohe Qualität der Individuen, starke Investitionen durch die "Erzeuger" ("Brutpflege"), langsame Reifung und ist auf eine relativ stabile Umwelt angelegt. Das gilt auch für die Kulturgeschichte des Menschen: Möbel haben einmal Generationen überdauert ("K-Selektion"), heute wechseln sie in einer Generation, und das erfordert "Massenproduktion".

Die Organismus-Umwelt-Beziehungen können auf sehr verschiedenen Wegen stabilisiert werden: Es kann eine Normalverteilung der Varianten bevorzugt werden, oder es werden Varianten im optimalen Toleranzbereich präferiert. Eine andere Möglichkeit ist die Bevorzugung der Extremvarianten, entweder im Maximalbereich oder im Bereich der Minima, auch beide gleichzeitig könnten einen Vorteil haben. Schließlich können bestimmte Relationen zwischen komplementären Varianten bevorzugt werden, wie etwa "Tauben" und "Falken" (siehe oben), was als evolutionsstabile Strategie bezeichnet wird. Auch das Geschlechtsverhältnis kann durch eine solche evolutionsstabile Strategie in bestimmter Weise eingeregelt sein.

5. Information und Verhalten

Der dynamische Vorgang auf der Grundlage der hier genannten Bedingungen wird bei Einschluß des Informationswechsels mit der Umwelt als Verhalten bezeichnet. Verhalten ist Interaktion mit der Umwelt auf der Grundlage eines Informationswechsels zur Optimierung der Entwicklung. Was "Entwicklung" heute heißt, wurde oben bereits dargelegt. Damit sind hier einige Anmerkungen zu den Universalien des Verhaltens anzufügen, die zwar aus Biosystemen abgeleitet, gleichwohl aber auch für menschliche

Interaktionsmuster anwendbar sind. Im organismischen Verhalten werden Zielfunktionen gewöhnlich über zwei Optimierungsschritte und eine Bewertungsfunktion stabilisiert. Zunächst erfolgt jedoch eine interne Organisation des Motivationsgefüges, durch das Zielparameter konstituiert werden, im Falle der Nahrungsmotivation ein bestimmtes "Suchbild" für konkrete Nahrungsobjekte, das durch ein biogenetisch verankertes und/oder individuell konkretisiertes Erfahrungsmuster vorgegeben wird. Dazu können auch Randbedingungen gehören. Jetzt erst setzt das äußere Verhalten ein:

In der ersten Phase des motivierten Verhaltens vollzieht sich eine Suchstrategie im Distanzfeld über Milieuparameter, gespeicherte Informationen, Hypothesenbildung und gegebenenfalls unter Nutzung von Stützinformationen durch Artgenossen. Solange noch keine Informationen über das gesuchte Objekt, das wir auch "Funktionsobjekt" nennen, vorliegen, besteht noch das Distanzfeld, innerhalb dessen sich eine erste Optimierung vollzieht (Optimierung der Suchstrategie, orientierendes Appetenzverhalten). Wir können allgemeiner von einer Problemlösung sprechen: ein bekanntes Ziel(objekt) zu finden.

In der zweiten Phase ist das Zielobjekt im aktuellen Sinnesbereich. Diese Optimierungsphase vollzieht sich als orientiertes Appetenzverhalten über Entscheidungen im Nahfeld zur Optimierung der dann folgenden Ausführungen des Zielverhaltens, beispielsweise der Nahrungsaufnahme. Dazu können auch vorbereitende Verhaltensnweisen gehören. War in der ersten Phase konzeptionelles Lernen gefordert, so ist jetzt diskrimatorisches Lernen vorrangig: Je differenzierter Alternativen erfaßt werden können, desto größer wird der Rahmen für die Optimierung. In der dritten Phase wird das Verhalten abgeschlossen und damit bewertet. Das Terminalfeld ist gegeben; da meist Kontakt zu einem Funktionsobjekt dieses Verhalten kennzeichnet, kann auch vom Kontaktfeld gesprochen werden. Durch das Ausmaß der negativen Rückkopplung auf die Motivation erfolgt die Bewertung des Verhaltens.

In der dritten Phase ist prozessuales Lernen gefordert, das die Qualität der Ausführung verbessern kann. Diese drei Phasen lassen sich auch über die Informationsbedingungen kennzeichnen: hohe Ungewißheit, begrenzte Ungewißheit, geringe Ungewißheit. Das ist zugleich eine Abnahme der Möglichkeitsfelder für "Neuerungen". Wir vertreten die Hypothese, daß sich die Evolution des Denkens im Sinne einer Interiorisierung dieses Prozeßgeschehens vollzogen hat, und zwar von "vorn nach hinten": Anfangs war auch die Vorphase extern, es wurde nur gesucht, was extern präsent war. Der "Einfall" resultierte aus der unmittelbaren Wahrnehmung. Dann wurden interne Repräsentationen von Suchzielen konstituiert; anschließend konnte auch die Suchstrategie interiorisiert werden, dann auch die Phase der Alternativen, und damit die Möglichkeit, diese durch erfundene Hilfsmittel (Speer, Pfeil und ähnliches) vorwegnehmend zu optimieren. Schließlich erfand man auch Möglichkeiten, die Nahrung selbst zu konservieren und damit die Endhandlung umweltunabhängig zu machen.

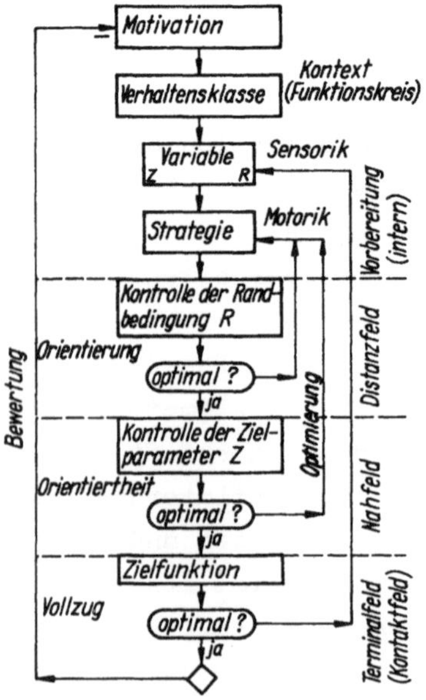

Abb. 9:
Schematische Darstellung des allgemeinen Algorithmus für die raumzeitliche Organisation motivierten Verhaltens

Dies ist der Ort, die bereits oben angesprochene Hypothese vom "Aktionshintergrund" (Stachowiak, 1973) noch einmal aufzunehmen. Wir hatten soeben die "Ereignisfelder" motivierten Verhaltens angesprochen: Distanzfeld (Orientierung), Nahfeld (Orientiertheit), Kontaktfeld (Vollzug). Damit ist der "Aktionsvordergrund" kontextuell umschrieben, wobei die Motivation den Kontext und damit die Feldstruktur vorgibt. Nun ist zu bedenken, daß es für den Organismus natürlich auch Umgebungsräume gibt, die unabhängig vom aktuellen Motivationsbezug zur Umwelt bestehen: im Falle des Kontaktraumes alle Raumbedingungen, mit denen physischer Kontakt besteht und innerhalb derer das Kontaktfeld sich ja nur auf das motivationsspezifische Funktionsobjekt bezieht. Entsprechend existiert ein Nahraum, der durch die Gesamtheit aktueller sensorischer Präsenz gegeben ist, während das Nahfeld wieder kontextuell bestimmt wird, also nur den handlungsspezifischen Umweltausschnitt darstellt. Anders formuliert, Nahraum und Kontaktraum liefern den "Aktionshintergrund". Sie sind zugleich potentielle Informationsquellen. Deren Valenz wächst mit der Disposition zu einem autonomen Erkundungsverhalten, das also nicht motivationell (kontextuell) eingebunden ist. Freies Erkunden (Explorieren) erweitert den Handlungsspielraum im aktuellen Kontext durch Nutzung von Valenzen des Aktionshintergrundes. Der Aktionshintergrund wird daher art- und individualspezifisch strukturiert, der Aktionsvordergrund darüber hinaus und dominierend motivationsspezifisch. Eine besondere Konstellation ergibt sich beim Distanzraum. Er beruht auf der latenten Präsenz von Umwelteigenschaften, so wie im Zugvogel eine latente Raumpräsenz des Winterquartiers besteht. Aber auch im Brutgebiet sind Raumparameter, bei manchen Arten in Form von "inneren Karten" präsent. Wir gehen davon aus, daß sich für die Zeit ein ähnliches Modell vom Aktionsvordergrund sowie Aktionshintergrund ableiten läßt. In diesem Zusammenhang organisieren sich die Bewertungsebenen für Innovationen. Von den Fitneß-Kriterien her leitet sich daraus eine zunehmende Gewichtung in der Reihenfolge: individuelle Fitneß, ökologische Fitneß, reproduktive Fitneß und gesellschaftliche Fitneß ab, wobei diese Ebenen eine Enkapsis bilden, bei der jede höhere die tiefere(n) in veränderter Form einschließt. Daraus läßt sich zugleich ableiten, daß Innovationen auch im Hinblick auf die Fitneßebenen klassifiziert werden können. Der Umweltbezug motivierten Verhaltens erlaubt zudem, spezielle Eigenschaftsbezüge herzustellen. So können sich innovative Veränderungen auf die Funktionsobjekte selbst, auf die funktionellen Randbedingungen oder auf die unspezifischen Randbedingungen beziehen. Am Beispiel der "Evolution" von Pfeil und Bogen sei dieser Zusammenhang kurz erläutert: Neuerungen können sich beziehen auf die Holzart von Pfeil und Bogen, die Beschaffenheit der Pfeilspitze, das Material der Sehne. Funktionelle Randbedingungen betreffen etwa den Handschutz und Zielvorrichtungen. Unspezifische Randbedingungen sind betroffen, wenn Verzierungen am Bogen angebracht werden, Farbmuster und andere kunstmäßige Eigenschaften, die die Funktion gegebenenfalls negativ beeinträchtigen können. Probleme des Designs sind damit angesprochen.

In der Wissenschaft nimmt die Fachspezifik vom Distanzfeld zum Kontaktfeld zu, da letzteres ja durch den Objektbereich gegeben ist. Im Distanzfeld ist die Potenz zu interdisziplinären Verflechtungen am größten. Sie betreffen vor allem die Problemfindung; methodische Verflechtungen sind besonders im "Nahfeld" (Lösungsweg) zu erwarten. Im Systemzustand haben quasi-chaotische Phasen spezielle Innovations-Valenzen, da sie neue Ordnungsformen initiieren.

6. Evolution der Strategien

Zusammenfassend lassen sich für die Evolution der Strategien drei Stufen unterscheiden: Die erste Stufe wird durch Strategien der Selbstorganisation und Selbstinformation (Selbstreferenz) bestimmt, also durch systemimmanente Strategien. In der zweiten Stufe kommen strategische Spiele als Interaktionsmuster zwischen sich selbst organisierenden Systemen hinzu. In der dritten Stufe überlagern sich den beiden genannten die Planstrategien auf der Grundlage kognitiver Prozesse, und zwar bezogen auf das Individuum, die Kultur und die Gesellschaft. Diese Stufen bilden wieder eine Enkapsis; in sie sind daher auch Phänomene der Selbstorganisation eingeschlossen. Zugleich ändern sich die Bewertungskriterien. Wissenschaft im engeren Sinne konnte erst im Kontext der Gesellschaft entstehen.

Eine Strategie kann nur als dynamisches Geschehen begriffen werden. Dieses ist im hier angesprochenen Zusammenhang in den Begriffen "Entwicklung" und "Evolution" repräsentiert. " Evolution" ist heute ein umfassender Begriff, der auch die kosmische Entwicklung einschließt, die Thermodynamik dissipativer Strukturen ebenso einbezieht wie die biotische und postbiotische Evolution. Komplexität und Zeit entwickeln in diesem Prozeß immer neue Referenzebenen, und mit diesem erweitern sich die Möglichkeitsfelder für Innovationen. Erst für den Menschen sind diese partiell planbar geworden, obwohl die Gesetze der Selbstorganisation auch hier ihre Gültigkeit behalten. So wird ein Wissen um das komplexe Faktorengefüge gefordert, das auch den "schöpferischen" Prozeß in der gesellschaftlichen Entwicklung besser durchschaubar macht und damit die Möglichkeit erweitert, allgemeingültige Prinzipien ins Kalkül zu bringen, die eine neue Qualität "ganzheitlicher Sicht" ermöglichen. Wir stehen in einer Zeit des geistigen Umbruches, die auch ein neues Wissenschaftsverständnis anbahnt, das sich in eine komplexe Wesensbestimmung der Evolution und damit auch des Menschen integriert. Eine Besinnung auf die Universalien aller Wissenschaften ist gefordert. Die Beziehung zwischen dem Besonderen und dem Allgemeinen ist neu zu bestimmen. Auch wir sind Teile des Ganzen und daher außerstande, die Welt "von außen" zu betrachten. Die Verhaltensbiologie ist in diesem Prozeß der Neubestimmung auf ihre Weise gefordert, einen Beitrag zu liefern, der die "Humaniora" fördert. Und wir können nur gewinnen, wenn wir uns auf die Gesetze der Natur besinnen, die auch unser Menschwerdung ermöglicht haben.

Wolfgang Ullrich Wurzel

Das Neue in der Sprache: Sprachwandel

Auch in der menschlichen Sprache entsteht Neues. Das Neue kommt zustande, indem die Sprache sich verändert, d.h. beim Sprechen und Hören von Sprache. Sprechen und Hören sind Aktivitäten des Menschen. Wenn wir also davon sprechen, daß Sprache 'sich' verändert, so meinen wir damit nichts anderes, als daß die Menschen ihre Sprache verändern. Die Menschen sind nicht nur mit der Fähigkeit ausgestattet, sich Sprache anzueignen und sie zu handhaben, sondern sie haben auch die Fähigkeit, ihre Sprache zu verändern. Beide Fähigkeiten sind eng aneinander gebunden, sind faktisch nur zwei Seiten einer einheitlichen menschlichen Sprachfähigkeit. Jede auch nur einigermaßen angemessene Sprachtheorie muß demzufolge auch eine Sprachwandeltheorie enthalten.

Entsprechend schließt auch die wissenschaftliche Beschäftigung mit der Sprache im Prinzip die Beschäftigung mit ihrer Veränderung ein. Seit sich die Menschen überhaupt wissenschaftlich mit dem Phänomen der Sprache auseinandersetzen, interessieren sie sich auch für den Sprachwandel. Zeitweise - so noch im letzten Drittel des vorigen Jahrhunderts - war der Begriff der Sprachwissenschaft nahezu identisch mit 'historischer Sprachwissenschaft' (vgl. Paul, 1898, spez. S. 19f.). Nachdem durch bestimmte strukturalistische Richtungen das Interesse an der Sprachwandelproblematik zeitweise stark in den Hintergrund gedrängt worden war, steht etwa seit Beginn der 70er Jahre der Sprachwandel erneut vertärkt auf der Tagesordnung sprachwissenschaftlicher Forschungen. Im Unterschied zu früheren Zeiten ist der Sprachwandel aber heute nicht mehr in erster Linie die Domäne der beschreibenden Sprachwissenschaft, sondern vor allem auch der theoretisch orientierten erklärenden Linguistik.

Das hat dazu geführt, daß heute eine ganze Reihe von Fragestellungen in den Mittelpunkt der Sprachwandelforschung rücken, die nicht nur für die Sprachtheorie relevant sind, sondern auch darüber hinaus interdisziplinär in methodologischer, wissenschaftstheoretischer und auch in philosophischer Hinsicht von Interesse sein können. Das sind Fragen nach den Ursachen des Sprachwandels, nach den ihm zugrundeliegenden Widersprüchen, nach seiner Richtung, nach seinen Gesetzmäßigkeiten, nach dem Verhältnis von Sprachveränderung und Sprachentwicklung usw. Diese Fragen sind essentiell für das Verständnis dafür, wie Neues in der Sprache entsteht, weshalb wir sie im folgenden diskutieren wollen, ohne sie im hier gegebenen Rahmen auch nur einigermaßen erschöpfend behandeln zu können. Vorher muß jedoch zunächst einmal geklärt werden, was überhaupt unter Sprachwandel bzw. Sprachveränderung zu verstehen ist.

1. Was ist Sprachwandel?

Das Funktionieren einer Sprache in der sprachlichen Kommunikation basiert auf der Existenz eines entsprechenden Sprachsystems. Jede Sprache und jeder Dialekt hat ihr beziehungsweise sein spezifisches Sprachsystem. Ein Sprachsystem besteht aus der Gesamtheit der Einheiten und Regeln, aufgrund deren sich in einer Sprache die gegenseitige Zuordnung von Bedeutungsstrukturen und Lautstrukturen vollzieht. Das Sprachsystem hat sozialen Charakter, aber eine individuelle Existenzweise in den Köpfen der Sprecher, die es sich im Prozeß des Spracherwerbs unter Zusammenwirken von angeborenen biologischen Voraussetzungen und sozialen Bedingungen aneignen. Das Sprachsystem ist ein semiotisches System und besitzt, verglichen mit anderen semiotischen Systemen, eine einzigartige komplexe und komplizierte Struktur. Entscheidend für sein Wesen ist, daß es sich bei ihm nicht um ein von Menschen bewußt geschaffenes, künstlich konstruiertes System handelt, sondern um ein in diesem Sinne natürliches System. Dabei darf 'natürlich' jedoch nicht im Gegensatz zu 'gesellschaftlich' verstanden werden; ein Sprachsystem ist vielmehr auch ein sozialhistorisches Phänomen und

als solches in bestimmter Hinsicht durchaus vergleichbar mit anderen Systemen im Bereich der Gesellschaft.
Besonders wichtig für unseren Zusammenhang ist, daß sich das Sprachsystem - anders als alle konstruierten Zeichensysteme, Wissenschaftssprachen, Theorien usw. - in den meisten seiner Bereiche unabhängig vom subjektiven Willen und der bewußten Aktivität des Menschen verändert, oft sogar direkt dagegen, wenn sich zunächst als 'falsch' oder 'unschön' betrachtete sprachliche Neuerungen eben doch gegen jede Normierung und gegen jedes sprachpflegerische Bemühen durchsetzen.[1] Das gilt beispielsweise für die sich gegenwärtig vollziehenden Übergänge der sogenannten starken Verben zur schwachen Konjugation. Neue, zunächst als fehlerhaft angesehene Formen, wie er melkte statt er molk und es gärte statt es gor setzen sich durch, ob wir es nun wollen oder nicht. Das zeigt, daß das Sprachsystem ein objektiv existierendes System mit eigenen Gesetzmäßigkeiten ist.
Auf der Grundlage des Sprachsystems läßt sich nun leicht definieren, was ein Sprachwandel ist: Ein Sprachwandel ist jede Veränderung im Sprachsystem, d.h. jede Veränderung in der gegenseitigen Zuordnung von Bedeutungs- und Lautstrukturen in einer gegebenen Sprache. Sprachwandelerscheinungen können dementsprechend vielfältiger Art sein. Dabei sind die folgenden Haupttypen zu unterscheiden:
Erstens: Veränderungen in der Lautform von Wörtern, Wortgruppen und Sätzen, d.h. phonologische Veränderungen. Als Beispiel kann hier der gegenwärtig sich vollziehende Abbau des auslautenden Konsonanten /t/ in schwachbetonten Wörtern wie nicht, ist, jetzt, und und sind genannt werden (vgl. dazu Meinhold, 1973).
Zweitens: Veränderungen in der grammatischen Form der Wörter, d.h. morphologische Veränderungen. Man vergleiche die erwähnten Übergänge von starken Verben zur schwachen Konjugation: melken - molk - gemolken ; melken - melkte - gemelkt und gären - gor - gegoren ; gären - gärte - gegärt.
Drittens: Veränderungen in der Organisation der Wörter zu Wortgruppen und Sätzen, d.h. syntaktische Veränderungen. Hierher gehört beispielsweise der in jüngster Zeit zu beobachtende

Übergang von durch die Konjunktion *weil* eingeleiteten Gliedsätzen von der Nebensatz- zur Hauptsatzstellung: *weil er das Buch gelesen hat* → *weil er hat das Buch gelesen*.

Viertens: Veränderungen im Bestand und in der Bedeutung der Wörter, d.h. semantisch-lexikalische Veränderungen. In jüngster Zeit neu in das Deutsche genommene Wörter sind z.B. *Dauerarbeitslosigkeit, umweltschonend; Aids, Bodybuilding, Computer; Glasnost* und *Perestrojka*; verschwunden sind Wörter wie *Abgabesoll, Neulehrer* und *Mittelläufer*. Bedeutungsveränderungen stellen zum Beispiel die Bedeutungserweiterungen von Wörtern wie *Brigade, Klasse* und *Pionier* unter den sozialistischen Verhältnissen der DDR und von Wörtern wie *strahlen, Welle* und *Teilchen* mit der modernen Wissenschaftsentwicklung dar (vgl. dazu Fleischer, 1988). Die Veränderung des Wortschatzes (und damit seine Entwicklung, wie weiter unten dargestellt) ist eng mit der Entwicklung der Gesellschaft insgesamt verbunden.

Die verschiedenen Sprachwandelerscheinungen können in quantitativer Hinsicht sehr unterschiedliche Auswirkungen für die jeweilige Sprache haben. Wenn sich bestimmte Betonungsregeln oder syntaktische Regeln ändern, dann kann von dieser Veränderung faktisch jeder einzelne Satz der Sprache betroffen sein. Das Aufkommen eines neuen oder das Verschwinden eines alten Wortes wirkt sich demgegenüber nur peripher aus. Nichtsdestoweniger handelt es sich in beiden Fällen um Sprachveränderungen.

Für das Verständnis des Phänomens der Sprachveränderung ist entscheidend, daß jeder Sprachwandel zwei Seiten hat, nämlich eine innersprachliche (auf das Sprachsystem bezogene) und eine soziale. Diese beiden Seiten lassen sich charakterisieren durch die Fragen:

Erstens: Unter welchen Bedingungen können welche Veränderungen im Sprachsystem auftreten?

Zweitens: Unter welchen Bedingungen können sich welche sprachlichen Veränderungen in der Kommunikationsgemeinschaft, d.h. in der Gesellschaft durchsetzen?

Die innersprachliche und die soziale Seite können bei den einzelnen zu beobachtenden Sprachveränderungen eine sehr unterschiedliche Rolle spielen, doch relevant sind sie immer beide.

Einerseits muß sich auch ein Wandel, der ganz eindeutig durch die Struktur des Sprachsystems bedingt ist ('im System angelegt' ist), unter ganz bestimmten fördernden oder bremsenden sozialen Bedingungen durchsetzen. Andererseits erfolgt auch ein aufgrund bestimmter Anforderungen der Gesellschaft bewußt herbeigeführter Wandel unter ganz bestimmten grammatisch-strukturellen Bedingungen und hat ganz bestimmte innersprachliche Konsequenzen.
Obwohl die beiden Seiten natürlich beim Wandel eng zusammenwirken, müssen sie klar unterschieden werden, weil wir es mit jeweils ganz unterschiedlichen Objektbereichen mit ganz unterschiedlichen Gesetzmäßigkeiten zu tun haben. Im ersten Fall betreffen diese Einheiten, Eigenschaften und Relationen des Sprachsystems, im zweiten Fall Einheiten, Eigenschaften und Relationen der Gesellschaft.

2. Was sind die Ursachen des Sprachwandels?

Alle Bereiche der objektiven Realität, seien sie nun natürlich oder gesellschaftlich, sind bekanntermaßen aufgrund der ihnen innewohnenden Widersprüche ständigen Veränderungs- und Entwicklungsprozessen unterworfen. Das gilt auch für die Sprache: Wenn eine Sprache gesprochen wird, so verändert sie sich damit notwendigerweise.
Diese Feststellung ist für die Sprachwissenschaft nicht so selbstverständlich, wie sie erscheinen mag. Man muß sich dazu nur vergegenwärtigen, daß verschiedene Richtungen des sprachwissenschaftlichen Strukturalismus das Sprachsystem nach dem Muster künstlich konstruierter Systeme als ein widerspruchsfreies System interpretierten, das sich seinem Wesen nach 'in Ruhe' befindet. Sprachveränderungen wurden dabei als irgendwie 'von außen' kommende, mehr oder weniger zufällige Störungen des Systems gewertet, die mit seinem Wesen nichts zu tun haben. Damit erscheint Beharrung und nicht Veränderung für die Sprache als das Normale. Bei einer solchen Betrachtungsweise stellt sich dann plausiblerweise die Frage, weshalb es Sprachwandel

überhaupt gibt.
Doch die Frage, weshalb es Sprachwandel gibt, behält auch ihre Berechtigung, wenn man Veränderung und nicht Beharrung als das für die Sprache Normale und zu Erwartende wertet. Sie zielt dann darauf, was die spezifischen Ursachen für die Veränderung der Sprache sind, d.h. welche konkreten Widersprüche ihr zugrunde liegen, und nach welchen Gesetzmäßigkeiten sich Sprachwandel vollzieht.
Es wurde bereits festgestellt, daß das Wesen des Sprachsystems in der gegenseitigen Zuordnung von Bedeutungs- und Lautstrukturen besteht. Wenn wir also davon ausgehen, daß objektiv existierende Systeme durch Widersprüche konstituiert werden, so ergibt sich, daß der das Sprachsystem konstituierende Widerspruch der Widerspruch zwischen der inhaltlichen und formalen Seite der natürlichen Sprache ist, der sich in ebendieser Zuordnung ausdrückt.
Will man diesen Widerspruch in angemessener Weise erfassen, so darf man sich dabei nicht auf das Einzelzeichen, das Wort, beschränken; man muß vielmehr die Bedeutungs-Laut-Zuordnung im Rahmen des Gesamtsprachsystems betrachten. Die Bedeutungs-Laut-Zuordnung einer Sprache besteht aus der für diese Sprache spezifischen Gesamtheit von Zuordnungsbeziehungen zwischen den Einheiten und Relationen der Lautstruktur andererseits. Es ist ein Charakteristikum der natürlichen Sprache, daß die Zuordnung der beiden Seiten (anders als in künstlichen Zeichensystemen, zum Beispiel der Sprache der Logik) nicht unmittelbar, sondern in höchst vermittelter Weise erfolgt. Die Vermittlungsinstanzen sind hierbei die Syntax, die Ebene der Wortstrukturbildung, die im engen Zusammenwirken mit dem Lexikon funktionieren, das die selbständigen Zeichen der Sprache, primär in Form von Wörtern, enthält. Der Widerspruch zwischen der inhaltlichen und der formalen Seite der Sprache beruht nicht einfach auf der Existenz der beiden Seiten, sondern darauf, daß die beiden Seiten erstens nach verschiedenen Prinzipien strukturiert sind und sich zweitens nach verschiedenen Prinzipien wandeln. Die semantische Struktur besteht (etwas vereinfacht gesagt) aus Komplexen von Bedeutungseinheiten mit den entsprechenden logischen

Verknüpfungen. Diese bilden nichtlinear organisierte Abbildkomplexe, die eng an das Denken gebunden sind. Nach allem, was wir darüber wissen, ist ihre Strukturierung entsprechend kognitiv bedingt. Die Lautstruktur besteht demgegenüber aus linear-zeitlich gegliederten Abfolgen von Lauten und den suprasegmentalen (intonatorischen) Eigenschaften dieser Lautfolgen. Sie ist durch Aufbau und Funktionsweise der Artikulations- und Perzeptionsorgane bestimmt. Zur Veränderung der beiden Seiten im folgenden.

2.1. Semantisch-lexikalischer Wandel

Es bedarf keiner spezifischen Erläuterung, daß das Sprachsystem wie alle objektiven Systeme nicht unabhängig für sich existieren, sondern sich in umfassendere Zusammenhänge und damit in die entsprechenden äußeren Widersprüche einordnet.
Die inhaltliche, also die semantische Seite des Sprachsystems ist natürlich eng mit dem Charakter und dem Entwicklungsstand der jeweiligen Kommunikationsgemeinschaft, d.h. der die Sprache tragenden Gesellschaft, in materiell-ökonomischer, politischer und geistig-kultureller Hinsicht verbunden. Jede Gesellschaft stellt über ganz allgemeine Anforderungen hinaus auch ganz spezifische kommunikativ-kognitive Anforderungen an ihre Sprache. Aufgrund der ständigen Weiterentwicklung der Gesellschaft verändern sich auch ihre kommunikativ-kognitiven Anforderungen an die Sprache. Damit ergibt sich ein zu jeder Zeit wirkender Widerspruch zwischen der jeweiligen Ausbildung der Semantik der Sprache und den jeweiligen kommunikativ-kognitiven Anforderungen an diese. Es müssen neue Erscheinungen, Prozesse, Eigenschaften usw. benannt werden, für die in der Sprache noch keine Benennungen zur Verfügung stehen. Dieser Widerspruch drängt in seinen konkreten Ausprägungen zur Lösung; es treten die entsprechenden semantisch-lexikalischen Veränderungen ein. Daher unterliegt die Semantik und mit ihr das Lexikon notwendigerweise der Veränderung in Richtung auf eine semantische Optimierung des Sprachsystems, also einer Anpassung der Sprache an die

Besürfnisse der Gesellschaft. Da sich die Gesellschaft (wenn sicher auch unterschiedlich schnell) ununterbrochen weiterentwickelt, ist der genannte Widerspruch niemals endgültig lösbar; er besteht und wirkt faktisch immer. Die Sprache ist damit gleichsam zur ständigen semantischen Veränderung 'verurteilt'. Normalerweise gibt es dann keine Alternative; die Sprecher entwickeln ihre Sprache den Anforderungen der Gesellschaft entsprechend weiter. Wenn jedoch unter bestimmten Bedingungen (aufgrund des engen Zusammenlebens unterschiedlicher Sprachgruppen oder dergleichen) den Sprechern neben ihrer Muttersprache noch eine andere Sprache als Kommunikationsmittel zur Verfügung steht, die den Anforderungen einer veränderten Gesellschaft besser genügt, so können sie zu dieser übergehen. Ihre ursprüngliche Muttersprache stirbt dann aus, weil sie der anderen Sprache hinsichtlich der kommunikativ-kognitiven Anforderungen unterlegen ist. Solche Fälle sind in der Geschichte sehr häufig.

Veränderungen aufgrund von kommunikativ-kognitiven Anforderungen an die Sprache, die ihrem Wesen nach semantisch sind, schlagen sich im allgemeinen im Lexikon, d.h. im Wortschatz nieder, weshalb wir hier auch von semantisch-lexikalischen Veränderungen sprechen.[2] Eine neue Bedeutung kann entweder durch Bedeutungsveränderung (meist Bedeutungserweiterung) vorhandener Wörter oder durch neue Wörter bzw. andere lexikalische Einheiten zum Ausdruck gebracht werden. Für Bedeutungsveränderungen vergleiche nochmals die oben angeführten Beispiele Klasse, Brigade und Pionier aus dem politisch-gesellschaftlichen Bereich und Teilchen, Welle und strahlen aus dem naturwissenschaftlichen Bereich. Neue Wörter können entweder aus in der Sprache vorhandenem Material gebildet werden, vergleiche zum Beispiel Neuerer, Betriebsakademie und kochfest, oder sie werden aus anderen Sprachen entlehnt, vergleiche die fast durchgängig aus dem Englischen kommende Computerterminologie.

Neubedeutungen und Neuwörter bilden sich teils spontan heraus, d.h. durch die Sprecher nicht bewußt reflektiert, teils werden sie bewußt herbeigeführt. Mit dem zunehmenden Tempo der wissenschaftlich-technischen Entwicklung in der modernen Gesellschaft wachsen die Anforderungen einer ganz bewußten Gestaltung speziell der fachsprachlichen Lexik. Während sich die Lexik der handwerklichen Fachsprachen völlig spontan herausgebildet hat und auch die frühen industriellen Fachsprachen durch eine weitgehend spontane Entstehung charakterisiert waren, erfordern die modernen Fachsprachen, ganz besonders aber die Terminologien und Wissenschaftssprachen, um ihrer Funktion gerecht werden zu können, in jedem Fall eine bewußte Gestaltung und Normierung. Ähnliches gilt für andere lexikalische Bereiche. Hieraus ergeben sich gesellschaftlich bedeutsame Aufgaben für die Sprachwissenschaft. Es ist im übrigen evident und bedarf keiner weiteren Beweisführung, daß das Tempo der semantisch-lexikalischen Veränderung einer Entwicklung bestimmt ist. Ebenso eindeutig läßt sich feststellen, daß semantisch-lexikalische Veränderungen nicht willkürlich, sondern gerichtet sind.

2.2. Phonologischer Wandel

Die formale, also die lautliche oder phonologische Seite des Sprachsystems ist, wie bereits festgestellt, an den Aufbau und die Funktionsweise der Sprachorgane im weitesten Sinne (Artikulations- und Perzeptionsorgane, entsprechende Hirnzentren und Nerven) gebunden. Aufgrund der Beschaffenheit der Sprachorgane sind die verschiedenen möglichen Laute und Lautketten (Lautverbindungen) für den Sprecher und Hörer nicht einfach gleichwertig, sondern sind unterschiedlich leicht/schwer zu artikulieren bzw. zu perzipieren. Es gibt demzufolge bestimmte Präferenzen der lautlichen Strukturbildung. Diese Präferenzen sind für alle Menschen zu allen Zeiten ungeachtet ihrer Mutterpsrache die gleichen, sind universell, denn alle Menschen verfügen ja über die gleichen Sprachorgane. Die Präferenzen der lautlichen Strukturbildung lassen sich als phonologische Präferenzprinzipien fassen.[3] Die phonologischen Präferenzprinzipien sind wie gesagt durch die Beschaffenheit der menschlichen Sprachorgane, also durch außerhalb des Sprachsystems liegende Faktoren, determiniert. Sie wirken sich aber (in dieser Hinsicht den kommu-

nikativ-kognitiven Anforderungen auf der semantischen Seite vergleichbar) auf das Sprachsystem aus, denn sie legen im einzelnen fest, was präferente Lautsegmente (Vokale und Konsonanten), Segmentverbindungen und Silbenstrukturen sind.
Auf diese Weise determinieren die phonologischen Präferenzprinzipien die Veränderung der phonologischen Struktur der Sprachen. Weil nämlich die einzelsprachlichen phonologischen Strukturen immer auch nichtpräferente (d.h. die Sprachorgane relativ stark belastende) Lautsegmente, Segmentverbindungen und Silbenstrukturen enthalten, so ergibt sich ein ständig wirkender Widerspruch zwischen der jeweiligen Ausbildung der phonologischen Struktur einer Sprache und den phonologischen Präferenzprinzipien. Auch dieser Widerspruch drängt in seinen konkreten Ausprägungen zur Lösung. Die phonologische Struktur unterliegt damit notwendigerweise der Veränderung in Richtung auf eine phonologische Optimierung des Sprachsystems, einer Anpassung an die aufgrund der Beschaffenheit der Sprachorgane präferierten Strukturen. Der Widerspruch ist niemals endgültig lösbar, denn die phonologische Struktur kann nicht in jeder Hinsicht zugleich optimiert werden, weil die phonologischen Präferenzprinzipien untereinander widersprüchlich sind. Das beruht darauf, daß artikulatorisch einfache, präferente Formen in der Regel perzeptiv relativ schwierig, nichtpräferent sind und umgekehrt. So belasten artikulatorische Erleichterungen die Perzeption und perzeptive Erleichterungen die Artikulation. Eine unter allen Gesichtspunkten optimale, 'ideale' phonologische Struktur, in der alle Präferenzen durchgesetzt wären und die phonologischen Veränderungen aufhören könnten, kann es niemals geben. Phonologische Veränderungen bedingen sich gegenseitig. Die Sprache ist damit also auch zur ständigen phonologischen Veränderung 'verurteilt'.
Anders als vielfach semantisch-lexikalische Veränderungen vollziehen sich phonologische Veränderungen grundsätzlich unbewußt. Nicht nur, daß die Sprecher phonologische Neuerungen übernehmen, ohne sich bewußt dafür zu unterscheiden, sie können normalerweise auch nicht einmal beurteilen, ob sie die jeweils alte oder neue Form anwenden. Nichtsdestoweniger sind bei aller

Widersprüchlichkeit die phonologischen Veränderungen im einzelnen immer gerichtet. Ihre Richtung ist durch die jeweiligen Präferenzprinzipien vorgegeben.

2.3. Syntaktischer und morphologischer Wandel

Wir haben das Sprachsystem als ein semiotisches System charakterisiert. In semiotischen Systemen können nun die Zuordnungbeziehungen zwischen Semantik und Form bekanntlich in sehr unterschiedlicher Weise geregelt sein; sie können einfach und zweckmäßig oder mehr oder weniger kompliziert und unzweckmäßig sein. Man vergleiche dazu zum Beispiel die unterschiedlichen Systeme von Verkehrszeichen, Dienstabzeichen und ähnliches . Dasselbe gilt auch für das Sprachsystem. Auch in dieser Hinsicht gibt es also bestimmte Präferenzen. Da in der natürlichen Sprache die gegenseitige Zuordnung von Bedeutungs- und Lautstruktur durch die Syntax und die Morphologie vermittelt wird, beziehen sich diese ihrem Wesen nach semiotischen Präferenzen auf die syntaktische und morphologische Strukturbildung. Mit anderen Worten, die syntaktischen und morphologischen Präferenzprinzipien sind semiotisch bedingt. Sie favorisieren eine semiotisch zweckmäßige, möglichst systematische und ikonische gegenseitige Zuordnung von semantischer und lautlicher Struktur im Sprachsystem und einen entsprechend systematischen Aufbau von Syntax und Morphologie ohne nichtfunktionale Komplexität. Als Beispiele seien die folgenden drei Präferenzprinzipien angeführt:

(1) Prinzip der Uniformität/Distinktivität

Eine syntaktische oder morphologische Form ist um so präfenter, je konsequenter sie dahingehend aufgebaut ist, daß identische Bedeutungseinheiten durch identische und unterschiedliche Bedeutungseinheiten durch unterschiedliche formale Einheiten im System symbolisiert werden.

(2) Prinzip der Transparenz (Kompositionalität)

Eine syntaktische oder morphologische Form ist um so präferenter, je konsequenter sie dahingehend aufgebaut ist, daß eine Kombination von semantischen Einheiten durch eine durchsichtige Kombination der ihnen entsprechenden formalen Einheiten symbolisiert wird.

(3) Prinzip der Systemangemessenheit
Eine syntaktische oder morphologische Form ist umso präferenter, je konsequenter sie den übergeordneten Systemeigenschaften (den systemdefinierenden Struktureigenschaften) der jeweiligen Sprache entspricht.

Diese drei syntaktisch-morphologischen Prinzipien legen Präferenzen fest, die auch für alle anderen semiotischen Systeme gelten: Prinzip (1) favorisiert eine ein-eindeutige gegenüber einer ein-mehrdeutigen und mehr-eindeutigen Symbolisierung, Prinzip (2) favorisiert eine semantisch-formal transparente Bildung von Komplexen aus einfachen Zeichen gegenüber einer nichttransparenten Bildung komplexer Zeichen, und Prinzip (3) schließlich favorisiert Zeichen und Zeichenkombinationen, die systematisch sind, d.h. sich in das jeweilige System gut einpassen. Die folgenden Beispiele aus der Morphologie sollen das illustrieren.

Wenn wir die Verbformen sag-en - sie sag-t und gebär-en - sie gebier-t miteinander vergleichen, so wird im Falle von sagen im Infinitiv und in der dritten Person Singular Präsens Indikativ die identische Bedeutungseinheit 'SAGEN' durch die gleiche Form sag- symbolisiert. Im Falle von gebären wird hingegen im Inifinitiv und in der dritten Person Singular Präsens Indikativ die identische Bedeutungseinheit 'GEBÄREN' durch zwei verschiedene Formen, nämlich gebär- und gebier- symbolisiert. Die Flexionsformen des Verbs sagen sind präferenter als die des Verbs gebären, weil bei letzterem Verb eine nichtuniforme, nämlich ein-mehrdeutige Symbolisierung vorliegt.

Bei den sogenannten starken Verben des Typs tragen unterscheiden sich im Präteritum die Indikativ- und die Konjunktivformen ganz systematisch durch den Umlaut, vergleiche wir trugen und wir trügen. Dagegen sind bei Verben des Typs reiten Indikativ und Konjunktiv Präteritum nicht auf diese Weise unterschieden: wir ritten kann sowohl Indikativ als auch Konjunktiv sein. Bei tragen sind im Präteritum die Bedeutung des Indikativs und des Konjunktivs durch die unterschiedlichen Formen trug- und trügsymbolisiert, bei reiten aber durch die identische Form ritt-. Die Zuordnung zwischen den Bedeutungs- und den formalen Einheiten ist mehr-eindeutig. Im Fall trugen -trügen ist die Distinktivität gewährleistet, im Fall von ritten - ritten nicht. Die Formen des Flexionsparadigmas von tragen sind in dieser Hinsicht präferenter als die des Flexionsparadigmas von reiten.

Das Präteritum des Verbs enden ist bekanntlich endete, das des Verbs senden hingegen sandte. Im ersten Fall ist die Präteritalform durch eine völlig durchsichtige Kombination des Verbstamms end- und des Präteritalmorphems (-zeichen)-ete gebildet, vergleiche end-ete. Im Fall von sandte, Aussprache /zantə/, ist die Präteritalform zwar ebenfalls durch die Kombination des Verbstamms und des Präteritalmorphems gebildet, aber diese Bildung ist weit weniger durchsichtig. Erstens sind die beiden Morpheme faktisch 'ineinandergeschoben'. Das /t/ von /zantə/ vereinigt in sich das auslautende -d- des Stammes und das anlautende -t- des Präteritalmorphems (was die Schreibung verdeckt); die Grenze zwischen beiden Morphemen liegt faktisch innerhalb des Konsonanten /t/. Zweitens erscheint im Verbstamm anstelle des Vokals -e- im Präteritum der Vokal -a-. Entsprechend ist die Präteritalform sandte weniger transparent und damit auch weniger präferent als die Präteritalform endete.

Das Neuhochdeutsche ist eine Sprache, in der die Kasusformen der Sustantive in erster Linie durch die Deklination des Artikels symbolisiert werden, vergleiche zum Beispiel die Frau - Genitiv der Frau - Dativ der Frau - Akkusativ die Frau, plural die Frauen - Genitiv der Frauen - Dativ den Frauen - Akkusativ die Frauen. Daneben gibt es aber noch substantivische Kasusformen, bei denen zusätzlich noch Kasusmorpheme ('Endungen') am Wort auftreten, vergleiche z.B. zu Bär den Dativ dem Bär-en und den Akkusativ den Bär-en. Solche Formen entsprechen den übergeordneten Systemeigenschaften nicht mehr. So sind eben die Dativ/Akkusativ-Formen dem/den Bär-en weniger systemangemessen und damit auch weniger präferent als die Formen dem/den Hund und der/die Frau.

Es gibt noch eine ganze Reihe weiterer morphologisch-syntaktischer Präferenzprinzipien.[4] Dabei ist völlig klar, daß es kein

syntaktisches und kein morphologisches System geben kann, deren Konstruktionen, syntaktische Phrasen beziehungsweise morphologische Formen (Wörter), nicht in überwiegendem Maße stark präferente Strukturen im Sinne solcher Prinzipien sind; darauf beruht überhaupt erst die analogisch-systematische Funktionsweise Syntax und Morphologie im Ramen des Sprachsystems.[5]
Wir haben gesagt, daß sich die semantische und die lautliche Seite des Sprachsystems notwendigerweise ständig verändern. Dabei ist entscheidend, daß sich sowohl die semantischen als auch die lautlichen Veränderungen eigengesetzlich vollziehen, d.h. ohne 'Rücksicht' auf die jeweils andere Seite der betroffenen sprachlichen Einheiten. Wenn auch nicht notwendigerweise jede einzelne Veränderung auf einer der beiden Seiten dazu beiträgt, so wird doch die gegenseitige Zuordnung der semantischen und formalen Einheiten damit insgesamt gesehen zunehmend unsystematischer und komplexer, schwerer handhabbar. Besonders stark können sich gehäufte phonologische Veränderungen auswirken, weil von phonologischen Veränderungen (anders als von semantischen Veränderungen) immer ganze Klassen von Wörtern betroffen sind (vgl. Paul, 1898, S. 177ff). Die Wirkung der Veränderungen ist - um beim Beispiel der drei angeführten Präferenzprinzipien zu bleiben - dadurch gekennzeichnet, daß unter anderem:

- disfunktionale formale Differenzierungen entstehen und funktionale formale Differenzierungen verschwinden, d.h. daß semantisch Gleiches unterschiedlich und semantisch Unterschiedliches gleich symbolisiert wird;
- die Transparenz, d.h. die semantisch-formale Analysierbarkeit, der Konstruktionen verlorengeht;
- syntaktische und morphologische Konstruktionen ihre Systemangemessenheit verlieren und zu die Einheitlichkeit und Systematik des Systems störenden Fremdkörpern werden.

Alle angeführten Beispielfälle von nicht beziehungsweise wenig präferenten morphologischen Formen sind auf diese Weise entstanden.
Der Wechsel der beiden Stammvarianten <u>gebär-</u> und <u>gebier-</u> beruht auf einer im Althochdeutschen wirkenden phonologischen Verände-

rung, einer Assimilation eines /e/ an das /i/ der folgenden Silbe, so daß die ursprüngliche Form geberit zu gebirit, später gebiert wurde. Gebären entspricht dagegen der nicht veränderten althochdeutschen Form giberan. Mit dem Wandel von /e/ zu /i/ ist im Verbparadigma eine disfunktionale Differenzierung entstanden, also die Uniformität der Formen beseitigt.

Im Althochdeutschen hatten Präteritum Indikativ und Konjunktiv durchgängig distinkte Formen, vergleiche rit-um 'wir ritten (Indikativ)', aber rit-īm 'wir ritten (Konunktiv)'. Durch eine entsprechende phonologische Veränderung, nämlich die Reduzierung der unbetonten Endsilben, wurden beide zu (wir) ritten reduziert, wodurch eine funktionale formale Differenzierung abgebaut worden ist; die beiden semantisch unterschiedlichen Formen sind nicht mehr formal distinkt.

Auch die hinsichtlich der Transparenz wenig präferenten Präteritalformen des Typs sandte zu senden gehen auf ursprünglich transparente Bildungen zurück, vergleiche (rekonstruiert) germanisch sand-jan - Präteritum sand-ita. Durch die Wirkung verschiedener phonologischer Veränderungen ging die Transparenz der Präteritalformen dann verloren, so daß sich die heutigen Formen ergaben.

Das Deklinationssystem der Substantive im Althochdeutschen war dem des Lateinischen oder Russischen vergleichbar: Die verschiedenen Kasusformen wurden nur durch Flexive ('Endungen') am Wort symbolisiert. Kasusformen mit Flexion sind damit natürlich systemangemessen. Durch massive phonologische Veränderungen gingen dann später die meisten Kasusflexive am Wort verloren. Sie wurden durch den flektierten Artikel kompensiert. Auf diese Weise änderte das System der deutschen Substantivdeklination seinen Charakter. Die wenigen verbleibenden Instanzen von Stubstantivformen mit Flexiven entsprechen den übergeordneten Systemeigenschaften nicht mehr; sie sind als Reste des früheren Systems heute nicht mehr systemangemessen, d.h. hinsichtlich der Systemangemessenheit nicht präferent.

Durch phonologische (und auch semantische) Veränderungen entstehen also mit Notwendigkeit immer wieder nicht bzw. wenig präferente morphologische und syntaktische Strukturen. Damit kommt es zwangsläufig zur Verschärfung des für das Sprachsystem konstitutiven Widerspruchs zwischen der inhaltlichen und der formalen Seite der Sprache. Dieser übergeordnete Widerspruch manifestiert sich im Rahmen der Syntax und Morphologie als ständig wirkender Widerspruch zwischen der jeweiligen Ausbildung der syntaktischen und morphologischen Struktur einer Sprache und den syntaktisch-morphologischen Präferenzprinzipien, der in seinen konkreten Ausprägungen wiederum zur Lösung drängt. Es treten sozusagen 'kompensatorische' Veränderungen ein, die die inhaltliche und die formale Seite der Sprache wieder stärker aneinander anpassen, syntaktische und morphologische Veränderungen. Sie bewirken unter anderem, daß:

- disfunktionale formale Differenzierungen (wieder) beseitigt und funktionale formale Differenzierungen (wieder-)hergestellt werden;
- die Transparenz der syntaktischen und morphologischen Konstruktionen (wieder) verstärkt wird;
- wenig oder nicht systemangemessene Konstruktionen (wieder) durch (stärker) systemangemessene Konstruktionen ersetzt werden.

Wir können auch hier bei unseren Beispielen bleiben. In allen erwähnten Fällen können wir nämlich gegenwärtig morphologische Veränderungen beobachten (die sich z.T. schon einige Zeit hinziehen), im Rahmen derer die jeweiligen nicht/wenig präferenten Formen durch präferent(er)e ersetzt werden.

Im Falle von gebären wird die Präsensflexion wieder vereinheitlicht. Neben der älteren Form sie gebiert ist heute auch die Form sie gebärt möglich. Die disfunktionale formale Differenzierung wird abgebaut, die Uniformität wiederhergestellt.

Da der Indikativ und der Konjunktiv des Präteritums bei Verben des Typs reiten morphologisch nicht mehr differenziert werden können, bilden sich hier zur Wiederherstellung der funktionalen formalen Differenzierung für den Konjunktiv syntaktisch-ananlytische 'Ersatzkonstruktionen' des Typs wir würden reiten heraus, die bekanntlich bereits weite Verbreitung gefunden haben. Es ist abzusehen, daß diese neuen Formen die alten Konjunktivformen eines Tages völlig ersetzen werden. Die würde-Konstruktionen sind nicht nur deshalb präferiert, weil durch sie eine distinkte Symbolisierung von Präteritum-Indikativ und Konjunktiv möglich ist, sie gewährleisten zugleich im Sinne der Uniformität eine formal einheitliche Symbolisierung des Konjunktivs Präteritum.

Auch die nichtsystemangemessenen Kasusformen vom Typ *dem Bären/den Bären* werden (wie tendentiell) alle Kasusformen mit Flexion am Wort[6] in zunehmendem Maße durch präferentere Formen wie *dem Bär/den Bär* ersetzt. Diese systemangemessenen Formen entsprechen zwar heute noch nicht der Norm (sind noch 'Fehler'), doch sie haben sich zumindest in der gesprochenen Sprache bereits weitgehend durchgesetzt. Sie sind in Bälde von der Normierung zu akzeptieren.

Die syntaktische und morphologische Struktur einer Sprache unterliegt damit also notwendigerweise der Veränderung in Richtung auf eine semiotische Optimierung des Sprachsystems, womit der dritte, innersystematische Optimierungsparameter des Sprachsystems genannt ist. Da es notwendigerweise zu jeder Zeit semantische und phonologische Veränderungen gibt, ist auch der Widerspruch zwischen den syntaktisch-morphologischen Präferenzprinzipien und der jeweiligen Ausbildung der syntaktischen und morphologischen Struktur einer Sprache niemals endgültig lösbar; er wird lediglich durch syntaktisch-morphologischen Wandel zeitweise entschärft. Auch syntaktische und morphologische Veränderungen finden also notwendigerweise zu jeder Zeit statt.

2.4. Sprachwandel und Innovationen

Sprachwandel ist also durch die äußeren und inneren Widersprüche des Sprachsystems objektiv angelegt. Der Sprachwandel dient der Entschärfung solcher Widersprüche im Sinne des Bestrebens der Sprecher, ihre Sprache zu optimieren, wobei die Notwendigkeiten und Möglichkeiten der Optimierung einerseits durch die kommunikativ-kognitiven Anforderungen der Gesellschaft an ihre Sprache, andererseits durch die phonologischen und syntaktisch-morphologischen Präferenzprinzipien vorgegeben sind. Dabei ist

wichtig, daß die Präferenzprinzipien universelle Präferenzen der sprachlichen Strukturbildung fixieren und auf diese Weise zugleich den allgemeinen Verlauf von Sprachveränderungen festlegen, nämlich hin zu den jeweils präferent(er)en sprachlichen Erscheinungen. So gibt es in der Sprache keine spezifischen Veränderungsprinzipien. Es existiert lediglich ein allgemeines Veränderungsprinzip, das besagt: Sprachwandel erfolgt in der Richtung der Ersetzung von weniger präferenten sprachlichen Einheiten und Strukturen durch jeweils präferentere (vgl. Mayerthaler, 1981, S. 41). Diese Formulierung schließt auch semantisch-lexikalische Veränderungen ein.
Es ist entscheidend, daß das System der natürlichen Sprache aufgrund seiner Widersprüchlichkeit keinen einheitlichen Optimierungsparameter hat. Durch die Entschärfung eines Widerspruchs werden in der Regel andere Widersprüche verstärkt, so daß eine Sprachveränderung wieder andere Sprachveränderungen bedingt. Vor allem enthält auch der Widerspruch zwischen der Ausbildung der Semantik und den kommunikativ-kognitiven Anforderungen der Gesellschaft durch die ständige gesellschaftliche Entwicklung immer neue Ausprägungen. Das bedeutet, daß - was alle zugänglichen Fakten zur Sprachgeschichte bestätigen - ohne Sprachwandel keine 'lebende' natürliche Sprache möglich ist, nur 'tote' Sprachen, d.h. solche ohne Muttersprachler (wie Latein oder Althochdeutsch) verändern sich nicht mit Notwendigkeit. Sprachwandel gehört zum Wesen der Sprache. Die Sprache muß sich ständig verändern, um ihre Funktion als der gesellschaftlichen Kommunikation und Kognition dienendes, an die Sprachorgane gebundenes semiotisches System erfüllen zu können (vgl. Anttila, 1972, S. 47 u. 181).
Durch den Sprachwandel verschwindet Altes aus der Sprache und kommt Neues in die Sprache. In dieser Hinsicht unterscheidet sich der Sprachwandel nicht von allen anderen Veränderungsprozessen in der objektiven Realität. Durch Sprachveränderungen entstehen neue Wörter und Wortbedeutungen, neue Lautformen, neue grammatische Formen von Wörtern und neue Formen von Sätzen. Doch inwieweit kann man bei allen diesen neuen sprachlichen Formen von Innovationen sprechen?

Gemäß der hier zugrunde gelegten Konzeption [7] liegt eine Innovation nur dann vor, wenn sich der Mensch eine in einem bestimmten Bereich objektiv existierende Problemsituation als Problem bewußt macht und zu ihrer Überwindung bewußt eine Neuerung herbeiführt. Innovationen dienen damit faktisch immer der Befriedigung menschlicher Bedürfnisse. Wir haben gesehen, daß sprachliche Neuerungen nur zu einem Teil bewußt herbeigeführt werden. Es handelt sich dabei um diejenigen semantisch-lexikalischen Veränderungen, die in der Schaffung exakter Benennungen, Termini und ganzer Terminologien bestehen. Es ist evident, daß diese der Befriedigung menschlicher Bedürfnisse dienen. So bedingen wissenschaftlich - technische Innovationen direkt die entsprechenden sprachlichen Innovationen. Andere semantisch-lexikalischen Veränderungen (so etwa die Herausbildung der zusätzlichen Bedeutung 'sich ausruhen' beim Verb ausspannen, ursprünglich 'Pferde aus dem Geschirr nehmen') und alle auf Präferenzprinzipien beruhenden phonologischen, morphologischen und syntaktischen Veränderungen werden dagegen nicht bewußt herbeigeführt. Sie sind daher so gesehen keine Innovation. Allerdings dienen auch sie faktisch der Befriedigung menschlicher Bedürfnisse, nämlich dem Bedürfnis nach präferenten, d.h. möglichst funktionalen sprachlichen Formen. Doch damit ist diese Problematik für die Sprache noch nicht erschöpft; sie hat noch einen wesentlichen Aspekt. Nicht bewußt herbeigeführte Sprachveränderungen treten in allen Gesellschaften ein, also auch in den hochentwickelten modernen Gesellschaftsformen. Doch in solchen Gesellschaften ist im Sinne des reibungslosen Funktionierens der Kommunikation eine bindende Normierung der Sprache notwendig, und diese schließt eine bewußte Akzeptierung und Kodifizierung von Sprachveränderungen ein. So treten phonologische, morphologische und syntaktische Veränderungen für die Sprecher unbewußt ein, erhalten soziale Verbindlichkeit aber erst durch eine bewußte Veränderung der geltenden sprachlichen Normen im Rahmen von normativen Wörterbüchern und Grammatiken (wobei im deutschen Sprachraum der "Duden" eine entscheidende Rolle spielt).[8] Es ist evident, daß die Veränderung der sprachlichen Normen im Sinne einer veränderten Sprachwirklichkeit ein gesellschaftliches Bedürfnis ist. Rechnen wir also die Veränderung der kodifizierten Norm mit zum Sprachwandel, so ergeben sich hier zumindest bestimmte Eigenschaften von Innovationen. Diese kurzen Bemerkungen konnten die komplizierte Problematik nur skizzieren. Sie zeigen jedoch schon die Spezifik der menschlichen Sprache, die in einzigartiger Weise Charakteristika des Natürlichen und des Gesellschaftlichen in sich vereint.

3. Ist Sprachwandel erklärbar und vorhersagbar?

Was die Frage nach der Erklärbarkeit von Sprachwandel als generellem Phänomen betrifft, so wurde diese im vorangehenden Abschnitt dahingehend beantwortet, daß er bedingt und bestimmt ist durch die äußeren und inneren Widersprüche des Sprachsystems. Was dagegen den einzelnen Sprachwandelprozeß betrifft, so geht es bei dieser Frage um die konkreten Bedingungen und Gesetzmäßigkeiten des Sprachwandels. Dabei ist davon auszugehen, daß - wie oben festgestellt - jeder Sprachwandel von innersprachlichen und sozialen Bedingungen in ihrem Zusammenwirken determiniert ist.
Betrachten wir zunächst den semantisch-lexikalischen Wandel. Dieser ist, wie wir gesehen haben, generell durch den Widerspruch zwischen der jeweiligen Ausbildung der Semantik der Sprache und den jeweiligen kommunikativ-koginitiven Anforderungen an diese und damit unmittelbar durch die Bedingungen der Gesellschaft bestimmt. Das gilt auch für die jeweilige einzelne Veränderung in einem gegebenen Sprachsystem, die in diesem Sinne in ihrem Auftreten und in ihrer allgemeinen Richtung primär durch soziale Faktoren determiniert und damit entsprechend erklärt ist. Doch auch hier spielen innersprachliche Faktoren eine Rolle, denn mit welchen spezifischen formalen Mitteln ihre Benennungsbedürfnisse erfüllt werden, hängt in ganz starkem Maße von der grammatischen Struktur der jeweiligen Sprache ab. So ist es kein Zufall, daß dieselbe im vergangenen Jahrhundert eingeführte Erscheinung im Deutschen mit einem

Kompositum als Eisen-bahn, im Französischen mit einer präpositionalen Verbindung als chemin de fer und im Russischen mit einer Adjektiv-Substantiv-Verbindung als železnaja doroga benannt wurde. Es ist trivial vorherzusagen, daß bei Auftauchen einer neuen Erscheinung auch eine Bezeichnung dafür bereitgestellt wird. Es sind auch bestimmte Wahrscheinlichkeitsaussagen darüber möglich, mit welchen formalen Mitteln die Bezeichnung bewerkstelligt werden wird.[9] Ob sich semantisch-lexikalische Neuerungen auch durchsetzen können, hängt vom Verhalten der Kommunikationsgemeinschaft ab. Hier kommen also weitere soziale Faktoren ins Spiel (vergleiche weiter unten).[10]

Anders im Falle des phonologischen, morphologischen und syntaktischen Wandels. Er ist durch den Widerspruch zwischen der Ausbildung der phonologischen, morphologischen beziehungsweise syntaktischen Struktur und der jeweiligen Präferenzprinzipien bestimmt. Die einzelne phonologische, morphologische und syntaktische Veränderung in einem gegebenen Sprachsystem ist in ihrer Richtung durch die Präferenzprinzipien determiniert, die festlegen, in welcher Weise weniger präferente sprachliche Einheiten und Strukturen durch jeweils präferentere ersetzt werden. Die Präferenzprinzipien haben den Charakter von universellen Tendenzen, d.h. sie sind im Sinne der Gesetzestheorie statistische Gesetze. Als solche erklären sie nicht die Singularität der einzelnen Neuerungen, sondern die generellen und invarianten Mechanismen ihrer Entstehung (Hörz, 1974, S. 28; Hörz und Wessel, 1983, S. 105). Sie fixieren für ein gegebenes Sprachsystem die in diesen angelegten Veränderungsprozesse, nicht zu erwartende Einzelveränderungen in ihrer genauen Reihenfolge. Obwohl durchaus bestimmte Wahrscheinlichkeiten für das Auftreten bestimmter Veränderungen und ihrer Reihenfolge im Rahmen eines Veränderungsprozesses gegeben sind, bleibt dabei immer noch entsprechender Raum für das Wirken des Zufalls. Es ist wichtig, daß die Präferenzprinzipien als innersprachliche Gesetzmäßigkeiten des Wandels noch nicht die Veränderungsprozesse, sondern lediglich die entsprechenden Veränderungstendenzen determinieren. Sie machen das Eintreten von Veränderungsprozessen möglich und unter gegebenen Bedingungen auch

wahrscheinlich. Es wird festgelegt, wie sich im System etwas verändert, wenn es sich verändert.
Ob sich aber wirklich etwas im System verändert, hängt immer auch davon ab, ob die Sprecher bereit sind, sprachliche Neuerungen zu akzeptieren. Diese Bereitschaft ist anhängig vom sprachlichen Normbewußtsein, das, durch außersprachliche, soziale Faktoren bedingt, stärker progressiv oder stärker konservativ geprägt sein kann. Welche Faktoren das sind und wie sie im einzelnen wirken, ist gegenwärtig noch nicht genügend erforscht. Hier lassen sich vorerst nur solche allgemeinen Feststellungen treffen, daß eine Sprachgemeinschaft in einer gesellschaftlichen Umbruchsituation eher zur Akzeptierung sprachlicher Innovationen geneigt ist als in gesellschaftlichen 'Ruhesituationen' (Antilla, 1972, 380 f.). Um hier zu entsprechenden Ergebnissen zu kommen, sind vor allem umfangreiche Detailforschungen notwendig. Doch sowohl die grundlegenden Prinzipien des dialektischen Determinismus als auch die bekannten Fakten aus dem Sprachwandel sprechen dafür, daß es auch bestimmte, im einzelnen genauer fixierbare soziale Gesetzmäßigkeiten des Sprachwandels gibt, die besagen, unter welchen Bedingungen sich welche sprachlichen Veränderungen in der Gesellschaft durchsetzen können. Auch diese Gesetzmäßigkeiten haben zweifelsohne statistischen Charakter, bleibt dem Zufall entsprechend Raum.
Die Möglichkeiten und damit zugleich auch die Grenzen der Erklärbarkeit und der Vorhersagbarkeit von Sprachwandel ergeben sich somit aus dem Zusammenwirken von statistischen Gesetzmäßigkeiten des innersprachlichen und des sozialen Bereichs. Erklärung bedeutet Rückführung auf (erkannte) Gesetzmäßigkeiten; deshalb kann gegenwärtig, zumindest im wesentlichen, die innersprachliche Seite von Sprachveränderungen prinzipiell erklärt werden. Was die soziale Seite betrifft, so ist zwar auch von ihrer prinzipiellen Erklärbarkeit auszugehen; aber diese Seite kann heute noch nicht angemessen erklärt werden, weil die entsprechenden Gesetzmäßigkeiten noch nicht hinreichend erforscht sind.
Die Erklärung bezieht sich immer auf die umfassenden Veränderungsprozesse, dagegen nicht notwendigerweise auf die Einzel-

veränderungen und ihre genaue Reihenfolge. Die Vorhersagbarkeit ist aufgrund des statistischen Charakters der beteiligten Gesetzmäßigkeiten gegenüber der Erklärbarkeit verständlicherweise noch weiter eingeschränkt, doch es sind durchaus bestimmte begründete Vorhersagen zu machen. Zunächst einmal können die in einem System möglichen Veränderungen von den theoretisch vorstellbaren, aber real unmöglichen Veränderungen unterschieden werden. Es lassen sich ferner innersprachlich bedingte Wahrscheinlichkeitsgrade für das Auftreten der möglichen Veränderungen angeben. Die Veränderungen, die in einem Sprachsystem auftreten können, konstituieren damit ein Möglichkeitsfeld mit Wahrscheinlichkeitsbewertungen. Desweiteren ist die Richtung von eintretenden Sprachveränderungen vorhersagbar; wenn sich bestimmte Formen im Sprachsystem verändern, dann verändern sie sich auch in angebbarer Weise.[11] In vielen Fällen können zusätzlich auch begründete Vorhersagen über die Reihenfolge von Teilprozessen im Rahmen von umfassenden Sprachveränderungsprozessen gemacht werden.[12] In keinem Fall lassen sich jedoch die genauen Zeitpunkte des Beginns und des Endes von Veränderungsprozessen und ihren Teilprozessen prädizieren. Man kann aber schließlich auch ganz allgemein Aussagen darüber machen, ob eine Gesellschaft mehr oder weniger geneigt ist, sprachliche Innovationen zu akzeptieren; ob die Gesellschaft allerdings eine bestimmte Veränderung zu einem bestimmten Zeitpunkt akzeptieren wird oder nicht, kann man nicht mit Bestimmtheit sagen.

4. Ist Sprachwandel auch Sprachentwicklung?

Die Frage, ob und wieweit Sprachwandel bzw. Sprachveränderung zugleich auch Sprachentwicklung bedeutet, ist sinnvoll nur bezogen auf ein zumindest einigermaßen gesichertes Entwicklungskriterium. Da das Sprachsystem ein funktionales System ist (es dient der Kommunikation und der Kognition), bietet sich hier als Maßstab das Prinzip effektiver Strukturbildung an, das die entsprechenden Funktion zum Kriterium der Entwicklung macht (vgl. Hörz und Wessel, 1983, S. 147). Dabei ist also nicht die spezifische Art und Weise des Aufbaus eines Systems, sondern seine funktionale Effektivität für den Entwicklungsstand entscheidend. Bezogen auf dieses Kriterium verhalten sich die einzelnen Sprachen und die verschiedenen Sprachtypen, also der isolierende, der agglutinierende, der flektierende Typ und so weiter, hinsichtlich ihrer grammatischen Struktur, d.h. der syntaktischen, morphologischen und phonologischen Struktur, insgesamt etwa gleich. Es gibt in diesem Sinne (anders als es die alte eurozentristisch ausgerichtete Sprachwissenschaft annahm), keine niedriger bzw. höher entwickelten Sprachen. Die verschiedenen Sprachen und Sprachtypen haben funktional gesehen jeweils etwa gleichviel 'Vorteile' und 'Nachteile' oder - anders ausgedrückt - sie haben jeweils gleichviel präferente und nicht/wenig präferente Strukturen. Das sollte an sich nicht erstaunen: Weil das Sprachsystem per definitionem in sich widersprüchlich ist, wobei einerseits ständig Widersprüche entschärft werden und andererseits die Entschärfung von Widersprüchen notwendigerweise zur Verschärfung anderer Widersprüche führt, ist weder eine extrem disfunktionale, also 'unterentwickelte', noch eine extrem funktionale, also 'hochentwickelte' grammatische Struktur möglich. Das findet auch darin seine Bestätigung, daß es keinen Zusammenhang zwischen der Gesellschaftsentwicklung, d.h. Gesellschaftsformation, Industrialisierungsstand, Kulturniveau und so weiter, und der grammatischen Struktur der in dieser Gesellschaft gesprochenen Sprache gibt. Syntaktische, morphologische und phonologische Veränderungen führen nicht zu einer Entwicklung des Sprachsystems.

Zu einer insgesamt effektiveren Funktionserfüllung des Sprachsystems im Sinne des Prinzipis effektiver Strukturbildung führen jedoch die unmittelbar durch kommunikativ-kognitive Anforderungen der Gesellschaft bedingten semantisch-lexikalen Veränderungen. Sie bewirken, daß immer mehr Erscheinungen und Sachverhalte sprachlich erfaßt werden können, was sich wie gesagt ganz speziell in der Ausbildung des Lexikons der Sprache niederschlägt. Man kann deshalb auch durchaus sinnvoll von einer Entwicklung der Lexik im Sinne einer Höherentwicklung sprechen. Hinsichtlich der Lexik gibt es damit auch mehr oder weniger entwickelte Sprachen, ganz unabhängig von ihrer jeweiligen grammatischen Struktur. Das zeigt zum Beispiel der Vergleich zwischen den in hochentwickelten Geellschaften gesprochenen Sprachen und den Indianersprachen des brasilianischen Urwalds. Dabei darf aber nicht übersehen werden, daß jede menschliche Sprache die Potenzen hat, die für den gesellschaftlichen Entwicklungsstand notwendige Lexik herauszubilden.

Doch die Entwicklungsproblematik hat noch einen weiteren Aspekt, der die grammatische Struktur betrifft. Wenn in einem morphologischen, syntaktischen oder phonologischen Bereich des Sprachsystems ein auf einem Präferenzprinzip basierender Sprachveränderungsprozeß auftritt, dann führt dieser (wie festgestellt) dazu, daß nicht/weniger präferente Strukturen durch präferentere ersetzt werden; disfunktionale Komplexität wird abgebaut. Im betroffenen Teilsystem ist damit eine hinsichtlich des jeweiligen Präferenzprinzips effektivere Strukturbildung gegeben. Damit ist das angeführte Kriterium der Entwicklung erfüllt. Da also zum Beispiel das Präferenzprinzip der Systemangemessenheit bezogen auf die Morphologie die Ersetzung von nicht/weniger systemangemessenen morphologischen Konstruktionen durch systemangemessenere bewirkt, können wir hier also von einer Entwicklung des morphologischen Teilsystems von mehr zu weniger nichtsystemangemessenen Strukturen sprechen. Gruppen von Sprachveränderungsprozessen, die durch ein einheitliches Präferenzprinzip bedingt sind, aber auch umfassende einzelne Sprachveränderungsprozesse verlaufen dementsprechend als 'Entwicklungen von zu' in Richtung auf objektiv gegebene relative Ziele des Geschehens hin[13], wobei natürlich solche Ziele nicht bewußt festgelegt worden oder bewußt präsent sind. So erklären sich die von der Sprachwissenschaft immer wieder beobachteten 'Trends der Sprachentwicklung'. Wenn sich durch die Präferenzprinzipien bedingte Sprachveränderungen auch normalerweise unbewußt vollziehen, so haben sie dennoch finalen Charakter: Sie entschärfen Widersprüche im Sprachsystem und dienen insofern dessen Effektivierung. Solche Sprachveränderungen haben damit faktisch den Charakter teleonomischer Prozesse (vgl. Tembrock, in diesem Band). Wenn solche relativen Ziele erreicht

werden, so haben wir jedoch keine Entwicklung des Sprachsystems schlechthin zu verzeichnen, und das aus zwei Gründen: Erstens können die aus den entsprechenden Veränderungen resultierenden Strukturen hinsichtlich jeweils anderer Prinzipien ja durchaus nicht/wenig präferent sein (und sind es in der Regel), so daß die Effektivierung keine globale, sondern lediglich eine lokale ist. Zeitens sind durch morphologische, syntaktische und phonologische Veränderungsprozesse herbeigeführte präferente Formen anders als die Ergebnisse der lexikalischen Entwicklung keine bleibenden 'Errungenschaften' einer stetigen Höherentwicklung der jeweiligen Sprache, sondern gehen im Laufe ihrer weiteren Veränderung zumindest längerfristig wieder verloren. So führt eben zum Beispiel die Eigengesetzlichkeit des phonologischen Wandels dazu, daß effektive Strukturbildungen im Bereich der Morphologie und der Syntax immer wieder beseitigt werden. Die Effektivierung ist also auch nur eine temporäre.
Bezogen auf die grammatische, d.h. morphologisch - syntaktische und phonologische Struktur führen die ständigen Sprachveränderungen nicht zu einer Entwicklung des Sprachsystems im Sinne einer kontinuierlichen Höherentwicklung, wie sie etwa im Bereich der Natur und Gesellschaft auftritt. Sie bewirken hier vielmehr nach allem, was wir heute wissen, langfristige Prozesse mit Kreislaufcharakter, wie es die bekannten Übergänge zwischen den einzelnen Sprachtypen, also zum Beispiel zwischen dem isolierenden und dem agglutinierenden, zwischen dem agglutinierenden und dem flektierenden, zwischen dem flektierenden und dem isolierenden Typ zeigen. Hinsichtlich ihrer grammatischen Struktur ist die menschliche Sprache ein reifes System im Sinne von Tembrock (in diesem Band). Beziehen wir die an die Entwicklung der Gesellschaft gebundene semantisch-lexikalische Entwicklung der Sprache in die Betrachtung ein, so ergibt sich als Modell für die langfristige Veränderung der natürlichen Sprache das vielstrapazierte, aber bezogen auf die Sprache durchaus angemessene Bild der Spirale, das Kreislauf und Entwicklung zugleich symbolisiert.[14]

Anmerkungen

1 Es ist für diesen Zusammenhang nicht uninteressant, daß der erste Sprachwissenschaftler, für den die Sprache und ihre Veränderung durch objektive Gesetzmäßigkeiten und nicht durch den vermeintlichen "freien Willen" des Sprechers bestimmt ist, der eng mit der Naturwissenschaft seiner Zeit und speziell mit der Biologie verbundene August Schleier war. Er faßte die Sprache als "einen Teil der Naturgeschichte des Menschen" und charakterisiert den Objektbereich der Linguistik (im Unterschied zur Philologie) folgendermaßen: "...das Objekt der Linguistik dagegen ist die Sprache, deren Beschaffenheit eben so außerhalb der Willensbestimmung des Einzelnen liegt, als es zum Beispiel der Nachtigall unmöglich ist ihr Lied mit dem der Lerche zu vertauschen. Das aber, woran der freie Wille des Menschen so wenig in organischer Weise zu verändern vermag, als an seiner leiblichen Beschaffenheit, gehört nicht in das Gebiet des freien Geistes, sondern in jenes der Natur". Und die Linguistik hat "die Erforschung eines Gebietes zur Aufgabe, in welchem das Walten unabänderlicher natürlicher Gesetze erkennbar ist, an denen der Wille und die Willkür des Menschen nicht zu ändern vermögen"(Schleicher, 1850, S. 1 - 2).

2 Es gibt auch semantische Veränderungen, die ganze syntaktische Konstruktionen betreffen, wenn diese auch relativ weit seltener sind als die einzelne Wörter betreffenden semantischen Veränderungen. Ein Beispiel dafür ist die Bedeutungsveränderung von Konstruktionen wie Sie nahm Peter seinen Hut von "sie nahm Peter den ihm gehörigen Hut (weg)" zu "sie nahm Peters Hut (weg)".

3 Phonologische Präferenzprinzipien werden ausführlich behandelt in Vennemann (1988).

4 Die wichtigsten morphologischen Präferenzprinzipien werden behandelt in Wurzel (1988).

5 Wir gehen hier nicht darauf ein, daß auch die morphologisch-syntaktischen Präferenzprinzipien zueinander im Widerspruch stehen können. Vergleiche dazu Wurzel (1984, speziell S. 110ff. und 166ff.) sowie Wurzel (1988, S. 492).

6 Vergleiche dazu Wurzel (1987, S. 149ff) und Wurzel (1988).

7 Vergleiche die anderen Beiträge dieses Sammelbandes, speziell Parthey.

8 Zum Problem der sprachlichen Normen vergleiche Wurzel (1987).

9 Vorausgesetzt, die Bezeichnung wird nicht aus einer anderen Sprache entlehnt.

1o Gerade bewußt herbeigeführte Neubildungen werden, wenn ihnen keine wirklichen Benennungsbedürfnisse zugrunde liegen, im allgemeinen von der Kommunikationsgemeinschaft nicht akzeptiert. So versuchte vor einigen Jahren ein Produktionsbetrieb der DDR, der Holzfiguren herstellte, anstelle des ihm offenbar suspekten Begriffs Weihnachtsengel den neuen Begriff Jahresendflügelfigur einzuführen, der sich (natürlich) nicht durchsetzen konnte.

11 Auf den Präferenzprinzipien beruhende Sprachänderungen sind also grundsätzlich gerichtet. Anders als in der Biologie gibt es daher bei solchen Sprachänderungen nicht ein Zusammenspiel von Mutation und Selektion. Hier wäre eher von

"Mutation im Sinne von Selektion" zu sprechen: Sprachliche Erscheinungen werden vom Sprecher (unbewußt) als nicht präferent bewertet und durch präferen(er)e ersetzt.

12 Diese Problematik wird ausführlich diskutiert in Wurzel (1988, S. 500ff.).

13 Im Sinne von Hörz und Wessel(1983, S. 112ff.).

14 Das Bild einer Spirale wurde (unseres Wissens) bezogen auf die Sprachänderung erstmalig von Georg v. d. Gabelentz (1901, S. 255ff.) angewandt.

Heinrich Parthey

Entdeckung, Erfindung und Innovation

In Wissenschaft und Technik entsteht das Neue zuerst in Form von Problemen und dann im Verlauf ihrer Auflösung in Form von Entdeckungen und Erfindungen. Dabei sind Entdeckungen stets Erkenntnis von etwas in Natur und Gesellschaft schon Vorhandenem, das vom Menschen bisher nur nicht ideell abgebildet wurde. Technische Gebilde dagegen sind neu zu entwerfen und zu schaffen. Im Unterschied zum Erkenntnisproblem ist das technische Entwurfssproblem durch Erfindungen lösbar, die eine Veränderung von Naturerscheinungen als Struktur entwerfen, damit zur beabsichtigten Funktion auch eine funktionserfüllende Struktur des zu entwickelnden technischen Gebildes geschaffen wird.
Noch im 19.Jahrhundert hatten Erfindungen einen eher lockeren Bezug zur Wissenschaft. Mit der Elektrotechnik wurde in dieser Zeit aber bereits deutlich: Bedeutende technische Erfindungen entstehen auf der Grundlage wissenschaftlicher Entdeckungen. Auch begannen die Versuche, neu entdeckte Sachverhalte - wie die der strömenden Elektrizität - technisch anzuwenden, bereits vornehmlich in den Laboratorien der Wissenschaftler. Anderseits ermöglichte die auf diese Weise erfundene Technik in Form der Elektrotechnik seit der Jahrhundertwende Experimente, die vorher nicht möglich waren, hängt doch die Tiefe des Entdeckens von verfügbaren technischen Hilfsmitteln ab, mit denen sich sowohl der Bereich experimenteller Einwirkungen auf die Natur als auch der Bereich der Wahrnehmung durch die menschlichen Sinne sowie die Verarbeitungskapazität erhaltener Informationen prinzipiell erweitern läßt (Fuchs-Kittowski und Parthey, 1983).
Im Verlauf des 2o.Jahrhunderts bildete sich ein Prozeß des wissenschaftlich-technischen Fortschritts heraus, bei dem sich Erfindung auf Entdeckung und weitere Entdeckungen mittels neuer Erfindungen fortlaufend aneinanderreihen. Dieser Prozeß hat

seit Mitte des 20.Jahrhunderts den Charakter einer wissenschaftlich-technischen Revolution angenommen. Insgesamt gesehen gründen sich produktionstechnische Neuerungen seit der zweiten Hälfte des 19.Jahrhunderts in zunehmendem Maße auf naturwissenschaftliche Entdeckungen. " In dem Maße, wie der Productionsprozeß zur Anwendung der Wissenschaft wird," so formulierte K.Marx, " wird umgekehrt die Wissenschaft zu einem Factor, so zu sagen zu einer Function des Productionsprozesses. Jede Entdeckung wird Basis neuer Erfindungen oder neuer verbesserter Methoden der Production " (Marx, Manuskript 1861-1863, S. 2060).

Dabei sind wissenschaftlich-technische Neuerungen bei ihrer Aufnahme in Wissenschaft und Technik selbst mit allen Problemen des Neuen verbunden: Die Aufnahme des Neuen wird erst zukünftig wirksam und ist mit zusätzlichen Risiken verbunden. Überlebte Gewohnheiten stehen dem Neuen entgegen, denn seine Effektivität entwertet das Alte. Es gilt tendenziell: Je stärker das Neue zu zusätzlichen Anforderungen führt, desto stärker sind die Vorbehalte. Dem steht das Ziel der Forschung entgegen, neue Erkenntnisse zu gewinnen und neue Technik zu erfinden, die zur Lösung von Problemen der gesellschaftlichen Praxis beiträgt, um somit letztlich gesellschaftliche Bedürfnisse besser zu befriedigen und damit auch neue zu wecken.

Das gesellschaftliche Erfordernis, Forschungsprobleme zu formulieren und zu bearbeiten, entwickelt sich in dem Maße, wie zur Erreichung von Zielen ein Wissen benötigt wird, das überflüssig wäre, "wenn die Erscheinungsform und das Wesen der Dinge unmittelbar zusammenfielen" (Marx, Kapital I, S. 825). Die Vertiefung der Erkenntnis der Erscheinungen, "von den Erscheinungen zum Wesen und vom weniger tiefen zum tieferen Wesen" (Lenin, Philosophische Hefte, S. 213) wird durch Kriterien reguliert, deren Einhaltung Wissenschaftlichkeit sichert. Dazu gehören vor allem Kriterien zur Sicherung der Wahrheit von Beschreibungen und der Erkenntnisfunktion des Erklärens, aber auch Kriterien zur weiterführenden Problematisierung, die erst in den letzten Jahrzehnten eingehender wissenschaftstheoretisch untersucht wurden. So unterscheiden sich verschiedene Forschungsprogramme nach dem Mathematikhistoriker I.Lakatos (1970) dadurch, daß sie entweder eine weiterführende Formulierung von Forschungsproblemen gestatten (progressive Problemverschiebung) oder Möglichkeiten der weiteren Problemstellung einschränken (degenerative Problemverschiebung).[1]

In der Wissenschaft ist Phantasie die am frühesten und weitesten entwickelte Eigenschaft, deren Entwicklung zur großen Leistung darin besteht, daß sie - wie es Wilhelm Ostwald (1909, S. 47) anhand von Untersuchungen der Arbeitsweise bedeutender Forscher formulierte - "auf Grund weiterer und tieferer Erfahrungen diszipliniert wird". Damit ist eine grundlegende Bedingung wissenschaftlichen Erkennens angesprochen: Die Phantasie von Forschern muß den Kriterien der Wissenschaftlichkeit genügen, wenn wissenschaftlicher Erkenntnisfortschritt erreicht werden soll.

Die Kriterien der Wissenschaftlichkeit können in drei Klassen eingeteilt werden:

Erstens Kriterien zur Feststellung der Wahrheit von Beschreibungen. Wahrheit kommt einer Behauptung zu, wenn der behauptete Sachverhalt existiert. Existiert der behauptete Sachverhalt nicht, dann ist die Behauptung auch nicht wahr sondern falsch. Diese Beziehung "wahr oder falsch" aufgrund der Existenz oder Nichtexistenz behaupteter Sachverhalte kommt einer Behauptung objektiv zu, sobald sie aufgestellt worden ist. Charakteristisch für wissenschaftliche Aussagen ist, daß sie bei der Aufstellung und bei der Prüfung eines Systems von Aussagen verwendet und gewonnen werden, das in seiner Gesamtheit Gesetzmäßigkeiten eines Bereiches der Wirklichkeit abbildet. In all den Fällen, wo der Wahrheitswert der Aussagen, die Folgerungen aus wissenschaftlichen Hypothesen und Theorien entsprechen, nicht direkt durch bloße Beobachtung festgestellt werden kann, ergibt sich die Notwendigkeit, Experimente durchzuführen. Die Durchführung von Experimenten ist nur ein Schritt in der experimentellen Methode (Parthey und Wahl, 1966). Ihm geht voraus, daß Folgerungen aus der zu überprüfenden Theorie bzw. Hypothese gezogen werden. Der Durchführung eines Experimentes folgt die Deutung experimenteller Ergebnisse in bezug auf die Hypothese.

Zweitens Kriterien zur Sicherung der Erkenntnisfunktion des Erklärens von Ereignissen. Dabei müssen die zu erklärenden Ereignisse bereits wahr beschrieben sein, sonst wüßte man nicht, was erklärt werden soll. Zur Erklärung eines wahr beschriebenen Ereignisses werden Aussagen über Ausgangs- und Randbedingungen des Ereignisses benötigt sowie mindestens eine Gesetzesaussage über den Wirklichkeitsbereich, in dem das zu erklärende Ereignis auftritt. Wenn es möglich ist, aus diesen genannten Aussagen die das zu erklärende Ereignis wahr beschreibenden Behauptungen aussagenlogisch zwingend abzuleiten, dann liegt eine wisenschaftliche Erklärung vor (Hempel und Oppenheim, 1948). Ergibt die Berücksichtigung aller bereits vorhandenen Gesetzes- und Bedingungsaussagen, daß sie nicht ausreichen, um aus ihnen Aussagen abzuleiten, die den zu erklärenden Sachverhalt beschreiben, dann liegt ein Erklärungsproblem vor. Der Analyse des gestellten Erklärungsproblems, insbesondere der Charakterisierung der zur Lösung noch fehlenden Gesetzes- und Bedingungsaussagen, deren Gesamtheit zur Erklärung als sogenanntes Explanans herangezogen werden kann, folgt das Konzipieren und Aufstellen der zur Auflösung des Erklärungsproblems fehlenden Aussagen. Auf diese Weise kann die Bildung erklärender Hypothesen als schöpferischer Vorgang mit konstruktivem Charakter aufgefaßt werden, in dessen Verlauf sich der Übergang von einem Satzsystem, das ein Problem bedeutet, zu einem Satzsystem, das eine Hypothese bedeutet, vollzieht. Beschreibung und Erklärung sind zwei grundlegende Ziele einer jeden Forschung, wobei die gewonnene Erklärungskraft einer Theorie von praktisch weitreichender Bedeutung ist, können doch aus einer gut überprüften Erklärung konstruktive Vorschläge zur Veränderung der Natur und Gesellschaft hervorgehen, die zu veränderten technischen beziehungsweise gesellschaftlichen Möglichkeiten menschlichen Lebens führen.

Drittens Kriterien zur Sicherung der weiterführenden Problematisierung, nach denen sich vor allem die Frage stellt, ob eine vorgeschlagene Lösungsvariante gleichzeitig zu neuen Forschungsproblemen führt oder, ob eine Hypothese lediglich Probleme auflöst, ohne weitere aufzuwerfen.

Können Erkenntnisziele, wie Beschreibungen, Erklärungen, Beweise, mit dem gegebenen Wissensfundus und den verfügbaren methodischen Mitteln nicht erreicht werden, dann entstehen in der Forschung Problemsituationen, und zwar unabhängig davon, ob sich Forscher ihrer bewußt werden oder nicht. Werden Wissenschaftler sich Problemsituationen bewußt und können sie entsprechende Erkenntnisprobleme bezogen auf bereits vorhandenes Gesetzeswissen formulieren, dann steht noch aus, auch Möglichkeiten ihrer methodischen Bearbeitung zu schaffen. Sollen neuartige Zusammenhänge zwischen Problem und Methode herbeigeführt werden, dann können von den denkbaren Forschungsmöglichkeiten auch nur die realisiert werden, für die die erforderlichen Forschungsmittel und -kräfte zur Verfügung stehen. Die Entscheidung darüber ist von der Problemrelevanz abhängig, d.h. letztlich reguliert die Bewertung der Forschungsprobleme nach dem Beitrag ihrer möglichen Lösungen für den weiteren Erkenntnisfortschritt und für die Entwicklung der gesellschaftlichen Praxis auch die tatsächliche Verfügbarkeit an Voraussetzungen ideeller und materieller Art zur Problembearbeitung. Erst mit der tatsächlichen Verfügbarkeit an Voraussetzungen zur Problembearbeitung werden Forschungssituationen herbeigeführt, die - einmal geschaffen - auch ein tieferes Eindringen in das Wesen der Erscheinungen ermöglichen als die Forschungssituationen, in denen die Forschungsprobleme aufgetreten sind.

Neben Beschreibungen und Erklärungen besteht ein weiteres Ziel der Forschung demnach auch in der Sicherung weiterer gedanklicher Ausgangspunkte zukünftiger Forschung, d.h. in der Entwicklung neuer Problemfelder der Forschung. Eine Unterschätzung dieser notwendigen Bedingung weiterer Forschung kann zu tiefgreifenden Deformationen in wissenschaftlichen Lehr- und Forschungseinrichtungen führen.

Wissenschaftstheoretische Untersuchungen sollten deshalb Problem und Problementwicklung als Gegenstand erkenntnis- und forschungstheoretischer Analysen größere Beachtung schenken. Dem möchten wir im Folgenden entsprechen, indem wir, erstens, Probleme als Widerspiegelung von Problemsituationen auffassen und typisieren und, zweitens, Forschungssituationen als Zusammenhänge zwischen Problemfeld und Methodengefüge sowie zwischen ihrer Problemrelevanz und Methodenverfügbarkeit diskutieren. Erstere sind offensichtlich nur eine notwendige, letztere sind dagegen eine notwendige und hinreichende Bedingung für die Entstehung des Neuen in der Wissenschaft.

1. Problemtypen des Entdeckens und Erfindens

Der Wandel im wissenschaftlichen Erkennen ist vor allem durch Probleme bedingt, die wiederum einen bestimmten Wissenstand voraussetzen. Jedes Problem ist ein Wissen über Situationen in der Tätigkeit, in denen das verfügbare Wissen nicht genügt, Ziele erreichen zu können, und deshalb entsprechend zu erweitern ist. Im engeren Sinne wird die Kenntnis eines derartigen Wissensmangels nur dann "Problem" genannt, wenn das fehlende Wissen nirgends verfügbar ist, sondern neu gewonnen werden muß. Ein Problem liegt dann vor, wenn für ein System von Aussagen und Fragen über bzw. nach Bedingungen der Zielerreichung kein Algorithmus bekannt ist, durch den der festgestellte Wissensmangel in einer endlichen Zahl von Schritten beseitigt werden kann. Ist ein Algorithmus bekannt, liegt eine Aufgabe vor. In Abhängigkeit davon, ob Wissensgewinn für ein wissenschaftliches Aussagensystem, von dem man bei Problemen ausgeht, angestrebt wird oder nicht, unterscheiden sich Probleme in wissenschaftliche und nichtwissenschaftliche. Im wissenschaftlichen Problem sind die Fragen durch das vorhandene Wissen begründet, aber nicht beantwortbar. Ein Problem löst sich in dem Maße auf, wie neues Wissen die ein Problem repräsentierenden Fragen beantwortet.
Das "Problem" ist bereits bei antiken Philosophen, wie Demokrit (Vorsokratiker, B 299 h), Plato (Staatsmann, 291 St) und Aristoteles (Metaphysik, 982 b 17, 995 a 24 - 995 b 4) ein wichtiger Begriff, wo er ein Wissen über ein Nichtwissen bezeichnet. Nach Aristoteles müssen erst alle Schwierigkeiten im Problem in Betracht gezogen werden, weil man sonst nicht weiß, was man sucht und ob das Gesuchte jeweils schon gefunden wurde

oder nicht. Aristoteles entwickelte dafür eigens eine Lehre von den Schwierigkeiten, eine Aporetik. In der neueren Philosophie haben sich unter anderem Descartes, Leibniz und Kant mit Problemtheorie beschäftigt. Descartes (Regeln zur Ausrichtung der Erkenntniskraft) forderte wie Aristoteles, ein Problem selbst vollkommen einzusehen, wenngleich man seine Lösung noch nicht weiß; vor allem muß man sich hüten, nicht mehr oder nichts Bestimmteres als gegeben ist, vorauszusetzen . Leibniz (Dissertatio de Arte Combinatoria; De arte inveniendi) sind technisches Erfinden und Gewinnen neuer Erkenntnisse analoge Seiten einer ars inveniendi; dem kombinierenden Teil, der die Probleme ausfindig macht und den Plan zu ihrer Lösung entwirft, folgt der analytische Teil, der die Lösung bringt. Unter einem Problem versteht Leibniz (Neue Abhandlungen über den menschlichen Verstand II, S. 255) "die Fragen, die einen Teil des Satzes unausgefüllt lassen". Für Kant (Logik, S. 112) sind "Probleme demonstrable, einer Weisung bedürftige Sätze, oder solche, die eine Handlung aussagen, deren Art der Ausführung nicht unmittelbar gewiß ist. Zum Problem gehört erstens die Quästition, die das enthält, was geleistet werden soll, zweitens die Resolution, die die Art und Weise enthält, wie das zu Leistende könne ausgeführt werden, und drittens die Demonstration, daß, wenn ich so werde verfahren haben, das Geforderte geschehen werde".

In unserem Jahrhundert sind verschiedene Ansätze einer Problemtheorie vorgestellt worden. Waren es bis in die 50er Jahre unter anderem Untersuchungen zum Problembewußtsein (vgl. N. Hartmann, 1921 ; Wein, 1937) und Analysen der Strukturformen der Probleme (vgl. Hartkopf, 1958), so häufen sich seit den 60er Jahren Arbeiten zu Struktur und Funktion des Problems in der Wissenschaft (vgl. Sharikov, 1965 ; Parthey und Wächter, 1966 ; Bunge, 1967 ; Popper, 1972 ; Laudan[2], 1977 ; Weiß[3], 1979 ; Nickles, 1981 ; Berkov, 1983 ; Kleiner, 1985), in denen Forschung zunehmend als Erkennen von Problemsituationen und Bearbeiten sowie Lösen von Problemen methodologisch modelliert wird. Unserer Auffassung nach ist das Problem ein ideelles Gebilde, das ein objektives Korrelat hat, das vom Problem selbst zu unterscheiden ist: Die Problemsituation in der Tätigkeit ist ein objektiver Umstand, der so beschaffen ist, daß ein gesellschaftlich erreichtes Wissen in der angegebenen Weise nicht ausreicht, einer von der Praxis hervorgebrachten Anforderung zu genügen. Jede Problemsituation existiert unabhängig von dem ihr entsprechenden Problem, dieses aber nicht unabhängig von jener (Wittich, 1966). Ein gedankliches Gebilde, das als ein Problem angesehen wurde oder wird, von dem aber zugleich bekannt ist, daß ihm keine Problemsituation entspricht, wird Scheinproblem genannt. Für Kant (Prolegomena, S. 1o9 - 110) besteht der Erkenntnisfortschritt im wesentlichen in einem Fortschreiten von Problemen zu tieferen Problemen, "da, wir mögen es anfangen, wie wir wollen, eine jede nach Erfahrungsgrundsätzen gegebene Antwort immer eine neue Frage gebiert, die ebensowohl beantwortet sein will". Es ist ein Grundprinzip aller Problemformulierung, sich dem vorausgesetzten Wissen bewußt zu werden und es im Zuge der Problembearbeitung unter Kontrolle zu behalten. Wissen hat in dem Maße wissenschaftlichen Charakter, wie es aus Gesetzesaussagen beziehungsweise aus Aussagen besteht, die im Zusammenhang mit der Gewinnung von Gesetzesaussagen auftreten oder verwendet werden. Ist das bei einer Problemstellung vorausgesetzte Wissen wissenschaftlicher Natur, dann liegen wissenschaftlich formulierte Probleme vor. In diesem Sinne können sowohl Probleme mit dem Ziel einer praktischen Veränderung der Wirklichkeit als auch Probleme mit dem Ziel der Gewinnung von Erkenntnissen über die Wirklichkeit wissenschaftlich formuliert werden. Ein Forschungsproblem tritt nur auf, wenn ein wissenschaftlich formuliertes Problem die Zielstellung enthält, neue wissenschaftliche Erkenntnisse zu gewinnen. Für Problemsituationen, die Bedürfnisse nach Gesetzeswissen entsprechen, ist das Forschungsproblem die adäquateste Abbildung. Wird zur Sicherung der Forschung im gesellschaftlichen Auftrag an einem aktuellen Bedürfnis der Produktion materieller Güter angeknüft, dann muß dieses Bedürfnis in den meisten Fällen zunächst als ein Forschungsproblem formuliert werden. Wissenschaftlicher Vorlauf kommt nur dann zustande, wenn die wissenschaftliche Lösung den aktuellen Fall der

Produktion materieller Güter wohl erfaßt, jedoch weit über ihn hinausgeht und Möglichkeiten für mit neuen ökonomischen Effektivitätspotentialen verbundene wissenschaftlich-technische Problemlösungen eröffnet.
Im Unterschied zu Auffassungen, die Forschung als ein weitgehend autonomes System von Erkenntnistätigkeiten ansehen, dessen Geschichte aus internen Zielsetzungen und Kriterien zu erklären ist (Popper, 1934, 1972; Kuhn[4], 1962, Stichweh, 1987), nehmen wir den Standpunkt ein, daß die Richtung der Forschung sowohl von der Entstehung der Problemsituation in der Forschung selbst als auch von der Entwicklung der Problemsituation in der gesellschaftlichen Praxis und vom Zusammentreffen beider abhängt. Damit unterscheidet sich unsere Auffassung nicht nur von der "internalistischen" Interpretation der Wissenschaftsentwicklung, sondern auch von der üblichen Kontroverse zwischen dieser und der "externalistischen" Interpretation der Wissenschaft[5]. Im Unterschied zu dieser Diskussion, in der eine Zuordnung sozialer Strukturen zu externen Entwicklungsfaktoren und kognitiver Strukturen zu internen Entwicklungsfaktoren erfolgt, gehen wir davon aus, daß Problemsituationen, die Bedürfnisse nach neuem Gesetzeswissen darstellen, als kognitive Strukturen sowohl innerhalb als auch außerhalb der Forschung auftreten und ihrem Wesen nach identisch sind. Beide Problemsituationen unterscheiden sich vor allem dadurch, daß Problemsituationen der Forschung bereits durch einen entsprechenden Wissenszuwachs auflösbar sind, und daß Problemsituationen der gesellschaftlichen Praxis andererseits, zu deren Beseitigung neues wissenschaftliches Wissen benötigt wird, allein durch Gewinnung dieses Wissens noch nicht aufgelöst werden, sondern erst beseitigt sind, wenn das gewonnene Wissen in Anleitungen zu praktischen Handlungen eingegangen ist, die ihrerseits gewährleisten, daß das ursprünglich gestellte praktische Ziel, zum Beispiel im Bereich der Produktion materieller Güter, erreicht wird. Selbst wenn zu jedem gesellschaftlichen Praxisproblem ein entsprechendes Erkenntnisproblem aufgestellt werden könnte, so hängt es jeweils vom Niveau der Forschung zum gegebenen Zeitpunkt ab, ob ein Erkenntnisproblem wissenschaftlich, d.h. als Forschungs-

problem formuliert werden kann. In jedem Fall ergeben sich unterschiedliche Reifegrade der wissenschaftlichen Formulierung von Erkenntnisproblemen daraus, inwieweit auf den gegebenen Stand wissenschaftlicher Erkenntnisse Bezug genommen wird. So kann ein Erkenntnisproblem zu einem gegebenen Zeitpunkt nicht immer sofort wissenschaftlich formuliert werden. Letzteres kann wiederum Anlaß sein, das zur wissenschaftlichen Formulierung fehlende Wissen durch Forschung zu gewinnen.
Tätigkeiten können je nachdem , ob ihr Ziel die praktische Veränderung der Wirklichkeit oder die Gewinnung von Erkenntnissen über die Wirklichkeit ist, in praktische Tätigkeiten und Erkennen unterschieden werden. Wird unter Technik die Gesamtheit der vom Menschen als Mittel zur Erreichung von Zielen eingesetzten (bzw. einsetzbaren) und eigens dazu umgeformten Naturerscheinungen verstanden, dann können technische und technikwissenschaftliche Probleme unterschieden werden (Wendt, 1976; Banse und Wendt, 1986). Das gesellschaftliche Bedürfnis, technikwissenschaftliche Probleme zu formulieren, entsteht in vielgestaltiger Weise in dem Maße, wie Problemsituationen in der technischen Tätigkeit auftreten und entsprechende technische Probleme formuliert werden, in denen zum Ausdruck kommt, das zur Erreichung eines technischen Zieles Wissen benötigt wird, das nicht bereits vorhandenen Wissensspeichern entnommen werden kann, sondern neu geschaffen werden muß. Aufgaben liegen dann vorl wenn die Methoden und Verfahren zur Erreichung technischer Ziele eindeutig bekannt sind. Während die im Problem enthaltenen Aussagen nicht alle Bedingungen angeben, die zur Zielerreichung notwendig sind, erfassen die in Aufgaben enthaltenen Aussagen alle Bedingungen zur Zielerreichung. Neben Forschungsproblemen tritt in der Technikwissenschaft ein für sie spezifischer Problemtyp in den Vordergrund: Entwurfsprobleme, die mit der Entwicklung technischer Gebilde verbunden sind und der technischen Vorbereitung der Fertigung materieller Güter dienen. Ein Entwurfsproblem ist mit der Generierung eines funktionserfüllenden Prinzips gelöst, d.h. mit dem Übergang von der Funktion zur Struktur des zu entwickelnden technischen Gebildes. Im Unterschied zu Erkenntnisproblemen ist das Entwurfspro-

blem durch Erfindungen lösbar, die eine Veränderung von Naturerscheinungen als Struktur entwerfen, damit zur beabsichtigten Funktion auch die funktionserfüllende Struktur des zu entwickelnden techrischen Gebildes vorhanden ist.

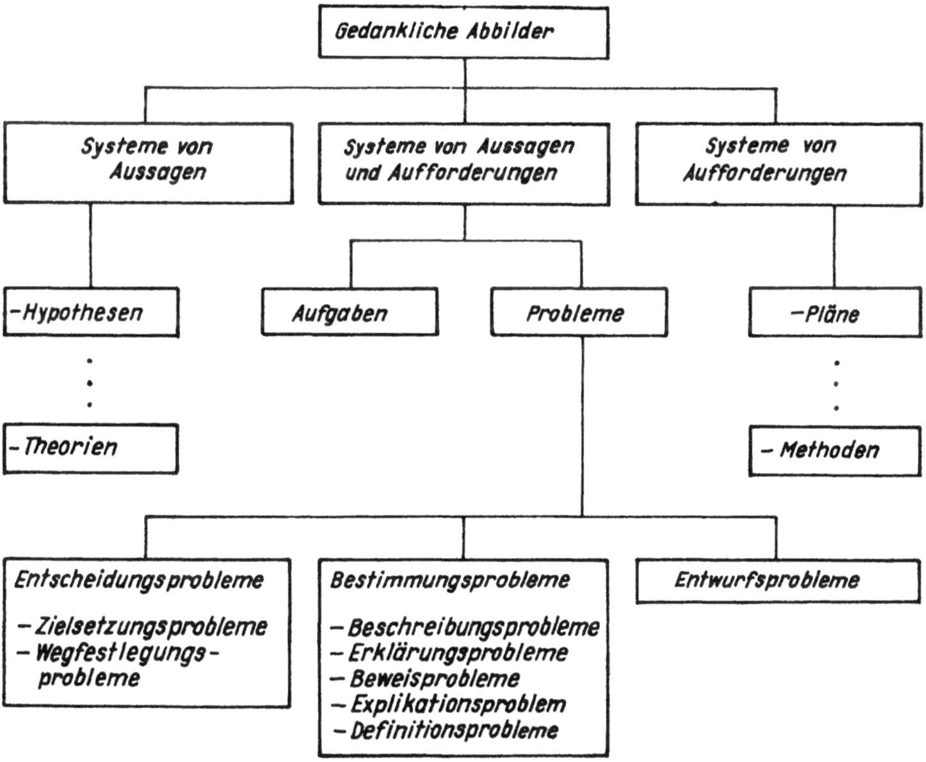

Abb. 10:
Aufgliederung gedanklicher Gebilde

Forschungsprobleme können je nach der in ihr enthaltenen Zielsetzung in drei Haupttypen unterschieden werden:
erstens Bestimmungsprobleme zur Gewinnung neuer wissenschaftlicher Erkenntnisse in Form von Aussagen bzw. Aussagensystemen (Parthey und Wächter, 1966);
zweitens Entscheidungsprobleme zur Beherrschung des methodischen Vorgehens in der Forschung in der Form von neuen methodischen Regeln und Prinzipien und deren Systemen (Methoden, Methodiken, Programmen) (Heitsch, Parthey und Wächter, 1971);
drittens Entwurfsprobleme zur Veränderung von Natur- und Gesellschaftserscheinungen in Form von Vorschlägen für funktionserfüllende Strukturen des zu entwickelden technischen bzw. gesellschaftlichen Gebildes (Parthey und Schlottmann, 1986).
Für die Wissenschaften sind insbesondere Bestimmung- und Entscheidungsprobleme in zunehmendem Maße aber auch in Kombination mit Entwurfsproblemen relevant. Entwürfe neuer Technik sind dabei nicht nur Gegenstand und Ziel technikwissenschaftlicher Forschung, sondern gehören als Entwürfe neuer Forschungsgeräte selbst zu den Forschungsproblemen aller Wissenschaften.
In der problemlösenden Tätigkeit der Wissenschaft treten als Zwischenstufen oder Ergebnis folgende gedankliche Gebilde auf: einmal Systeme von Aussagen in Form von Hypothesen und Theorien, zum anderen Systeme von Aufforderungen (Segeth, 1974) in Form von Plänen, Programmen, Methoden, Entwürfen und schließlich Systeme von Aussagen und Aufforderungen in Form von Aufgaben und Problemen, die selbst wieder eine problemlösende beziehungsweise aufgabenlösende Bearbeitung erfordern.

2. Forschungssituation und Problembearbeitung

Probleme als Widerspiegelung von Problemsituationen ergeben für sich genommen noch keine Forschungssituation, obwohl Probleme der ideelle Ausgangspunkt jeder Forschung sind. Zwischen dem Auftreten einer Problemsituation, die vom Forscher im Problem erfaßt und abgebildet wird, und dem Vorliegen einer Forschungssituation besteht ein Unterschied, auf den auch in Konzeptionen

zur Analyse des Problemlösungsprozesses in der Forschung hingewiesen wird. So stellt zum Beispiel G. Wangermann (1984, S. 16) ein Modell des Forschungsprozesses vor, "das aus einer unspezifischen, gleichsam alle relevanten gesellschaftlichen Bereiche umfassenden ersten Ebene besteht und einer zweiten, fachspezifischen Ebene, welcher die Gesamtheit einzelner Problemstellungen zur tatsächlichen Auflösung übertragen ist". Danach können Forschungssituationen als Beziehung zwischen einem Problemfeld und einer Gesamtheit von Voraussetzungen zur Problembearbeitung betrachtet und mindestens nach dem Grad der Gesellschafts- und Erkenntnisrelevanz der jeweiligen Problemstellung und nach dem Grad der tatsächlichen Verfügbarkeit von Voraussetzungen zur Bearbeitung des jeweiligen Problems unterschieden werden.
Im Folgenden werden wir unter Forschungssituationen solche Zusammenhänge zwischen Problemfeldern und Methodengefüge verstehen, die es den Wissenschaftlern gestatten, die Problemfelder mittels tatsächlicher Verfügbarkeit an Wissen und Forschungstechnik methodisch zu bearbeiten. Befragungen von Erfindern und die unmittelbare Beobachtung ihrer schöpferischen Tätigkeit zeigen, worauf G.S.Altschuller (1979, S. 120) in seinen Untersuchungen audrücklich hinweist, nämlich "daß die Erfinder meistens ein Problem zu lösen versuchen, ohne aufmerksam die zugehörigen Bedingungen analysiert zu haben". In unserem Verständnis methodologischer Merkmale von Forschungssituationen sind dazu neben der wissenschaftlichen Problem- und Methodenentwicklung in der Forschung auch noch folgende zwei weitere Merkmale zu beachten: einmal die tatsächliche Verfügbarkeit ideeller und materieller Mittel zur Bearbeitung von Forschungsproblemen und zum anderen die Erkenntnis- und Gesellschaftsrelevanz von Forschungsproblemen. Sollen Forschungssituationen mit einem neuartigen Zusammenhang zwischen Problem und Methode herbeigeführt werden, dann können sich von den denkbaren Forschungsmöglichkeiten nur diejenigen realisieren, für die von der Gesellschaft die entsprechenden Forschungsmittel und -kräfte zur Verfügung gestellt werden. Entscheidungen darüber sind aber von der aufgezeigten Problemrelevanz abhängig. Deshalb reguliert die Problemrelevanz, d.h. die Bewertung

von Problemen nach dem Beitrag ihrer möglichen Lösung sowohl für den Erkenntnisfortschritt als auch für die Lösung von gesellschaftlichen Praxisproblemen, letztlich die tatsächliche Verfügbarkeit an wissens- und gerätemäßigen Voraussetzungen zur Problembearbeitung.

In diesem Zusammenhang ist von Interesse, daß W.Stegmüller (1979, S. 141) in Auseinandersetzung mit Th.S.Kuhn(1962, 1977) den Versuch unternimmt, dessen Begriff der normalen Wissenschaft mit Hilfe des Begriffs des Verfügens über eine Theorie zu präzisieren. In einer späteren Version drängt für W.Stegmüller (1983, S. 236) "alles in Richtung auf eine sytematische Pragmatik, in der mit nichtlogischen Begriffen gearbeitet wird, wie: Wissenssituation von Personen und deren Wandel; subjektiver Glaube von Personen zu bestimmten Zeiten; Hintergrundswissen, das zu einer bestimmten historischen Zeit verfügbar ist und dergleichen".

Der von uns verwendete Begriff der Verfügbarkeit wissens- und gerätemäßiger Voraussetzungen zur Problembearbeitung ist wesentlich umfassender als der des Verfügens über Theorien, schließt er doch auch die praktische Machbarkeit in der Forschung ein (Parthey, 1977, S. 106). Eine ähnliche Auffassung über Verfügbarkeit in der Forschung findet sich auch bei G.Ludwig (1978, S 204), für den der Mensch "Technik entwickelt, um selber über möglichst viel in der Natur verfügen zu können. Damit wird er selbst derjenige, der über physikalisch mögliche Hypothesen verfügt, vielleicht um durch den Test eine physikalische Theorie zu prüfen, vielleicht um Ziele seines Lebens zu verwirklichen, zum Wohl oder leider auch oft zum Unheil der Menschheit". Nachdem wir eingangs auf die für die Ziele der Forschung erforderliche Dialektik von Problem und Wissen aufmerksam gemacht haben, ist festzustellen, daß die vier zu jeder Forschungssituation gehörigen Sachverhalte (Problementwicklung, Methodenentwicklung, Verfügbarkeit und Bedeutsamkeit) Tendenzen aufweisen, die insgesamt widersprüchlich im dialektischen Sinne sind, d.h. sich einander bedingen, obwohl sie gegenläufiger und widersprüchlicher Natur sind. So erhöht sich die Verfügbarkeit an wissens- und gerätemäßigen Voraussetzungen in dem Maße, wie die Problembearbeitung vorankommt, und erreicht mit der Problemlösung ihren höchsten Grad, wenn sie für das bestimmte Problem anschließend nicht mehr erforderlich ist. Die Methodenentwicklung hat im gleichen Prozeß ein Maximum, in dem das Niveau der Methodenentwicklung als angemessen für die Problemlösung und als ausreichend angesehen werden kann, der vor dem Höhepunkt der Verfügbarkeit liegt.

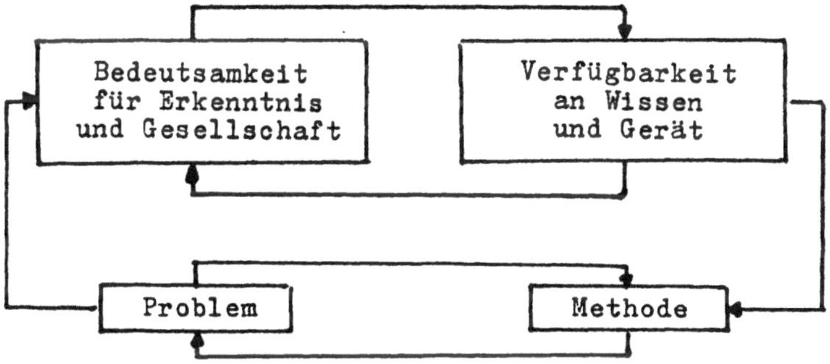

Abb. 11:
Struktur der Forschungssituation

Im Zusammenhang mit unseren Überlegungen über Struktur und Funktion der Forschungssituation schlägt U.Röseberg (1984, S. 70) im Hinblick auf eine allgemeine Methodologie als eigenständige wissenschaftstheoretische Disziplin vor, die Forschungssituation durch Faktoren wie das geistig-kulturelle Klima der Zeit im allgemeinen sowie der mit dem Problem befaßten Gruppe von Wissenschaftlern im besonderen und der Verfügbarkeit der für die Problemlösung erforderlichen experimentellen, theoretischen und methodischen Mittel zu bestimmen. Unserer Auffassung nach ist der letztgenannte Faktor entscheidend für die methodologische Struktur von Forschungssituationen. Auch andere Autoren treffen diese Entscheidung. So bezieht sich A.Erck (1987, S. 153) in seinen Überlegungen über die Funktion der geistigen Kultur von Wissenschaftlern für die Entstehung und Entwicklung des Neuen in der Wissenschaft auf "Forschungssituationen, bei deren Meisterung sich herausstellt, daß sie zu neuen Forschungsrichtungen führen könnten", werden sie doch "für jene Persönlichkeiten, die sich ihrer bewußt werden, zugleich zu persönlichen Konfliktsituationen".

Unserer Auffassung nach entwickelt sich die Wissenschaft gleichsam in Form einer aufsteigenden Spirale von einem niederen zu einem höheren Niveau sowohl der Problemrelevanz als auch der tatsächlichen Verfügbarkeit an Wissen und Forschungstechnik zur Problembearbeitung.

Im Unterschied zur Auffassung von der Hypothese als Entwicklungsform der Naturwissenschaft (siehe: Engels, Dialektik der Natur, S. 507; vgl. auch: Thom und Wagner, 1983; Simon, 1989) gestattet die vorgestellte Charakteristik der Forschungssituation nicht nur, Prozesse kontinuierlicher Akkumulation wissenschaftlicher Erkenntnisse, sondern auch den Wechsel zwischen dieser Akkumulation des Wissens im Verlauf einer Forschungssituation selbst und der schubweisen Neuorientierung durch Problemfelder zu erfassen, die einer neuartigen Forschungssituation zu ihrer Bearbeitung bedürfen. Ebenso wie der Übergang vom unsicheren zum als wahr gesicherten Wissen durch praktische Prüfung von Hypothesen ein Prozeß zunehmender Objektivität wissenschaftlichen Erkennens ist, der, wie H. Korch in seinen entsprechenden Untersuchungen unterstreicht, "sich naturgemäß nur über das individuelle Denken einzelner Wissenschaftler durchsetzt" (Korch, 1972, S. 92), könnte gesagt werden: Die Entwicklungsform der Wissenschaft, soweit Forscher wissenschaftlich tätig sind, ist die Forschungssituation, die in den konkreten Arbeitssituationen von Wissenschaftlern zu gestalten ist. Damit wird auch für Analysen der mit einem Problemfeld befaßten Gruppe von Wissenschaftlern ein Bezugsrahmen gesetzt, in denen Forscher tatsächlich tätig sind, und zwar im Sinne der Auffassung der Wissenschaft als Vielfalt von Tätigkeiten zur Gewinnung, Vermittlung und Anwendung von wissenschaftlichen Erkenntnissen, in der Denktätigkeiten nur ein Teilbestand derselben sind (Kröber und Laitko, 1972). In unserem Verständnis würden Forschungssituationen zu den Arbeitsbedingungen von Forschergruppen gehören, jedoch nicht umgekehrt die mit dem Problem befaßten Gruppen von Wissenschaftlern zur Forschungssituation. In dieser Hinsicht ist die von Sozialpsychologen getroffene Unterscheidung zwischen Situation und Umwelt von Interes-

se. Für M.Vorwerg (1980, S. 26) unterscheidet sich der Situationsbegriff vom Umweltbegriff insofern, "als Umwelt alles ist, was auf die psychische Verhaltensregulation einer Person in einem gegebenen Zeitpunkt außerhalb dieser Regulation einwirkt, während der Situationsbegriff neben objektiven psychischen Regulationsbedingungen auch die subjektive Widerspiegelung des ganzen Vorganges und seine Komponenten abbildet". Letzteres ist unserer Auffassung nach das Problemfeld, denn Probleme sind ideelle Gebilde, in denen in besonderer Weise auf der Grundlage des bisherigen Wissens Fragen zum weiteren Erkenntnisgewinn gestellt werden können, ohne daß das die Fragen begründende Wissen zur Beantwortung ausreicht. Das Bewußtwerden von Problemsituationen ist für Forscher unerläßlich in ihrem Bemühen, die Gesamtsituation, das Gegebene sowohl als auch das Geforderte, zu begreifen und zu analysieren.
Diesem Vorgehen hat K.Duncker (1935) bereits in den 30er Jahren besonderes Interesse gewidmet. Duncker unterscheidet zwischen Situationsanalyse und Zielanalyse. Die Zielanalyse tritt nach Auffassung von Duncker als Folge einer Situationsanalyse auf und versucht eine Antwort auf die Frage zu finden: Was ist eigentlich für die Zielerreichung gefordert und was nicht? Die Situationsanalyse hat nach Duncker entweder die Form einer Konfliktanalyse oder einer Materialanalyse. Danach liegt eine Konfliktanalyse immer dann vor, wenn sich die eingeschlagene Problembearbeitung als nicht angemessen erweist. Die Konfliktanalyse versucht den Grund aufzuklären, warum es so nicht geht. Die Materialanalyse untersucht das in die Problembearbeitung eingehende Material nach seiner Bedeutung für die Lösung, zum Beispiel durch die Fragestellung: Was kann von dem bisherigen Material auch weiterhin zur Problembearbeitung verwendet werden, und was kann davon entbehrt werden? In Analogie dazu zeichnen sich Forschungssituationen unserer Meinung nach dadurch aus, daß ihre Struktur vor allem durch den Zusammenhang von Problem und Methode bestimmt wird. Ein entscheidendes Merkmal dafür ist die Verfügbarkeit an Wissen, Methoden und Gerät zur Problembearbeitung, die letztlich von der Bedeutsamkeit für Erkenntnis und Gesellschaft geregelt wird. Eine wissenschaftli-

che Erkenntnissituation kann in zweifacher Weise beschrieben werden, entweder über die Angabe der Problemstruktur und des Methodengefüges sowie über die Charakteristik der tatsächlichen Verfügbarkeit von Mitteln zur methodischen Problembearbeitung oder aus der Sicht einzelner Forscher beziehungsweise Forschergruppen. Bei beiden Richtungen wird davon ausgegangen, daß die jeweilige Forschungssituation objektiv vorgegeben ist, allenfalls die subjektiven Wahrnehmungen differieren können. In den folgenden Ausführungen wollen wir verdeutlichen, daß diese Sichtweise über die methodologische Struktur der Arbeitsbedingungen von Forschern für das Konzept der Forschungssituation angemessen ist.
Dazu gehen wir von den international zahlreichen Untersuchungen über Bedingungen der wissenschaftlichen Produktivität von Forscherkollektiven aus, die im letzten Jahrzehnt durchgeführt wurden (Pelz und Andrews, 1976; Hiebsch, 1977; Andrews, 1979; Jaroševskij, 1982; Belkin, Emejanov und Ivanov, 1987). Von besonderem Interesse für uns sind die Konzeption von M.G.Jaroševskij (1973), in der sozial-kognitive Strukturen erfaßt werden , und die Analysen von S.G.Kara-Murza (1979), in denen Phasen der Veränderung kognitiv-sozialer Strukturen der Forschung in Abhängigkeit von der Ausbreitung von Forschungsmethoden dargestellt werden. Nach Jaroševskij (1977) basieren der theoretische Gehalt der Wissenschaft, d.h. die Hypothesen und Theorien, auf deren kategorialer Struktur. Die Unterscheidung zweier Ebenen des forschenden Denkens - der theoretischen und der kategorialen - ermöglicht, die Ansprüche und programmatischen Prinzipien verschiedener Forscherkollektive von ihrem realen Beitrag zur Entwicklung der kategorialen Struktur der Wissenschaft zu unterscheiden.
Für Jaroševskij sind die Kategorien das Invariante im wissenschaftlichen Denken und unterliegen dennoch einer Entwicklung, die auch revolutionäre Fortschritte kennt. Der kategoriale Apparat selbst entwickelt sich nicht aufgrund immanenter, von ihm selbst ausgehender Impulse, sondern aufgrund sozialer und historischer Bedürfnisse der Menschen nach Lösung der für ihr Leben wichtigen Probleme. So entwickeln sich die verschiedenen

Komponenten der kategorialen Struktur einer Wissenschaftsdisziplin ungleichmäßig und erfahren in verschiedenen Forschungsgruppen eine unterschiedliche Projektion. Das berechtigt, vom kategorialen Profil einer Forschungsgruppe zu sprechen, in der sich das für alle Wissenschaftler des betreffenden Wissenschaftsgebietes gemeinsame kategoriale Netz in dem einmaligen und nicht wiederholbaren Forschungsprogramm einer Forschungsgruppe darstellt. Die komplizierten und sich verändernden Beziehungen zwischen den kategorialen Profilen von Forschergruppen erzeugen theoretische Strukturen, die der Forschung unterschiedliche Richtungen geben. Interessant ist nun für uns, daß Jaroševskij in seinen späteren Arbeiten im Zusammenwirken mit Kara-Murza weitere objektive Faktoren, darunter vor allem die Methoden- und Geräteentwicklung im Laboratorium, heranzieht (Jaroševskij, 1982, S. 13-81). Dabei beschreibt Kara-Murza die Anpassungsperiode bei der Formierung von Forschungsgruppen, in der die inhaltliche Anpassung auch die Aneignung der Normen in den Beziehungen im Kollektiv beschleunigt. Kara-Murza (1982) spricht in diesem Zusammenhang von "methodischen Gemeinschaften" und versteht die Ausbreitung von Methoden als Bestandteil der Herausbildung wissenschaftlicher Strukturen in Forschungsgruppen. Jede Forschungsgruppe steht stets vor der Entscheidung, entweder die Forschung auf der Grundlage alter Forschungstechnik fortzusetzen oder ein bestimmtes Potential des Kollektivs für die Entwicklung einer neuen Methode einzusetzen oder die sich gegenwärtig bereits abzeichnende neue Forschungstechnik aufzunehmen oder abzuwarten, bis ihre Effektivität offensichtlich wird. Im einzelnen werden Faktoren untersucht, die die Geschwindigkeit beeinflussen, mit der sich Methoden durchsetzen und mit der sich entsprechend der Status einer Forschungsgruppe verändert: So vermindert sich der Status einer Forschungsgruppe, wenn sie nach alten Methoden weiterarbeitet, obwohl deren Möglichkeiten mehr oder weniger ausgeschöpft sind, denn dann breiten sich neue Methoden im Arbeitsgebiet besonders schnell aus (Kara-Murza, 1986).
Damit sind Bezüge zu unserem Begriff der Forschungssituation gegeben, insbesondere zum Merkmal des Niveaus der Methodenent-

wicklung nach Zu- und Abnahme methodischer und forschungstechnischer Neuerungen und zum Merkmal der Verfügbarkeit an Wissen und Forschungstechnik. Unabhängig davon wird der Begriff "Forschungssituation" in der methodologischen Literatur zunehmend verwendet (Polikarov, 1980; Knorr-Cetina, 1981; Moser, 1982; Angelov und Mischeva 1984), ohne daß in jedem Fall ein Ansatz zur Erfassung der Struktur von Forschungssituationen eingeschlossen ist. Andererseits werden in Analysen der methodologischen Struktur der Forschung Bezüge zum Verhalten von Forschungsgruppen hergestellt, etwa in den bereits angeführten Versuchen von Ludwig (1978) und Stegmüller (1979; 1983) mittels des Begriffs des Verfügens über eine Theorie, über Wissen und Gerät. Ein weiterer Versuch in dieser Richtung stammt von C.U.Moulines (1979), der methodologische Strukturen der Forschung relativiert: erstens auf historische Zeitintervalle, zweitens auf Forschergruppen und drittens auf Standards für Akzeptierbarkeit von Hypothesen (Balzer, Moulines und Sneed, 1987).

Für Stegmüller (1986, S. 109) handelt es sich dabei "um zusätzliche pragmatische Begriffe, die wir in den Begriffsapparat einbauen müssen; denn 'Mensch', 'historischer Zeitpunkt', 'verfügbares Wissen', 'Standards für die Akzeptierbarkeit von Hypothesen' sind Begriffe dieser Art". Unserem Anliegen wären sozial-philosophische Untersuchungen des Erkenntnisprozesses dienlich, insbesondere Analysen der Erkenntnissituation, denn Forschungssituationen können als wissenschaftliche Erkenntnissituationen verstanden werden. Erste Arbeiten in dieser Richtung ergaben jedoch keine allgemeine Struktur, über deren Spezifizierung der Begriff "Forschungssituation" zu gewinnen wäre (Ljubomirova und Tolstym, 1986).

Von größerem Interesse sind in dieser Hinsicht Analysen methodologischer Einstellungen von Wissenschaftlern, die der von D. N.Uznadze (1961) und seinen Schülern entwickelten Konzeption der komplexen Wirkungsweise von Einstellungen (ustanovka) folgen. "Ustanovka" ist nämlich über die Beziehung zwischen Bedürfnis und Situation definiert. Hierbei gelten das Bedürfnis als der subjektive (psychische) und Situation als der objektive (physische) Anteil. Indem die Relation von Situation und Bedürfnis als konstituierend für das Wesen solcher Einstellungen definiert ist, kann diese Wechselwirkung als ordnende Instanz von Handlungen aufgefaßt werden. V.P.Vorozcov und A.T.Moskalenko haben nun versucht, den Begriff und die regulativ-normative Funktion der methodologischen Einstellung von Wissenschaftlern zu untersuchen (Vorozcov und Moskalenko, 1986). Der Ertrag von Analysen dieser Art ist für unser Anliegen gering, denn methodologische Sachverhalte der Situation, in der Wissenschaftler forschen, wurden für sich genommen nicht herausgearbeitet.

Bei allen sonstigen theoretischen Differenzen in den Auffassungen über die Situation als Erhebungseinheit für soziologische und methodologische Untersuchungen sind sich alle in ihrem Ansatz ähnlich: eine Situation umfaßt, erstens, die objektiven Bedingungen, unter denen ein Individuum oder eine Gruppe handelt, zweitens, die Schwierigkeiten zum Erreichen eines Zieles durch das Individuum oder die Gruppe und, drittens, das Bewußtsein des Individuums oder der Gruppe von diesen Schwierigkeiten und den Bedingungen ihrer Überwindung. Bei aller Uneinigkeit der Festlegung des Begriffs "Situation" kann am ehesten noch gesagt werden, Situationen seien Komplexe von Handlungsbedingungen zur Zielerreichung (Zabrodin, 1985).

In diesem Sinne verwenden wir den Begriff "Situation der Forschung" zur Bezeichnung eines Komplexes von notwendigen und hinreichenden Bedingungen für die Entstehung des Neuen in der Wissenschaft. Probleme sind nur eine notwendige, aber keine notwendige und hinreichende Handlungsbedingung für forschende Tätigkeit. Dasselbe gilt auch für Methoden. Die Dialektik von Problem und Methode kann die Auswahl eines Problems als "denkbar zu bearbeitendes" in Abhängigkeit vom Vorhandensein einer dem Problem angemessenen Methode betreffen, aber wenn keine tatsächliche Verfügbarkeit an Wissen und Gerät gegeben ist, die in der Regel erst durch Bedeutsamkeit für Erkenntnis und Gesellschaft realisiert werden kann, dann liegen zwar Problem und Methode, aber keine Situation vor, in der Wissenschaftler tatsächlich forschen können. Zu den notwendigen und hinreichenden

Bedingungen für Forschungssituationen gehören der Komplex Handlungsbedingungen sowohl von Problem und Methode als auch von Bedeutsamkeit und Verfügbarkeit.
Untersuchungen von Forschergruppen, die einer Beschreibung ihrer wissenschaftlichen Leistungsfähigkeit folgen, bedürfen einer Vergleichbarkeit in den Arbeitsbedingungen der untersuchten Gruppen. So wurde in Analogie zu Kollektiven in der Produktion materieller Güter angenommen, daß die Effektivität kleiner Forschergruppen entscheidend durch die Übereinstimmung von Problemstruktur und arbeitsteiliger Struktur im Kollektiv bestimmt wird (Bahrdt, Krauch und Rittel, 1960; Rittel, 1966; Berten, 1973). Diese Annahme kann nach empirischer Überprüfung nur bedingt aufrecht erhalten werden (Hiebsch, 1977, S. 111), wie Tabelle 3 zeigt.

Tabelle 3:
Korrelationsmatrix der Variablen der kollektiven Problembearbeitung

	1	2	3	4	5	6
1. Schwierigkeitsgrad der Aufgabe	1.00					
2. Sachliche Effizienz	0.14	1.00				
3. Erzieherische Effizienz	0.16	<u>0.46</u>	1.00			
4. Einstellung zur kollektiven Arbeit	0.06	0.33	0.16	1.00		
5. Gruppenklima	0.00	0.04	0.12	<u>0.39</u>	1.00	
6. Kommunikationsbedingungen	0.20	0.24	0.33	<u>0.51</u>	<u>0.55</u>	1.00

Unterstrichene Koeffizienten sind mit 5 Prozent Irrtumswahrscheinlichkeit signifikant.

(Quelle: Hiebsch, 1977, S. 115)

Es bleibt die Frage, ob der Sachverhalt, daß zwischen dem "Schwierigkeitsgrad der Aufgabe", wie es H.Hiebsch (1977, S. 115) in seinen wissenschaftspsychologischen Untersuchungen nennt, und allen anderen Dimensionen der Forschungssituation in den von ihm angestellten Analysen keine signifikanten Korrelationen auftreten, in erster Linie mit der Meßproblematik dieser Variablen zusammenhängt. In diesem Sinne haben erste Interpretationen einer umfangreichen empirischen Untersuchung der UNESCO über die Effektivität von Forschungsgrundeinheiten versucht, die Vergleichbarkeit der 1200 Forschergruppen über eine Klassifikation nach Spezialgebieten und nach ihrer institutionellen Organisationsform zu erreichen (Cole, 1979). Die Schlußfolgerungen aus der Interpretation nach diesen beiden Gesichtspunkten weisen ausdrücklich darauf hin, das Entwicklungsniveau der disziplinären Fachrichtung und der wissenschaftlichen Problembearbeitung zu erfassen. Die bislang zugrunde gelegte Typologie läßt die Vorstellung erkennen, eine Forschergruppe ergäbe, unabhängig davon, zu welchem Zeitpunkt sie erfaßt würde, ein gleiches Bild. Dem widersprechen Erfahrungen über die wissenschaftliche Arbeit in kleinen Forschergruppen. Ausgehend von Fallstudien über die Herausbildung und Entwicklung von Wissenschaftsdisziplinen (Lemaine, Macleod, Mulkay und Weingart, 1976; Bantz, 1980; Gey, 1983; Guntau und Laitko, 1987; Buttker, 1988) sowie über den Zusammenhang kognitiver und sozialer Strukturen in Laboratorien (Lynch, 1985; Shinn, 1982) wird nahegelegt, die unterschiedlich vorhandenen Voraussetzungen zur Bearbeitung von Problemen in den verschiedenen Phasen einer Forschungssituation in ihrer Auswirkung auf Besonderheiten des kooperativen Verhaltens im Rhythmus der Forschung zu untersuchen. Wir möchten im Folgenden als Dimensionen der Forschungssituation in Wissenschaftlergruppen alle Faktoren bezeichnen, die dazu beitragen, Unterschiede in der Gruppenleistung, für die Publikations- und Patentrate als Indikatoren gelten, zu erklären. Bekanntlich haben Indikatoren in der gesellschaftswissenschaftlichen Forschung einen entscheidenden Stellenwert in der Vermittlung von Theorie und Empirie (Berger und Priller, 1982; Weingart und Winterhager, 1984; Daniel und Fisch, 1986; Berger und Wolf, 1989, S. 102 - 111). Ganz allgemein gesehen widerspiegeln Indikatoren Sachverhalte, aber im Unterschied zu Aussagen kommt ihnen die Eigenschaft zu, empirische Entsprechungen der als wesentlich bestimmten Merkmale des

Untersuchungsobjektes zu sein. Trotz unterschiedlichen Gebrauchs von Indikatoren wird diese Eigenschaft - empirisches Äquivalent gesellschaftlicher Erscheinungen zu sein - auch allgemein anerkannt. So resultiert für H. Berger (1982, S. 28) die Einführung des Terminus Indikator in die soziologische Wissenschaft aus der Tatsache, "daß viele soziale Erscheinungen, Strukturen und Beziehungen und Prozesse nicht immer empirisch erfaßbar sind, sie aber auf empirisch konstatierbare Merkmale zurückgeführt werden können". Darin liegt auch die Bedeutung von Indikatoren für die wissenschaftswissenschaftliche Forschung. In unserer Untersuchung gingen wir davon aus, daß die Publikationsrate die Leistung der Gruppe charakterisiert. Der Unzulänglichkeit, die mit dieser vereinfachten Annahme verbunden ist, bewußt, ist ein solches Vorgehen vertretbar, wenn die Stichprobe so gewählt wird, daß größere Unterschiede in den die Publizierbarkeit der Resultate bestimmenden Bedingungen auszuschließen sind.

Um regelhafte Beziehungen zwischen Merkmalen der Forschungssituation in den konkreten Arbeitsbedingungen von Wissenschaftlern und Forschergruppen nachzuweisen, sind Felduntersuchungen mit einer statistisch auswertbaren Repräsentativität erforderlich. Zur Erfassung der Forschungssituation in Forschergruppen aus naturwissenschaftlichen Instituten wurde von mir ein eigenständiger Fragebogen entwickelt, der in anderen Darstellungen (Parthey, 1983; 1988) auszugsweise wiedergegeben ist.[6]

Ausgangspunkt für die unten vorgestellte Indikatorgewinnung ist die nach folgenden Merkmalen eingeführte Bestimmung der Forschungssituation: erstens wissenschaftliche Problementwicklung; zweitens ihre Erkenntnis- und Gesellschaftsrelevanz; drittens Methodenentwicklung; viertens tatsächliche Verfügbarkeit ideeller und materieller Mittel zur Bearbeitung des Forschungsproblems. Zur empirischen Analyse genannter Merkmale wurde versucht, wenigstens je einen Indikator zu entwickeln und zu testen. So versuchten wir, die Problementwicklung durch zwei Indikatoren zu erfassen, und zwar erstens durch die Dynamik des Problemfeldes und zweitens durch die Reaktionszeit auf neue Probleme. Allen anderen Merkmalen der Forschungssituation ordneten wir je einen Indikator zu. Tabelle 4 zeigt Koeffizienten der Rangkorrelation der Publikationsrate mit Indikatoren der Forschungssituation, die im folgenden im einzelnen diskutiert werden.

Tabelle 4:
Korrelation (nach Spearman) der Publikationsrate mit Indikatoren der Forschungssituation in 56 Gruppen aus den Instituten In (n = 1, ... ,4) der Akademie der Wissenschaften der DDR Anfang der 80er Jahre).

	1	2	3	4	5	6
1. Dynamik des Problemfeldes	1.00					
2. Reaktionszeit auf neue Probleme	-0.14	1.00				
3. Relevanz für Erkenntnis und Gesellschaft	0.02	<u>0.25</u>	1.00			
4. Methodenentwicklung nach Neuerungsrate	-0.02	-0.15	0.19	1.00		
5. Verfügbarkeit an Wissen und Gerät	0.11	0.16	<u>0.38</u>	0.17	1.00	
6. Publikationsrate	-0.03	<u>0.24</u>	<u>0.36</u>	-0.03	<u>0.24</u>	1.00

Unterstrichene Koeffizienten sind mit 5 Prozent Irrtumswahrscheinlichekit signifikant.

2.1 Dynamik des Problemfeldes und Reaktionszeit

Problemfelder der Forschung, wie sie in Wissenschaftlerkollektiven gegeben sind, sind ideelle Gebilde mit inhaltlicher Bedeutung, Komplexitätsgrad und anderen qualitativ bestimmten Merkmalen. Da gegenwärtig keine Möglichkeit besteht, ihre Struktur quantifiziert in wissenschaftstheoretische Untersuchungen einzubringen, wird mit Hilfe von Schätzskalen versucht, erstens den subjektiv erlebten Schwierigkeitsgrad oder die Adäquatheit verschiedener Formulierungen eines Problems im Kollektiv oder zweitens die zeitliche Veränderung in den Prioritäten nach Erkenntnis- und Gesellschaftsrelevanz zu erfassen. Ersteres war zum Beispiel in den von H.Hiebsch (1977) geleiteten Analysen der Fall, die zu dem Ergebnis führten, daß es zwischen dem "Schwierigkeitsgrad des Problems" und allen anderen Dimensionen untersuchter Forschergruppen keine signifikanten Korrelationen gibt, wie Tabelle 3 zeigt. Für H.Hiebsch (1977, S. 30) war es "zu erwarten, daß die verschiedenen und sicher oft divergierenden Bewertungsgesichtspunkte dazu führen können, daß keine Beziehung zu den anderen Variablen des Gruppenprozesses ermittelt werden kann". Demgegenüber verwendeten unsere Untersuchungen der subjektiv erlebten Schwierigkeit bei der Formulierung von Problemen als Indikator die Interdisziplinarität von Problem und Methode (Parthey, 1983, 1988), die dann vorliegt, wenn die untersuchten Probleme und die zu ihrer Bearbeitung verwendeten Methoden in verschiedenen Theorien formuliert und begründet sind. Dieser Indikator führte zu signifikanten Korrelationen mit anderen Variablen der interdisziplinären Problembearbeitung (Geißler, 1985), wie Tabelle 5 zeigt. Dabei werden je nach Distanz zum Objektbereich der

Tabelle 5:
Korrelationsmatrix der Variablen interdisziplinärer Problembearbeitung in 56 Gruppen aus biowissenschaftlichen Instituten der Akademie der Wissenschaften der DDR Anfang der 80er Jahre

	1	2	3	4	5	6
1. Interdisziplinarität von Problem und Methode	1.00					
2. Verteilung der Kompetenz	<u>0.40</u>	1.00				
3. Koautorenschaft	<u>0.39</u>	0.18	1.00			
4. Selbstbestimmung	<u>0.27</u>	-0.26	0.01	1.00		
5. Mitbestimmung	<u>0.46</u>	-0.10	0.08	<u>0.50</u>	1.00	
6. Eigenverantwortung	<u>0.25</u>	-0.21	0.13	<u>0.51</u>	<u>0.33</u>	1.00

Unterstrichene Koeffizienten sind mit 5 Prozent Irrtumswahrscheinlichkeit signifikant.

(Quelle: Geißler, 1985, S. 87)

Forschung, wie G.Tembrock (in diesem Band) ausführt, unterschiedliche Kombinationen von disziplinübergreifender Problemformulierung im Distanzfeld einerseits und von methodischer Verflechtung im Nahfeld anderseits bevorzugt.

Signifikanz in den Korrelationen zwischen Variablen kollektiver Problembearbeitung zeigte sich auch in den Untersuchungen von P.G.Belkin, E.N.Emeljanov und M.A.Ivanov (1987), in denen wechselseitige Bewertungen der Adäquatheit von Formulierungen eines Problems in einer Forschergruppe als Indikator verwendet wurden. Die Analyse der Bewertungsstruktur von Problemformulierungen in Forschergruppen konnte Zusammenhänge zwischen dem Problemaspekt der Forschung und interpersonellen Beziehungen im Kollektiv auf der Grundlage signifikanter Korrelationen nachweisen (Belkin, Emeljanov und Ivanov 1987, S. 40-47).

In unseren Untersuchungen wurden sowohl Schätzskalen zur Dynamik des Problemfeldes als auch Angaben über die Reaktionszeit auf neue Probleme verwendet.[7]

Wie Tabelle 4 zeigt, gibt es zwischen diesem Indikator und anderen Indikatoren der Forschungssituation keine signifikanten Korrelationen.

Anders verhält es sich mit dem Indikator "Reaktionszeit auf neue Probleme". Aufmerksamkeit erfordert vor allem die aus signifikanten Korrelationen zwischen diesem Indikator und der Publikationsrate als auch mit der Bedeutsamkeit der Forschungsergebnisse mögliche Interpretation, daß die Publikationsrate und die Bedeutsamkeit der Forschung höher ist beziehungsweise höher gewertet wird, wenn die zeitliche Differenz zwischen dem in der internationalen Forschung erstmaligen Bekanntwerden einer Problematik und dem Beginn ihrer Bearbeitung in einer Forschungsgruppe der untersuchten biowissenschaftlichen Akademieinstitute größer ist.

Wenn auch einzelne Wissenschaftler bereits frühzeitig an Arbeiten beteiligt waren, aus denen sich international bedeutsame Forschungsgebiete entwickeln konnten, dann war auf der Gruppenebene offensichtlich das Potential zu gering, um das sich neu zu entwickelnde Gebiet durch eigene Forschungen mitzubestimmen. Oft zeigt es sich, daß erst nachdem die neue Richtung international Anerkennung gefunden hat, Arbeitsbedingungen verfügbar gemacht und Gruppen für dies nun nicht mehr neue Gebiet gebildet werden. Ursachen für diese Erscheinung sind sicherlich nicht vordergründig in den Gruppen zu suchen. Sie liegen in der Regel im System der Bewertung und gezielten Förderung neuer, in ihrer Tragfähigkeit noch nicht sicher zu beurteilender Vorhaben. Oft sind bedeutsame Neuentwicklungen in der Wissenschaft in ihren Anfängen nur erkenntnisrelevant und werden oft nur von einer kleinen Gruppe zuständiger Spezialisten verstanden. Wenn es aber um Prioritäten in der Verteilung von Kader- und Gerätepotential geht, ist das wissenschaftliche Interesse einer kleinen Gruppe hochspezialisierter Forscher meist nur ein schwaches Argument. Damit ergibt sich die Frage, wie Bedeutsamkeit festgestellt wird und wie sie die Verfügbarkeit an Wissen und Forschungstechnik reguliert.

2.2. Relevanz für Erkenntnis und Gesellschaft

In der Befragung hatten die Wissenschaftler ihre Forschung danach zu beurteilen, ob die Problemstellung und die Ergebnisse den internationalen Standard repräsentieren (d.h. tragen sie zur Entwicklung der Disziplin und Spezialgebiete bei) und ob die Ergebnisse Bedeutung für die Anwendung haben.[8]
Die Auswertung der Untersuchung in den genannten vier biowissenschaftlichen Akademieinstituten konnte - wie signifikante Korrelationen in der Tabelle 4 zeigen - den Zusammenhang zwischen einer höheren Relevanz und einer höheren Publikationsrate bei höherer Verfügbarkeit sichern. Auf diese grundsätzliche Beziehung möchten wir später zurückkommen, wenn der Indikator "Verfügbarkeit an Wissen und Gerät" erörtert wird. Betrachten wir jetzt noch einmal den in der Tabelle 4 signifikanten Befund, daß die Bedeutsamkeit höher gewertet wird, wenn die Reaktionszeit auf neue Probleme größer ist.
Von Interesse ist, daß die Forschungen von Gruppen, die an international neuartigen Vorhaben arbeiten, alle möglichen

Bedeutsamkeiten aufweisen. Darin drückt sich die objektiv bedingte Unsicherheit aus (Tatarinov, 1986); möglicherweise spricht das auch dafür, daß Arbeitsergebnisse auf neuesten Gebieten ihre Bedeutung erst später erhalten. Die Forschungen der Gruppen, die nach mehr als anderthalb Jahrzehnten des international gesehenen Beginns einer neuen Problematik mit eigenen Arbeiten begonnen haben, waren nach den ermittelten Einschätzungen von sehr hoher, hoher und mittlerer Bedeutsamkeit. Darin kommt offenbar die Tatsache zum Ausdruck, daß die Bedeutsamkeit international gesichert war und die eigene Arbeit aus Gründen der Wissenschaftsentwicklung und geforderten Anwendungen erzwungen wurde. In diesen Fällen läßt sich auch die Bereitstellung von Mitteln überzeugender begründen, worauf die signifikante Korrelation zwischen Bedeutsamkeit und Verfügbarkeit hinweist. Die Forschungen der Gruppen, die sehr niedrige beziehungsweise niedrige Verfügbarkeit angegeben hatten, waren nach den ermittelten Einschätzungen von sehr geringer, geringer und mittlerer Bedeutung. Die Forschungen von Gruppen, die eine hohe und sehr hohe Verfügbarkeit angegeben hatten, waren nach den ermittelten Einschätzungen von sehr hoher, hoher und mittlerer Bedeutsamkeit. In diesen Tendenzen drückt sich offensichtlich unter anderem aus, daß von den denkbaren Bearbeitungsmöglichkeiten von Problemen nur die realisiert werden können, für die die entsprechenden Mittel tatsächlich zur Verfügung gestellt werden. Die Entscheidung darüber ist letztlich abhängig von der Bewertung der zu bearbeitenden Probleme nach dem Beitrag ihrer möglichen Lösung sowohl für den Erkenntnisfortschritt als auch für die Lösung von gesellschaftlichen Praxisproblemen. In dieser Wechselwirkung zwischen Verfügbarkeit und Bedeutsamkeit kommt ein grundsätzlicher Zusammenhang zwischen Wissenschaft und Gesellschaft einerseits und zwischen international bedeutsamem Erkenntnisfortschritt und forschungstechnischem Neuerungsprozeß zum Ausdruck. Für letzteren wurde der Indikator "Niveau der Methodenentwicklung" nach Zu- und Abnahme methodischer und forschungstechnischer Neuerungen in die Untersuchung eingeführt.

2.3. Niveau der Methodenentwicklung nach Neuerungsraten

In der naturwissenschaftlichen Forschung hängt die Tiefe des erkennenden Vordringens von verfügbaren technischen Mitteln ab, mit denen sich sowohl der Bereich experimenteller Einwirkungen auf die Natur als auch der Bereich der Wahrnehmung durch menschliche Sinne und die Verarbeitungskapazität erhaltener Informationen prinzipiell erweitern läßt. Dabei werden die Leistungsgrenzen der herkömmlichen Forschungstechnik entsprechend der Entwicklung der Problemfelder der Forschung und nach Maßgabe der zu ihrer Bearbeitung erforderlichen Methodenentwicklung in eigener technischer Entwicklungsarbeit durchbrochen.

In unseren Untersuchungen haben wir einen Indikator "Niveau der Methodenentwicklung" nach Zu- und Abnahme methodischer und forschungstechnischer Neuerungen entwickelt und getestet. Das Niveau der Methodenentwicklung wird in der Befragung eingeschätzt nach dem Anteil, den die Entwicklung neuer Methoden bei der Bearbeitung eines Problems im Verhältnis zur Nutzung bereits vorhandener Methoden hat.[9]

Aus der Kombination der Zu- beziehungsweise Abnahme methodischer und forschungstechnischer Neuerungen für beide genannten Zeiträume ergeben sich folgende vier charakteristischen Verläufe:

Erstens, nur in den letzten drei Jahren eine Zunahme methodischer Neuerungen, davor Abnahme. Dieser Gesamtverlauf charakterisiert die Befindlichkeit zum Zeitpunkt der Befragung als Phase der beginnenden Methodenneuentwicklung.

Zweitens, sowohl in den letzten drei als in den zwei Jahren davor eine Zunahme methodischer Neuerungen. Diese über fünf Jahr anhaltende Methodenneuentwicklung zur Bearbeitung des Problems, mit dem sich zur Zeit der Befragung Wissenschaftler beschäftigen, kann als zweite Phase methodischer Problembearbeitung in der Forschung aufgefaßt werden.

Drittens, nur in den letzten drei Jahren eine Abnahme methodischer Neuerungen, davor Zunahme. Und schließlich, viertens sowohl in den letzten drei als auch in den zwei Jahren davor eine

Abnahme methodischer Neuerungen. Die beiden letztgenannten Gesamtverläufe drücken nachlassende beziehungsweise anhaltend nachlassende Methodenneuentwicklung aus, die charakteristisch für eine dritte Phase methodischer Problembearbeitung in der Forschung sind.[10]

Nun weist der Indikator "Niveau der Methodenentwicklung", wie Tabelle 4 zeigt, keine signifikanten Korrelationen mit den anderen Indikatoren der untersuchten Forschungssituation auf. Interessant ist jedoch eine nach den genannten Phasen getrennte Analyse von Korrelationen zwischen der Publikationsrate und einem Komplex von Indikatoren der Forschungssituation wie Reaktionszeit auf neue Probleme, Bedeutsamkeit und Verfügbarkeit. Tabelle 6 weist einige signifikante Korrelationen zwischen diesen Indikatoren je nach Phasenbefindlichkeit aus. Darunter die im gesamten Untersuchungsgebiet signifikanten und bereits

Tabelle 6:
Korrelation (nach Spearman) der Publikationsrate mit Verfügbarkeit und Relevanz sowie Reaktionszeit auf neue Probleme nach Phasen der Problembearbeitung in Gruppen aus den biowissenschaftlichen Instituten In (n = 1, ... ,4) der Akademie der Wissenschaften der DDR Anfang der 80er Jahre

1 - Publikationsrate
2 - Verfügbarkeit an Wissen und Gerät
3 - Relevanz für Erkenntnis und Gesellschaft
4 - Reaktionszeit auf neue Probleme

		Phase A	Phase B	Phase C
		Rate methodischer Neuerung		
		zunehmend	gleichbleibend	abnehmend
Gruppen	56	25	21	11
Korrelation				
1 - 2	0.24	0.39	0.16	0.35
1 - 3	0.56	0.56	0.41	-0.13
1 - 4	0.24	0.38	0.18	0.07
2 - 3	0.36	0.59	0.26	-0.01
2 - 4	0.16	0.17	0.11	0.50
3 - 4	0.25	0.42	0.26	-0.24

Unterstrichene Koeffizienten sind mit 5 Prozent Irrtumswahrscheinlichkeit signifikant.

diskutierten Korrelationen zwischen der Reaktionszeit auf neue Probleme, Bedeutsamkeit, Verfügbarkeit und der Publikationsrate, und zwar interessanterweise vor allem für die Phase beginnender Methodenneuentwicklung.
Weiterhin zeigt Tabelle 6, daß Gruppen, die sich in der Phase abnehmender Rate methodischer Neuerungen befinden, eine signifikante Korrelation zwischen erhöhter Verfügbarkeit und verlängerter Reaktionszeit auf neue Probleme aufweisen. Das weist für die untersuchten biowissenschaftlichen Akademieinstitute auf eine Tendenz des Verharrens in der Bearbeitung des gewählten Problemfeldes hin. Dieser Tendenz sind spezifische Forschungsaktivitäten entgegenzusetzen. Damit wird eindringlich auf Möglichkeit und Notwendigkeit der Intensivierung der Forschung durch Beachten der zeitlichen Bestimmtheit von Phasen der Forschung und Einhalten des Rhythmus ihrer Aufeinanderfolge in international üblichen Zeitmaßstäben orientiert, insbesondere auf den zügigen Übergang von einer Auslaufphase in der Bearbeitung eines wissenschaftlich ausgeschöpften Problemfeldes zu einer Anfangsphase in der Bearbeitung neuer Problemfelder. Diese Annahme bezieht sich auf einen Grundzyklus des Problemlösens in der Grundlagenforschung.
In diesem Zusammenhang sind auch Häufigkeiten in den Antworten bezüglich der Verwendung neuer Geräte und Zusatzgeräte, die wir gesondert ausgewertet haben, zu beachten . Aus dem prozentualen Anteil der Wissenschaftler, die mit neuen Geräten und Zusatzgeräten international führende Ergebnisse erreichten, kann eine Neuerungsrate der Forschungstechnik beim Erreichen international führender Ergebnisse gebildet werden. In ähnlicher Weise läßt sich eine Neuerungsrate in der Bezugsebene international origineller Forschungsarbeiten bestimmen. Vergleiche zwischen beiden Raten legen nahe, von einem zeitlichen wie größenmäßigen Vorlauf forschungstechnischer Neuerungen in den Arbeitsbedingungen gegenüber ihrer Nutzung beim Erreichen von Ergebnissen auszugehen. Dies gilt besonders in der Phase der beginnenden Methodenentwicklung zum neu gestellten Problem. In der abschließenden Phase eines Grundzyklus des Problemlösens in der Forschung verschwindet dieser Unterschied, mit anderen Worten:

Die in der Forschungsarbeit zu einem definierten Problemfeld hervorgebrachten forschungstechnischen Neuerungen werden in den Forschungsergebnissen absorbiert, nachdem die forschungstechnischen Neuerungsraten in der Phase gleichbleibender beziehungsweise bereits abnehmender Methodenneuentwicklung ihren Höhepunkt überschritten haben.

2.4. Verfügbarkeit an Wissen und Gerät

Wegen der Vielfalt der möglichen Zusammenhänge von Problem und Methode einerseits und der Begrenzung der von der Gesellschaft zur Verfügung gestellten Forschungsmittel und Kräfte andererseits können bekanntlich von den im Zusammenhang von Problem und Methode denkbaren Möglichkeiten der Forschung stets nur die realisiert werden, für die im eingeschränkten Sinne tatsächlich Wissen und Gerät verfügbar sind.
Der von uns in die Untersuchung eingeführte Indikator "Verfügbarkeit an Wissen und Gerät" ergibt sich aus Einschätzungen befragter Wissenschaftler über die Verfügbarkeit der wissens- und gerätemäßigen Voraussetzungen für die Bearbeitung des gerade zu lösenden Problems sowohl im Vergleich mit internationalen Möglichkeiten als auch im Vergleich mit den im Verlauf der Forschungsarbeiten im Institut gegebenen beziehungsweise absehbaren Möglichkeiten sowie über das Ausmaß, in dem diese wissens- und gerätemäßigen Möglichkeiten von jedem einzelnen Bearbeiter erreicht sind.
Die Verwendung dieses Indikators in unserer Untersuchung erbrachte signifikante Korrelationen mit Bedeutsamkeit und Publikationsrate, wie Tabelle 4 zeigt, deren Diskussion wir bereits im Zusammenhang mit diesen Indikatoren begonnen haben. Beinhaltet die Forschungssituation den Komplex objektiver Arbeitsvoraussetzungen für das Forschungssubjekt beim Bearbeiten und Lösen von Forschungsproblemen, so wird das praktisch Machbare in der Forschung, die tatsächliche Verfügbarkeit an wissens- und gerätemäßigen Voraussetzungen zur Problembearbeitung letztlich von der Problemrelevanz reguliert - das kommt in

unserer Untersuchung in den signifikanten Korrelationen sowohl zwischen Bedeutsamkeit und Verfügbarkeit als auch beider mit der Publikationsrate zum Ausdruck. Erscheint Verfügbarkeit dabei nur als Voraussetzung, Problemrelevanz als Regulativ dafür und Bedeutsamkeit der Ergebnisse als Resultat, so ist auch der gegenläufige Zusammenhang von Wichtigkeit: Hohe Verfügbarkeit ist selbst Resultat der vorangegangenen Leistungen der Gruppe und beeinflußt Entscheidungen in der Verteilung von Forschungsmitteln. Um also den Anteil von Forschungen mit kürzerer Reaktionszeit auf neue Probleme zu erhöhen, wie es auch anhand der untersuchten biowissenschaftlichen Institute zu unterstreichen ist, müssen erbrachte Leistungen der Forschergruppe offensichtlich mehr zum Maßstab für die Bereitstellung eines ausreichenden Potentials gemacht werden, und zwar insbesondere dann, wenn die Erkenntnisrelevanz zwar hoch, die Gesellschaftsrelevanz jedoch noch nicht genügend erwiesen ist.
Der Indikator Verfügbarkeit an Wissen und Gerät wurde von anderen in ihrer Analyse vor allem für Untersuchungen über die Adaption der Kooperationsstruktur an den Forschungsprozeß verwendet (Kretschmer, 1987).

3. Innovation und Leistungsverhalten in der Forschung

Wie die industrielle Revolution im 18. und 19. Jahrhundert, so ist auch die Mitte des 20. Jahrhunderts einsetzende wissenschaftlich-technische Revolution mit einem bedeutenden Aufschwung der Produktivkräfte verbunden. Entdeckungen und Erfindungen führen immer wieder zu neuen Lösungen für das technisch Machbare.
Der historische Vorgang der Produktivkraftentwicklung ist seiner Grundlage nach die ökonomische Verwertung neuester wissenschaftlicher Erkenntnisse und technischer Erfindungen. Bekanntlich weist Marx in seinem Hauptwerk "Das Kapital" nach, daß das Ziel der kapitalistischen Produktion beständig mit dem zu seiner Realisierung angewandten Mittel in Konflikt gerät: Die Produktivkraftentwicklung, als Voraussetzung und Mittel der

Profitproduktion stellt zwar einerseits die Kapitalverwertung in Frage, aber andererseits löst der tendenzielle Fall der Profitrate einen schrankenlosen Trieb zur Entwicklung der Produktivkräfte in der Konkurrenz aus, womit das individuelle Kapital auf Kosten anderer, im weiteren Sinne ein kapitalistisches Land auf Kosten anderer Länder, durch die Erzielung eines Extrapreises der wohlfeileren Waren auf dem Weltmarkt für sich die Profitschranke zu überwinden sucht. In diesem Prozeß haben sich, worauf neuerliche Analysen von Ch. Freeman (1987, S. 1) hinweisen, zunehmend "nationale Systeme der Innovation" ausgeprägt, mit national unterschiedlichem Erfolg. Darüber sind in den letzten Jahre weitere Untersuchungen vorgestellt worden (vgl. Freeman, 1988; Lundvall, 1988). Auch in der Deutschen Demokratischen Republik ist die Diskussion dazu in Gang gekommen: Ausgehend von den wissenschaftlichen Aufgaben in Hinblick auf Innovationen (Fratzscher und Krug, 1987) werden Probleme der Innovation in der sozialistischen Volkswirtschaft (Haustein, Ivanov und Kinze, 1988) bis hin zu Fragen nach Innovationsbetrieben (Partuschke, 1989, S. 561; Brink und Schilling, 1989) und nach inneren Triebkräften der Wirtschaftseinheiten des Landes (Albrecht, 1989; Ardenne, 1989) aufgeworfen. Zu einem nationalen Innovationssystem gehören unter anderen auch nationale Leistungszentren der Forschung.

Wir verstehen unter Forschung eine zielgerichtete wissenschaftliche Tätigkeit, die mit Hilfe angemessener Methoden zur Erarbeitung reproduzierbarer neuer Ergebnisse zwecks Aufstellung und Wahrheitsbestätigung rational begründeter Hypothesen, Theorien und Gesetzeserkenntnisse durchgeführt wird. Das Ziel der Forschung, neue Erkenntnisse zu gewinnen, die zur Lösung von Problemen der gesellschaftlichen Praxis beitragen, besteht letztlich darin, gesellschaftliche Bedürfnisse besser zu befriedigen und damit auch neue zu wecken. Darin liegt zugleich der humanistische Charakter der Wissenschaft begründet.

Nun können die Probleme und Widersprüche, die jeder Fortschritt und erst recht revolutionäre Vorgänge in der Entwicklung der Produktivkräfte aufwerfen, besser im Sinne des Humanismus gelöst werden, wenn die Erarbeitung von Strategien wissenschaft-

lich-technischer Neuerungsprozesse und ihrer sozialen Auswirkungen zu einem wirksamen Instrument der Gestaltung gesellschaftlicher Prozesse wird. Strategien zur Entwicklung des wissenschaftlich-technischen Fortschritts entsprechend humanistischer Zielsetzungen erfordern wissenschaftliche Objektivität beim Erkennen erwünschter und unerwünschter Auswirkungen im Nah- und Fernbereich (Parthey, 1984). In diesem Sinne ist Humanismus in vielfacher Weise an wissenschaftliche Objektivität gebunden, was es unserer Meinung nach nicht gestattet, bei der Klärung von Zweck und Ziel wissenschaftlicher Arbeit auf das erkenntnistheoretische Problem der Objektivität zu verzichten.
Die Wissenschaftspolitik im Sozialismus ist erklärtermaßen darauf gerichtet, die Wissenschaft so zu entwickeln, daß ihr fortschrittsfördernder und humanistischer Charakter voll zur Wirkung gelangen kann. Im Verantwortungsbewußtsein von Wissenschaftlern können und sollen sich die Einhaltung von Kriterien wissenschaftlicher Objektivität beim Gewinnen, Vermitteln und Anwenden von Gesetzeserkenntnissen mit einem Engagement für die von der sozialistischen Gesellschaft der Wissenschaft gesetzten Ziele verbinden. Verstanden als Schaffen eines theoretischen Vorlaufes für wissenschaftlich-technische Neuerungen in der Produktion materieller Güter, als Erweiterung des Erkenntnishorizontes der sozialistischen Gesellschaft, erhält die Förderung des Interesses am und des Vermögens zum unbeschränkten Formulieren und Bearbeiten wissenschaftlicher Problemfelder ihren legitimen Platz im Rahmen der sozialistischen Wissenschaftspolitik, in der das von Engels (Feuerbach, S. 307) ausgesprochene Prinzip gilt: "... je rücksichtsloser und unbefangener die Wissenschaft vorgeht, desto mehr befindet sie sich im Einklang mit den Interessen und Strebungen der Arbeiter."
Untersuchungen über das Leistungsverhalten bei der Durchsetzung des wissenschaftlich-technischen Fortschritts unterstreichen, daß das Engagement jedes an der Forschung Beteiligten mit dem praktischen Erleben der Bedeutsamkeit seines Anteiles am Gesamterrgebnis wächst (Hahn, Naumann und Welskopf, 1985; Hahn und Welskopf, 1988; Lötsch, 1988). In diesem Zusammenhang möchten wir insbesondere auf Innovationen als Beitrag zum auf

eigenen Leistungen beruhenden Wachstum des verfügbaren Nationaleinkommens eingehen.

3.1. Innovation als Bedingung zur Erhöhung des verfügbaren Nationaleinkommens

In letzt(Zeit mehren sich Forderungen, die Anstrengungen zu verstärk-n, um den Beitrag der Betriebe und Kombinate der DDR für ein höchstmögliches verfügbares Nationaleinkommen zu vergrößern. [11] Dabei wird auf das Erfolgsgeheimnis jener Kombinate und ihrer Betriebe hingewiesen, die den höchsten Beitrag zum verfügbaren Endprodukt leisten: beständige Erneuerung der Erzeugnisse entsprechend den Bedürfnissen der Märkte plus Erneuerung der Technologien zur Senkung der Kosten. Versuchen wir im folgenden diesen Sachverhalt für das Verständnis von Innovationen in der sozialistischen Volkswirtschaft zu erschließen.
Bekanntlich wird das Nationaleinkommen, also der durch Arbeit neugeschaffene Wert eines Landes, in der Deutschen Demokratischen Republik über den Volkswirtschaftsplan und den Staatshaushalt zur Konsumtion und Akkumulation im Land aufgeteilt. Mit diesem Prozeß verbunden wird ein gewichtiger Teil des produzierten Nationaleinkommens über den Export sowohl stofflich als auch wertmäßig realisiert und über den Import stoflich entsprechend den Bedürfnissen der nationalen Reproduktion umstrukturiert. Die Produktivkräfte und der Grad der Vergesellschaftung der Arbeit haben sich über die nationalen Volkswirtschaften hinaus derart weit entwickelt, daß die von ihnen erbrachten Vorleistungen für den wissenschaftlich-technischen Fortschritt nur über den Weltmarkt zurückerstattet werden können. K.Marx spricht davon, daß neben "die bewußte technische Anwendung der Wissenschaft" ... "die Verschlingung aller Völker in das Netz des Weltmarktes" tritt (Marx, Kapital I, S. 790).
Dabei gibt es drei Möglichkeiten:
Erstens: Die importierten Güter können wertmäßig durch die exportierten Güter ausgeglichen werden.
Zweitens: Wegen der in der Innovationskonkurrenz auf dem Welt-

markt geringeren Wohlfeilheit der exportierten Waren gegenüber den importierten muß für ein gegebenes Importvolumen ein zum nationalen Wert hohes Exportvolumen erwirtschaftet werden. Dadurch werden die enormen Vorleistungen für die international gesehene Originalarbeit ausländischer Betriebe und Volkswirtschaften ökonomisch gerechtfertigt.

Und drittens: Bei höherer Wohlfeilheit der exportierten Waren gegenüber den importierten reicht es für den Erhalt eines gegebenen Importvolumens aus, ein zum nationalen Wert geringeres Exportvolumen bereitszustellen. Dadurch werden die enormen eigenen Vorleistungen für Originalarbeit ökonomisch gerechtfertigt.

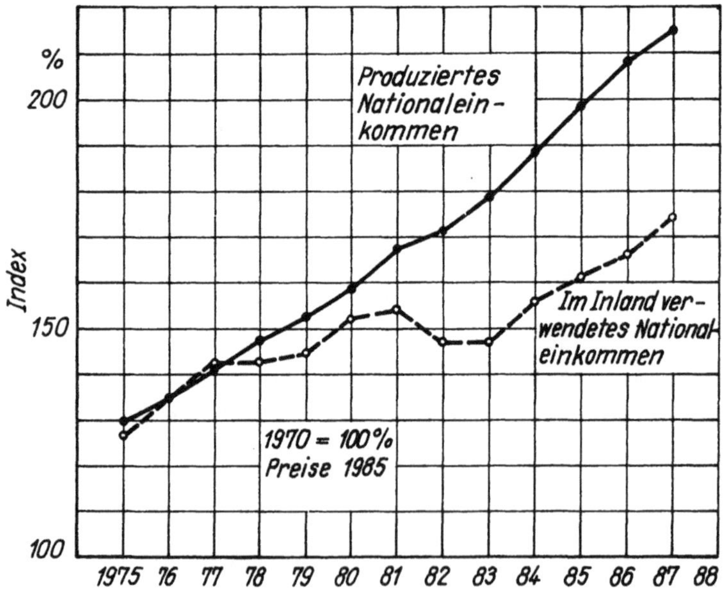

Abb. 12:
Produziertes und verwendetes Nationaleinkommen der DDR (1970 = 100 Prozent, Preise von 1985; nach: Statistisches Jahrbuch der DDR 1988)

Marx geht davon aus, daß jedes neue Produktionsverfahren "verwohlfeilert die Waren", womit diese "vielleicht über ihren Wert" verkauft werden können. Der Produzent verwohlfeilerter Waren "steckt die Differenz ein, die zwischen ihren Produktionskosten und dem Marktpreis der übrigen " besteht (Marx, Kapital III, S. 275). "Sobald die neue Produktionsweise anfängt, sich auszubreiten, und damit der Beweis tatsächlich geliefert ist, daß diese Waren wohlfeiler produziert werden können, müssen die Kapitalisten, die unter den alten Produktionsbedingungen arbeiten, ihr Produkt unter ihrem vollen Produktionspreis verkaufen, weil der Wert dieser Ware gefallen ist, die von ihnen zur Produktion erheischte Arbeitszeit über der gesellschaftlichen steht" (Marx, Kapital III, S. 275).
Schließlich kommt eine Phase, wo "abgesehen vom Umfang des fungierenden Kapitals, beßre Arbeitsmethoden, neue Erfindungen, verbesserte Maschinen, chemische Fabrikgeheimnisse etc., kurz neue, verbesserte, über dem Durchschnittsniveau stehende Produktionsmittel und Produktionsmethoden angewandt werden. Die Verminderung des Kostpreises und der daraus entfließende Surplusprofit entspringen hier aus der Art und Weise, wie das fungierende Kapital angelegt wird. ... - ein Umstand, der wegfällt, sobald sich die exzeptionelle Produktionsweise verallgemeinert oder von noch mehr entwickelter überflügelt wird" (Marx, Kapital III, S. 657).
Grundsätzlich setzt sich "die Bestimmung des Wertes durch die gesellschaftlich notwendige Arbeitszeit" auch " in der Verwohlfeilerung der Waren und dem Zwang, die Waren unter denselben günstigen Verhältnissen herzustellen" durch. (Marx, Kapital III, S. 657).
Von den oben genannten drei Fällen trifft für die Deutsche Demokratische Republik seit Jahren der zweitgenannte zu (vgl. Abb.12). So betrug das produzierte Nationaleinkommen in der DDR 1985 das Achtfache im Vergleich zu 1950 und hat sich im Jahr 1985 gegenüber 1970 verdoppelt. Auch das im Inland verwendete Nationaleinkommen ist im genannten Zeitraum gestiegen: es hat sich 1985 im Vergleich zu 1950 versiebenfacht und 1985 gegenüber 1970 veranderthalbfacht. Insgesamt gesehen ist das Wachstum

des im Inland verwendeten Nationaleinkommens unter dem des produzierten Nationaleinkommens geblieben. Mögen die Gründe für diese auseinanderführenden Wachstumstendenzen noch so verschiedenartig sein (Steinitz, 1987; 1988), zusammengeführt werden können diese Tendenzen nur durch eine Erhöhung der Innovationskraft der Volkswirtschaft. Das Wesen von Innovationen in der Wirtschaft besteht in der Fähigkeit, daß wissenschaftlich - technische Neuerungen ein höheres Niveau von Gebrauchswert und Produktivität hervorbringen, anders gesagt: Innovation ist in der Produktion ein Prozeß, in dem die Fähigkeit zur ökonomischen Effektivität von älteren Produkten und Verfahren auf neuere übergeht. In diesem Prozeß zerstören technische Neuerungen im technologischen Wettbewerb mit bereits vorhandenen Produkten und Verfahren deren ökonomisches Effektivitätspotential bis ihre - nach K.Marx (Kapital I, S. 337) - "ausnahmsweise Produktivkraft" zu einer allgemein genutzten Produktivkraft geworden ist. Wissenschaftlich technische Neuerungen werden aus volkswirtschaftlicher Sicht nach Phasen ihrer Entstehung, ihrer Ausbreitung und ihrer Vervollkommnung unterschieden. Zur Unterscheidung von Phasen der Innovation eignet sich besonders die Entwicklung des Verhältnisses ($E_{rel.}$) der Effektivität der innovativen Produktionseinheit einerseits und der durchschnittlichen Effektivität des gesamten Produktionsfeldes anderseits, wobei erstere den Zähler und letztere den Nenner bildet. Danach ergeben sich folgende Phasen des Innovationsprozesses in der Wirtschaft: Einführung ($E_{rel.} < 1$), schnelles Wachstum ($E_{rel.} > 1$), Reife ($E_{rel.} \gg 1$), Sättigung ($E_{rel.} > 1$), Veraltung ($E_{rel.} < 1$) (vgl. Abb. 13).
Aus ökonomischer Sicht ist die Phase des schnellen Wachstum von besonderem Interesse, wächst doch in ihr die ökonomische Effektivität der innovativen Produktionseinheit über die durchschnittliche des gesamten Produktionsfeldes beträchtlich hinaus, daß mit einer entsprechenden Masse des Nettoproduktes Extragewinne in einer solchen Höhe realisiert werden, die die enormen Vorleistungen für das Zustandekommen einer Innovation rechtferigen, darunter vor allem die wachsenden Aufwendungen für die Forschungstechnik. Die zeitliche Positionierung der

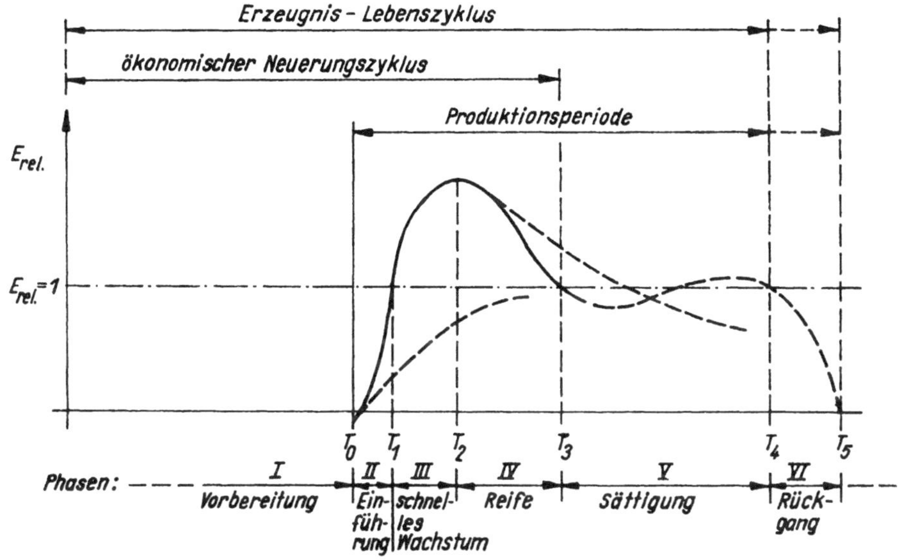

Abb. 13:
Tendenzieller Verlauf der relativen Effektivität im Erzeugnis - Lebenszyklus (nach Schneider, 1987)
($E_{rel.}$: relative Effektivität, T_0:Zeitpunkt der Produktionseinführung neuer Erzeugnisse, T_1: Abschluß des Neuerungsprozesses, T_2: Zeitpunkt des Effektivitätsmaximums, T_3: Abschluß des ökonomischen Neuerungszyklus, T_4: Zeitpunkt des Absinkens der Effektivität unter das durchschnittliche Niveau, T_5: Zeitpunkt der Produktionseinstellung)

Phasen des Innovationsprozesses in der Wirtschaft erfordern das Streben und die Befähigung, wissenschaftlich-technische Problemlösungen zu einem für das Zurückerlangen der forschungsseitigen Vorleistungen günstigen Zeitpunkt zur Grundlage von Innovationen zu machen. Jeder spätere Zeitpunkt verringert die Chance, die enormen Vorleistungen für das Zustandekommen von Innovationen durch Extragewinne auf dem internationalen Markt zu rechtfertigen und das im Inland verfügbare Nationaleinkommen durch eigene Leistungen zu erhöhen. Im Gegenteil, das verfügbare Nationaleinkommen würde tendenziell hinter dem produzierten zurückbleiben. Dem kann nur durch ein eigenes nationales Innovationssystems entgegengewirkt werden, dessen Effektivität durch jene Entdeckungen und Erfindungen bestimmt wird, die wohlüberlegt ökonomisch verwertet werden.

3.2. Reaktionsfähigkeit auf neue Probleme

Ebenso bedeutsam wie das Verhältnis zum Verwendungszweck der Entdeckungen und Erfindungen ist für Forscher das Problemverhalten, das Verhältnis zum ideellen Ausgangspunkt der Forschung.

Der innovative Verwendungszweck von Entdeckungen und Erfindungen steht im Zusammenhang mit Problemsituationen der Forschung. Problemsituationen in der Tätigkeit sind objektive Umstände, die so beschaffen sind, daß ein gesellschaftlich erreichtes Wissen nicht ausreicht, einer von der Praxis hervorgebrachten Anforderung zu genügen. Insgesamt gesehen sind hinsichtlich des Auftretens von Problemsituationen in der gesellschaftlichen Praxis und in der Forschung folgende drei Fälle möglich:

Erstens, es liegt eine Entsprechung zwischen den Problemsituationen in der gesellschaftlichen Praxis und denen in der Forschung vor. Davon ausgehend ist es möglich, unter den bereits formulierten Forschungsproblemen eine entsprechende Auswahl und eine Festlegung der Mittel und Kräfte für ihre Bearbeitung vorzunehmen.

Zweitens, es sind Problemsituationen in der gesellschaftlichen Praxis aufgetreten, denen bislang keine in der Forschung entsprechen. In diesem Fall können die vorhandenen Probleme der gesellschaftlichen Praxis als Orientierung dafür dienen, daß in der Forschung solche Problemsituationen gesucht und herbeigeführt werden, die es gestatten, entsprechende Forschungsprobleme zu formulieren und zu bearbeiten.

Drittens, es liegen Forschungsprobleme vor, denen keine Probleme der gesellschaftlichen Praxis entsprechen. In diesem Fall sind Forschungsprobleme auf Vorrat formuliert worden, deren Bearbeitung weitgehend von ihrer Erkenntnis- und Gesellschaftsrelevanz abhängt. Die Gesellschaftsrelevanz von Forschungsproblemen läßt sich auf Grund von Prognosen über bestimmte Bereiche des gesellschaftlichen Lebens erkennen, ob und wann entsprechende Problemsituationen in der gesellschaftlichen Praxis auftreten werden, und auf Grund von Strategien wissenschaftlich-technischer Neuerungen, ob und wann wissenschaftlich-technische Problemlösungen mit einem aktuell bzw. latent vorhandenen gesellschaftlichen und ökonomisch realisierbaren Bedarf zusammentreffen.

Allgemein gesagt, es müssen die in vielgestaltiger Weise entstehenden gesellschaftlichen Erfordernisse, Forschungsprobleme zu formulieren und zu lösen, auch ein entsprechendes Niveau der Forschung antreffen. Auf Grund der gesellschaftlichen Bedeutsamkeit des jeweiligen Praxisproblems kann aber die Forschung darauf orientiert werden, weiteres Wissen vor allem in dieser Richtung zu gewinnen, damit sobald wie möglich ein dem Praxisproblem entsprechendes Forschungsproblem formuliert werden kann.

Entsteht das Neue zuerst in Form von Problemen und dann im Verlauf ihrer wissenschaftlichen Auflösung in Form von Entdeckungen und Erfindungen, dann weisen Untersuchungen über das Leistungsverhalten in der Industrieforschung darauf hin, " daß die Potenzen des Leistungsprinzips von vornherein, also schon in der Phase der Problemfindung und Aufgabenstellung, wirksam werden." (Kretzschmar, Adler, Glodde, Radtke und Winzer, 1986, S. 165) Nach unseren Analysen gehört zu den Besonderheiten des Leistungsverhaltens von Forschern eine schnelle Reaktionszeit beim Erkennen neuer Probleme als Differenz zwischem dem Jahr des international erstmaligen Auftretens von Forschungsproblemen und dem Jahr der Problemformulierung in der eigenen Forschung (Parthey, 1987).

Dabei wurde ein Verfahren vorgestellt, das es gestattet, institutsweise die kleinste Prozentzahl von Autoren zu erfassen, die mit hohen Publikationsraten zum Beispiel die Hälfte der Anzahl aller Institutspublikationen erreichen, und ermöglicht, die Ausprägung ihrer Forschungssituation mit Mittelwerten entsprechender Merkmale im Institut zu vergleichen.[11] Den institutsweisen Mittelwerten für die Dynamik des Problemfeldes, für die Reaktionszeit auf neue Probleme, für Verfügbarkeit und Bedeutsamkeit können entsprechende Angaben der kleinsten Autorengruppe der Institute gegenübergestellt werden, die mit hohen Publi-

kationsraten die Hälfte der Institutspublikationen erzeugt. Tabelle 7 zeigt die Quotienten im Vergleich von Mittelwerten für Merkmale der Publikationstätigkeit und der Forschungssituation zwischen allen Wissenschaftlern der Institute einerseits und der mit hohen Ergebnisraten im genannten Sinn ausgezeichneten Autorengruppe andererseits. Zu den Besonderheiten des Leistungsverhaltens von Wissenschaftlern mit hohen Publikationsraten gehören im Vergleich zum Institutsmittelwert unserer Untersuchungen eine schnellere Reaktionszeit auf neue Probleme. Die Publikationsrate ist für diesen Kreis von Autoren um das Zwei- bis Dreifache höher als im Mittel für alle Institutsautoren.

Tabelle 7:
Ausprägung der Allein- und Koautorenschaft sowie der Reaktionszeit auf neue Probleme bei Wissenschaftlern mit hohen Publikationsraten in den biowissenschaftlichen Instituten In (n = 1, ... ,4) der Akademie der Wissenschaften der DDR Anfang der 80er Jahre

AG: Gruppe von Autoren, die mit hohen Publikationsraten die Hälfte der Publikationen eines Instituts erzeugt.
AI: Gesamtheit aller Autoren eines Instituts.

	I_1	I_2	I_3	I_4
Anzahl von AG / Anzahl von AI =	0.2	0.2	0.2	0.2
Publikationsrate von AG / Publikationsrate von AI =	2.5	3.4	2.3	2.4
Koautorenschaft von AG / Koautorenschaft von AI =	1.0	1.2	1.0	1.1
Alleinautorenschaft von AG / Alleinautorenschaft von AI =	3.1	6.5	3.6	4.9
Reaktionszeit von AG / Reaktionszeit von AI =	0.4	0.3	0.8	0.3

(Quelle: Parthey, 1987, S. 105).

Von Interesse ist, daß dieser so ausgezeichnete Kreis von Autoren seine hohe Publikationsrate nicht etwa durch eine im Institut vergleichsweise hohe Koautorenschaft erreicht.

Tabelle 8:
Zitationsraten von Publikationen in ausgewählten Ländern auf Gebieten der Chemie und der Biowissenschaften im Zeitraum 1978-1980 (A als vorausgesagte Zitation für Zeitschriften, in denen 1981-1985 von den Ländern publiziert wurde, auf Grund ihrer mittleren Zitationsraten in den Jahren 1978-1980) und 1981-1985 (B als beobachtete Zitation).

	Chemie				Biowissenschaften			
	Prozent Publikationen 81-85	A Zitationsrate 78-80	B Zitationsrate 81-85	B / A	Prozent Publikationen 81-85	A Zitationsrate 78-80	B Zitationsrate 81-85	B / A
USA	22.57%	3.82	4.08	1.07	40.33%	4.09	4.24	1.04
UdSSR	14.97%	0.66	0.62	0.92	3.42	0.60	0.48	0.79
Japan	11.12%	2.63	2.56	0.98	5.66%	3.12	2.69	0.86
BRD	7.39%	2.97	3.15	1.06	5.61%	2.61	2.84	1.09
England	6.42%	3.02	3.24	1.07	10.47%	3.13	3.34	1.07
Indien	5.06%	1.44	1.07	0.75	1.76%	1.49	0.86	0.58
Frankreich	4.86%	2.85	2.73	0.96	4.60%	2.70	2.57	0.95
Kanada	3.18%	3.40	3.54	1.04	4.46%	3.17	3.06	0.97
Italien	3.00%	2.70	2.48	0.90	2.27%	2.69	2.10	0.78
Spanien	1.93%	1.89	1.41	0.75	0.71%	2.73	1.66	0.61
Polen	1.77%	1.81	1.28	0.71	0.52%	1.88	1.36	0.73
CSSR	1.72%	1.67	1.55	0.93	0.63%	1.28	1.03	0.80
Australien	1.55%	3.11	3.25	1.05	2.57%	2.84	2.82	1.00
DDR	1.51%	1.52	1.42	0.93	0.71%	1.36	1.30	0.96
Niederlande	1.44%	3.29	3.68	1.12	1.89%	3.36	3.50	1.04
Schweiz	1.15%	3.60	4.42	1.23	1.32%	3.37	3.88	1.15
Ungarn	0.96%	1.96	1.70	0.87	0.46%	2.09	1.67	0.80
Schweden	0.93%	3.08	3.48	1.13	2.23%	3.12	3.57	1.14
Belgien	0.81%	2.72	2.50	0.92	0.98%	2.97	3.24	1.09
Ägypten	0.68%	1.42	0.95	0.60	0.16%	1.40	0.69	0.49
Israel	0.66%	3.57	2.94	0.82	1.17%	3.14	2.44	0.78
VR China	0.53%	1.14	0.52	0.46	0.21%	1.19	0.55	0.47
Österreich	0.52%	2.29	2.20	0.96	0.59%	1.91	1.91	1.00
Dänemark	0.36%	3.09	3.85	1.25	1.11%	2.90	3.21	1.10
Finnland	0.31%	2.51	2.27	0.90	0.82%	2.83	2.77	0.98
Südafrika	0.33%	2.55	2.00	0.78	0.67%	1.75	1.38	0.79
Norwegen	0.30%	2.80	2.93	1.05	0.67%	2.86	2.92	1.02
Neuseeland	0.27%	3.03	2.74	0.90	0.60%	2.16	1.92	0.89

(Quelle: Braun, Glänzel und Schubert, 1988)

Wie Tabelle 7 zeigt, ist die Koautorenschaft der Gruppen von Autoren, die mit hohen Publikationsraten die Hälfte der Gesamtzahl aller Publikationen eines Instituts erzeugt, ähnlich ausgeprägt wie die Koautorenschaft am Institut überhaupt, d.h. nicht höher. Auf der Ebene einzelner Wissenschaftler muß dagegen, wie Tabelle 7 zeigt, die mehrfach höhere Alleinautorenschaft in der mit hohen Publikationsraten ausgezeichneten Autorengruppe berücksichtigt werden: Offensichtlich schöpfen leimstungsstarke Wissenschaftler die von ihnen zeitiger als von anderen erkannten Problemfelder (teilweise um die Hälfte verkürzte Reaktionszeit) auch zügig selbständig aus.
Statistiken von Publikationen ausgewählter Länder, etwa auf Gebieten der Chemie und der Biowissenschaften, weisen darauf hin, wie Tabelle 8 zeigt, daß Ländern mit geringeren prozentualen Publikationsanteilen auf dem Gebiet der Chemie als unser Land (wie zum Beispiel Niederlande, Schweiz, Schweden, Belgien und Dänemark) nicht nur höhere prozentuale Anteile auf dem Gebiet der Biowissenschaften, sondern auch insgesamt höhere Zitationsraten haben.
Tabelle 8 kann auch so verstanden werden, daß eine ungenügende Reaktion auf neue Problemfelder, die im Übergang von der Chemie zu den Biowissenschaften beziehungsweise im Zusammenhnag mit ihnen formuliert wurden, zur Bearbeitung von Problemen und zur Publikation entsprechender Ergebnisse führt, die international eine geringere Aufnahme (im Sinne der Zitation) als Publikationen zu den neuen Problemfeldern erfahren.
Unserer Annahme entsprechend würde ein grundlegender Faktor der Intensivierung der Forschung selbst in dem Bestreben und der Befähigung bestehen, sich im international angemessenen Rhythmus die Phasen einer Forschungssituation zügig nacheinander zu erarbeiten und nicht in einer von ihnen unvertretbar lange zu verharren.

3.3 Problembearbeitung im internationalen Phasenrhythmus der Forschung

Von allgemeinem Interesse für das Verständnis der Entwicklung von Forschungssituationen ist die Dynamik methodischer und forschungstechnischer Neuerungen in ihrer Auswirkung auf den Wissenszuwachs. Sowohl forschungstechnische Zuwächse als auch Wissenszuwächse können in ihrem zeitlichen Verlauf während des Problemlösens bildlich durch Glockenkurven charakterisiert werden, allerdings sind ihre Maxima zeitlich etwas versetzt: das Maximum forschungstechnischer Zuwächse liegt zeitlich früher als das der Wissenszuwächse. Analog zeitlich versetzt können sich bildlich die Kurven der kumulativen Summen der beiden Zuwächse vorgestellt werden, die einmal den Zuwachs der Verfügbarkeit an Forschungstechnik und zum anderen den Zuwachs an Wissen darstellen. Im Sinne der bereits geäußerten Annahme über die Phasen der Problembearbeitung in Forschungssituationen können folgende Präzisierungen vorgenommen werden:
erstens die Anfangs- oder Einlaufphase der Methodenentwicklung zur Bearbeitung des gestellten Problems (Phase A: zunehmende Rate methodisch-forschungstechnischer Neuerungen und zunehmende Rate an Wissenszuwachs);
zweitens die Phase, in der sich die Wohlformuliertheit des Problems auf einem Niveau der Methodenentwicklung einstellt, das als ausreichend für die Problemlösung eingeschätzt wird (Phase B: gleichbleibende beziehungsweise bereits abnehmende Rate methodisch-forschungstechnischer Neuerungen verbunden mit einer weiterhin zunehmenden Rate an Wissenszuwachs);.
und schließlich drittens die Auslaufphase, in der keine neuen Methodiken und Forschungstechniken zur Bearbeitung des gestellten Problems entwickelt werden, sondern in der mit den bereits entwickelten das gestellte und nun auch wohlformulierte Problem bis zu seiner Auflösung bearbeitet wird (Phase C: abnehmende Rate methodisch-forschungstechnischer Neuerungen und abnehmende Rate an Wissenszuwachs).
Zum Leistungsverhalten in der Forschung gehört es nun, genannte Phasen der Problembearbeitung im international üblichen Rhy-

thmus zügig zu durchlaufen. Um diesen wissenschaftlichen Lebenszyklus von Forschungstechnik deutlich zu erfassen, können genannte drei Phasen A, B und C als Übergänge zwischen folgenden vier Zuständen der "Autorschaft von Geräten" verstanden werden, und zwar insoweit Geräte zur Reproduzierbarkeit von Forschungsergebnissen in der Publikation direkt angegeben und beschrieben sind (Kara-Murza, 1981, 1986; Nesvetailov, 1987): erstens ein Zustand der Autorschaft mit niedrigen Publikations- aber sofort hohen Zitationsraten; zweitens Autorschaft mit hohen Raten sowohl bei Publikation als auch in Zitation; drittens ein Zustand der Autorschaft mit hoher Publikations- aber bereits niedriger Zitationsrate; schließlich viertens Autorschaft mit niedriger Rate sowohl bei Publikation als auch in Zitation. Darauf bezogen sind die Phasen A, B und C einer Forschungssituation als Übergänge zwischen den unter erstens bis viertens genannten Zustände der Autorschaft von Geräten ein Ausdruck dafür, daß die in der Forschungsarbeit zu einem definierten Problemfeld hervorgebrachten forschungstechnischen Neuerungen in den Forschungsergebnissen absorbiert werden und demzufolge wissenschaftlich veralten. So beginnt die Phase A mit einem Zustand der Autorschaft, dem niedrige Publikationsraten aber sofort hohe Zitationsraten eigen sind, und endet mit einem Zustand der Autorenschaft, dem hohe Raten sowohl bei Publikationen als auch in Zitation zukommen. Phase B ist der Übergang vom letztgenannten Zustand zu einem mit hoher Publikations- aber bereits niedriger Zitationsrate, von dem schließlich Phase C zu einer Autorschaft mit niedrigen Raten sowohl bei Publikation als auch in Zitation führt und damit den wissenschaftlichen Lebenszyklus eines Gerätes beendet.

Damit wird für Analysen des Leistungsverhaltens von Forschern ein Bezugsrahmen gesetzt (vgl. Abb. 14), in dem Methoden- und Geräteentwicklung beim Problemlösen ihren Anfang und ihr Ende haben. Überlegungen dieser Art legen nahe, die unterschiedlich vorhandenen Voraussetzungen zur Bearbeitung von Forschungsproblemen in den verschiedenen Phasen einer Forschungssituation in ihren Auswirkungen auf Besonderheiten des Leistungsverhaltens zu untersuchen.

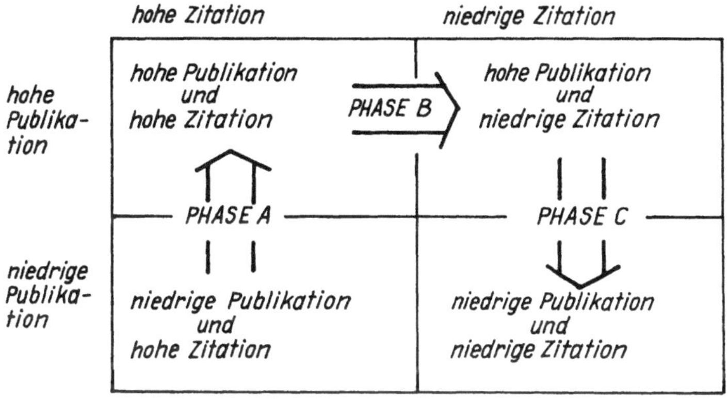

Abb. 14:
Phasen der Forschung (nach Raten der Publikation und Zitation der in ihnen gewonnenen Ergebnisse)

Die von uns durchgeführte Untersuchung (Parthey, 1983, 1988) bestätigt, daß sich Leistungsverhalten und Kooperation von Forschern im Rhythmus der Phasen wissenschaftlichen Problemlösens bedingen. Diese Annahme bezieht sich auf einen Grundzyklus des Problemlösens in der Grundlagenforschung und wurde von anderen in ihren Untersuchungen übernommen und verwendet (Kellner, 1987, S. 129; Kretschmer, 1987, S. 360).

Für einen solchen Zyklus kann als Ausgangspunkt stets eine hohe Problembewertung nach der Erkenntnis- und Gesellschaftsrelevanz und ein geringer Grad der Verfügbarkeit ideeller und materieller Mittel und Kräfte zur Problembearbeitung vorausgesetzt werden. Auf der Grundlage dieses Umstandes dominiert in der Phase A ein umfangreiches und noch suchendes Kooperieren zwischen den Forschern, die das gestellte Problem angenommen haben. In der ständigen Einschätzung darüber, inwieweit die Methodenentwicklung zur Auflösung der gestellten Probleme ausreicht (das heißt mit dem erreichten Niveau kann das zur Problemlösung erforderliche Wissen gewonnen werden) stellt sich eine zweite ruhigere Phase B des kooperativen Verhaltens ein: die Kommunikationen lassen an Umfang nach, die Zielstrebigkeit der Kooperation nimmt in Bezug auf die gesuchte Lösung zu. In der dritten, der Auslaufphase C des Grundzyklus, in der kaum noch Methoden neu entwickelt werden, in der vielmehr mit den bereits entwickelten Methoden das gestellte und nun auch wohlformulierte Problem bis zu seiner Auflösung bearbeitet wird, dürfte die Zielstrebigkeit in der Kommunikation bei nachlassendem Umfang in der Gruppe von Forschern dominieren. Das kooperative Verhalten nimmt dann dramatische Formen an, wenn Forschergruppen angesichts der zu erwartenden Problemlösung sich neuen Problemen zuwenden. Vor allem führt ein Verharren in der Auslaufphase C zwangsläufig zu Unterlassungen im Aufgreifen neuer fruchtbarer Problemstellungen, womit eine Ursache für Verzögerungen in der Reaktionszeit auf neue Probleme internationalen Niveaus gegeben ist, die von der Leistungsbereitschaft abhängt.

Anmerkungen

1 Zum deskriptiven Potential und zu den philosophischen Grenzen des Lakatosschen Konzepts siehe H.Laitko (1987).

2 Über L.Laudans Auffassung von der Wissenschaft als problemlösende Tätigkeit und zu seinem kognitiv verkürzten Fortschrittsbegriff siehe G.Kröber (1987).

3 Interessant für die problemtheoretische Diskussion ist in der Arbeit von R.Weiß (1979) die Verwendung der Ergebnisse der "Theoretiker der Rostocker Tagungen" (vgl. Parthey, Vogel und Wächter, 1966; Parthey, 1970) in der Auseinandersetzung mit den Auffassungen von K.R.Popper (1934; 1972).

4 Zu den philosophischen Voraussetzungen Th.S.Kuhns (1962;

1977) Verständnis der Wissenschaftsentwicklung siehe unter anderen D.Wittich (1978) und R.Mocek (1980).

5 Einen historischen Überblick über diese Kontroverse geben S.R.Mikulinski (1978), R.Mocek (1980) und G.Kröber (1984).

6 Die Erprobung des Fragebogens erfolgte in einer repräsentativen Mehrheit von Instituten der Biowissenschaften der Akademie der Wissenschaften der DDR: Institut für Biochemie der Pflanzen / Halle, Zentralinstitut für Genetik und Kulturpflanzenforschung / Gatersleben, Zentralinstitut für Mikrobiologie und experimentelle Theraphie / Jena, Zentralinstitut für Molekularbiologie / Berlin - Buch. Die Untersuchung fand im Zeitraum von Ende 1979 bis Anfang 1981 statt Erfaßt wurden 65 Forschungsgruppen, von denen die Angaben und Daten in 56 Gruppen auswertbar waren. Insgesamt waren 463 Wissenschaftler in die Untersuchung einbezogen.

7 Der Indikator "Dynamik des Problemfeldes" wird aus der größten Zahl der Differenzen zwischen den geschätzten Rangplätzen eines Forschungsproblems über verschiedene Jahresabstände gewonnen, und zwar für heute, für vor drei, fünf, zehn und schließlich zwanzig Jahren. Zur Charakteristik der Situation in der Forschergruppe wurde der arithmetische Mittelwert der größten Zahl genannter Differenzen verwendet.

8 Die Einschätzungen "Bedeutsamkeit für den Erkenntnisfortschritt" und "Bedeutsamkeit für die Anwendung" werden kombiniert als "Relevanz für Erkenntnis und Gesellschaft" ausgewiesen, die sich danach bestimmt, ob die gerade bearbeitete Problemstellung ein Element eines staatlichen Forschungsprogramms ist oder nicht (1 Punkt möglich), ob in den letzten Jahren die gesellschaftliche Praxisrelevanz (2 Punkte möglich) oder die Erkenntnisrelevanz (4 Punkte möglich) der Problemstellung oder Vorgehensweise verändert wurde.

9 Aus der Einschätzung der prozentualen Anteile der Entwicklung neuer Methoden gegenüber dem Anteil der Nutzung bereits bestehender Methoden, der mit hundert Prozent vorausgesetzt wurde, und zwar zum Zeitpunkt der Befragung, sowie drei und fünf Jahre davor, wurden die Fälle positiver Differenzen sowohl für den Zeitraum der letzten drei Jahre als auch für den Zeitraum fünf Jahre davor gebildet.

10 Für die Ausprägung des nach diesen drei Phasen verstandenen Niveaus der Methodenentwicklung in Forschungsgruppen wird der arithmetische Mittelwert über die Phasennummern in den Einzelangaben verwendet. Im Werteverlauf von 1.0 bis 3.0 kommt dem Mittelwert 2.0 eine ausgezeichnete Bedeutung zu: nach einer Zeit zunehmender methodischer Neuerungen stellt sich nun zwar noch anhaltende Methodenentwicklung ein, jedoch bereits im Sinne eines Übergangs vom nun wohlformulierten Problem zu seiner Auflösung. So befinden sich Gruppen mit einem unter 2.0 liegenden Wert in der ersten Phase und solche mit einem über 2.0 hinausgehend größeren Wert zunehmend in der letzten Phase der Problembearbeitung.

11 So heißt es in den Thesen (Kunz, Brauer, Engert, Proft, Peche, Schulmeister und Weiß, 1988, S. 1450) der Tagung des Wissenschaftlichen Rates für wirtschaftswissenschaftliche Forschung bei der Akademie der Wissenschaften der DDR, Juni

1988: "Die neuen Reproduktionsbedingungen, die im Gefolge der wissenschaftlich - technischen Revolution entstehen, erfordern ein qualitativ neues Herangehen an die Ökonomie der Zeit für die volkswirtschaftliche Reproduktion. Kriterium für die Ökonomie der Zeit ist letztlich das Maß der Anerkennung der gesellschaftlich verausgabten Arbeit bei der Realisierung der Produkte auf dem Weltmarkt." In bezug auf die Funktion der Betriebe und Kombinate unter diesen neuen Reproduktionsbedingungen heißt es weiterhin:: "Die beschleunigte Entwicklung des wissenschaftlich-technischen Fortschritts in den Kombinaten macht es notwendig, die Ergebnisse der Außenwirtschaft entsprechend den volkswirtschaftlichen Erfordernissen stärker in die wirtschaftliche Rechnungsführung und die Eigenerwirtschaftung einzubeziehen. Seit 1971 ist das Ergebnis aus der Exporttätigkeit Bestandteil des einheitlichen Betriebsergebnisses der Kombinate in der DDR. Die Differenz zwischen dem Exporterlös und den dafür notwendigen Aufwendungen bringt die Exportrentabilität zum Ausdruck. Die Rentabilität des Exports hat somit Einfluß auf den Nettogewinn der Kombinate."(Kunz, Brauer, Engert, Proft, Peche, Schulmeister und Weiß, 1988, S. 1456; vgl. auch Hoffmann, Koser und Kupferschmidt, 1988).

Manfred Wölfling

Innovation und Arbeitsprozeß

Das Neue im ökonomischen Reproduktionsprozeß entsteht durch Arbeit. Karl Marx verwendet in seiner Kapitalanalyse die Begriffe einfache und komplizierte Arbeit, die im Zusammenhang mit dem Begriffspaar abstrakte und konkrete Arbeit in enger Relation zur Kategorie des Neuen stehen. Auch im Sozialismus hat die Arbeit diesen Doppelcharakter. Sie ist in ihrer Verausgabung zugleich konkrete und abstrakte Arbeit. Als konkrete Arbeit ist sie eine Kategorie des Arbeitsprozesses und schafft den Gebrauchswert (Qualität). Als abstrakte Arbeit ist sie eine Kategorie des Wertbildungsprozesses und bringt den Wert hervor (Quantität). Bei der Betrachtung des Wertbildungsprozesses ist jedoch ein besonders wichtiger Umstand zu beachten, der bei oberflächlicher Aneignung zu konfusen Auslegungen der marxistischen Theorie führen kann. In ihrer abstrakten, allgemeinen Eigenschaft setzt die Arbeit Neuwert zu, und in ihrer konkreten, besonderen, nützlichen Eigenschaft überträgt sie den Wert der Produktionsmittel auf das Produkt (vgl. Marx, Kapital I, S. 215). Die Eigenschaft, worin die Arbeit während desselben unteilbaren Prozessess Wert erhält, ist wesentlich unterschieden von der Eigenschaft, worin sie Wert schafft (vgl. Marx, Kapital I, S. 216).

Es ist zu zeigen, daß dieser von der abstrakten Arbeit geschaffene Neuwert absolut nichts mit dem Neuen zu tun hat, dem unsere Aufmerksamkeit gilt. Der Neuwert ist lediglich der einem Produkt durch die lebendige Arbeit neu hinzugefügte Wert, der in denselben Zeiträumen und mit derselben Intensität verausgabt zu gleichen Wertgrößen führt.

Einfache Arbeit, d.h. nach K. Marx gesellschaftliche Durchschnittsarbeit (vgl. Marx, Kritik, S. 18), bringt in ihrer abstrakten Form den Neuwert hervor. Komplizierte Arbeit dagegen kann nur in der konkreten nützlichen Form verausgabt werden. Sie bewerkstelligt im Arbeitsprozeß die Steigerung der Arbeitsproduktivität. Da aber der Wertbildungsprozeß gleichzeitig durch die Neuwertschöpfung (durch die einfache Arbeit) und die Wertübertragung charakterisiert ist, wird durch die konkrete nützliche Arbeit einerseits nicht nur der Prozeß der Gebrauchswertentstehung, sondern andererseits auch eben dieser Wertübertragung vollzogen. Damit die Produktionsmittel die vergegenständlichten Werte an das neue Produkt abgeben, sind qualifizierte, geschickte, virtuose beziehungsweise komplizierte Aktionen der lebendigen Arbeit in ihrer nützlichen konkreten Form nötig. Die komplizierte Arbeit ist demzufolge eine Kategorie der konkreten nützlichen Arbeit in ihrer Funktion bei der Produktion von Gebrauchswerten im Arbeitsprozeß und der Wertübertragung im Wertbildungsprozeß. Obwohl sie nicht an der Neuwertschöpfung beteiligt ist, ist sie aber alleinige Quelle der Entstehung des Neuen bedingt durch ihre kreative Komponente.

1. Neuerungen im ökonomischen Reproduktionsprozeß

Im Produktionsprozeß wird sich die Herausbildung von Neuerungen bei einem oder bei einigen Produzenten durch ein höheres individuelles Produktivitätsniveau gegenüber dem gesellschaftlichen Durchschnitt auszahlen. Ehe sich ein höheres individuelles Produktivitätsniveau als gesellschaftlich notwendige Arbeitszeit etablieren kann und damit für die Wertbetrachtung bestimmend wird, solange sich also Produktivitätserhöhungen nicht in einem Sinken des Wertes und damit des Preises je Produkt ausdrücken, kann von diesen Produzenten ein Extragewinn abgeschöpft werden (ausnahmsweise Produktivkraft), da die Arbeit von ausnahmsweiser Produktivkraft als potenzierte Arbeit wirkt oder in gleichen Zeiträumen höhere Werte als die gesellschaftliche Durchschnittsarbeit derselben Art schafft (vgl. Marx, Kapital I, S. 337). Das gilt natürlich nur im oben gebrauchten Sinne (Wertübertragung) und auch deshalb, weil der wirkliche

Wert einer Ware nicht ihr individueller, sondern ihr gesellschaftlicher Wert ist. Jener Extramehrwert verschwindet, sobald die neue Produktivkraft sich verallgemeinert und damit die Differenz zwischen dem individuellen und dem gesellschaftlichen Wert verschwindet (vgl. Marx, Kapital I, S. 337). Den fortschrittlichen Produzenten stehen infolge der Durchschnittsbildung des Wertes auf der anderen Seite Produzenten gegenüber, die eine über der gesellschaftlich notwendigen Arbeitszeit liegende Produktion aufrechterhalten. Was die einen gewinnen, verlieren die anderen. Der Verkauf einer Ware zu ihrem Marktwert bedingt, daß das Quantum gesellschaftlicher Arbeit, das für die Gesamtmasse dieser Warenart verausgabt wird, dem Quantum des gesellschaftlichen Bedürfnisses entsprechen muß (vgl. Marx, Kapital III, S. 202). Es wurde also von den rückständigen Produzenten Arbeit verausgabt, die nicht als wertbildend angesehen werden kann. Die Waren müssen sich als Gebrauchswerte bewähren, bevor sie sich als Werte realisieren können. Es gibt also keinen Grund für die Annahme, daß sich infolge von Neuerungen auch eine zusätzliche Neuwertschöpfung (Arbeitszeit und Intensität als konstant vorausgesetzt) vollziehen müßte. Was sich notwendigerweise vollzieht, sind eine Steigerung der Arbeitsproduktivität sowie eine qualitative und quantitative Veränderung des Gebrauchswertes der Produkte. Nur darin kann sich das Neue manifestieren.
Marx und Engels haben auf diesen Umstand wiederholt hingewiesen. Es ist deshalb um so erstaunlicher, daß die These von der zusätzlichen Neuwertschöpfung durch Neuerungen immer wieder aufgegriffen wird. F. Engels schreibt beispielsweise absolut unmißverständlich: "... die Produktivität der Spinnarbeit versechsfache sich. Als nützliche (qualitative) Arbeit erhält sie in derselben Zeit sechsmal soviel Arbeitsmittel. Aber sie setzt nur denselben neuen Wert zu wie bisher, d.h. in jedem Pfund Garn ist nur 1/6 von dem früher zugesetzten Wert. Als wertbildende Arbeit leistet sie nicht mehr als früher auch" (Engels, Konspekt, S. 264). Bezieht man allerdings die Neuwertschöpfung auf das Produkt und nicht auf die Arbeitszeit, so kann natürlich die je Produkt eingesparte lebendige Arbeitszeit zur Her-

stellung weiterer Produkte eingesetzt werden. Die Konfusion hat offenbar ihre Ursache darin, daß man, obwohl der Wert der Waren sinkt, die Preise nicht verändert und damit der falsche Schein einer zusätzlichen Neuwertschöpfung entsteht. In einer starren Preispolitik kann auf diese Weise der Keim für die unzureichende Stimulierung des wissenschaftlich-technischen Fortschritts liegen. Mehr noch, diese Situation verstärkt sich erheblich, wenn bei wissenschaftlich-technischen Neuerungen die Preise der Waren steigen statt sinken.

Neuerungen können nur durch die komplizierte Arbeit, die ja zugleich nützliche, konkrete Arbeit ist, hervorgebracht werden. Sie revolutionieren den Arbeitsprozeß, steigern die Produktivkraft der Arbeit und führen deshalb zu einem Sinken des Wertes je Produkt und nicht zu einer zusätzlichen Neuwertschöpfung. Wäre mit einer Neuerung eine zusätzliche Neuwertschöpfung verbunden (höherer Aufwand an Arbeitszeit oder Steigerung der Intensität), würde das dem Sinken des Wertes je Produkt entgegenwirken.

In den Werken von K.Marx werden Neuerungen, Erfindungen, die Wissenschaft und ähnliches immer im Hinblick auf die Steigerung der Arbeitsproduktivität gesehen und nie hinsichtlich der Bildung von Neuwert. Man beachte nur seine hinlänglich bekannte Definition der Produktivkraft der Arbeit (vgl. Kapital I, S. 54) oder seine Auffassung, daß die Produktivkräfte der Arbeit beeinflußt werden von Wissenschaft, Erfindungen, Teilung und Kombination der Arbeit, verbesserten Kommunikationsmitteln, Schaffen des Weltmarktes, Maschinerie und ähnlichem (vgl. Marx, Grundrisse, S. 229). Noch akzentuierter ist der Hinweis, daß das Kapital sich nicht nur die Arbeit einverleibt, sondern mit der Arbeit auch ihre gesellschaftlichen Kombinationen und die diesen gesellschaftlichen Kombinationen entsprechende Entwicklung der Arbeitsmittel (vgl. Marx, Mehrwert I, S. 368).

An dieser Stelle ist es angebracht, auf J. Schumpeter einzugehen, der in der bürgerlichen Literatur als Begründer einer Theorie der wirtschaftlichen Entwicklung gilt. Lassen wir Schumpeter zunächst selbst zu Wort kommen: "Produzieren heißt die in unserem Bereiche vorhandenen Dinge und Kräfte kombinie-

ren. Anderes oder anders produzieren heißt diese Dinge und Kräfte anders kombinieren. Soweit die neue Kombination von der alten aus mit der Zeit durch kleine Schritte, kontinuierlich anpassend, erreicht werden kann, liegt gewiß Veränderung, eventuell Wachstum vor, aber weder ein neues der Gleichgewichtsbetrachtung entrücktes Phänomen, noch Entwicklung in unserem Sinne. Soweit das nicht der Fall ist, sondern die neue Kombination nur diskontinuierlich auftreten kann oder tatsächlich auftritt, entstehen die der letztern charakteristischen Erscheinungen ... Form und Inhalt der Entwicklung in unserem Sinn ist dann gegeben durch die Definition: Durchsetzung neuer Kombinationen" (Schumpeter, 1952, S. 100).
So weit, so gut. Hierin unterscheiden sich Marx und Schumpeter in ihren Auffassungen nicht grundlegend, sondern nur in bestimmten Nuancen. Die Durchsetzung neuer Kombinationen (Schumpeter) beziehungsweise die diesen gesellschaftlichen Kombinationen entsprechende Entwicklung der Arbeitsmittel (Marx) treiben offenbar das ökonomische System an, stören das vorhandene Gleichgewicht und führen somit zur Emergenz des Neuen im ökonomischen Reproduktionsprozeß.
In Schumpeters Theorie ist der Unternehmer das Agens des Fortschritts, der über die aktive Durchsetzung der Kombinationen die historische Entwicklung bedingt (Schumpeter, 1952, S. 111). Der Wirtschaftsprozeß braucht Führerschaft, d. h. Subjekte, die bereit sind, Neues zu wagen (Schumpeter, 1952, S. 124). Hierin sehen wir einen grundlegenden Unterschied zur sozialistischen Produktionsweise, die sich auf die aktive Mitwirkung aller Werktätigen am Produktionsprozeß aufgrund des gesellschaftlichen Eigentums an den Produktionsmitteln beruft, ohne eine Einzelverantwortung dabei auszuschließen. Wie die Erfahrungen zeigen, ist dieser neue Mechanismus noch nicht so wirkungsvoll entwickelt, daß seine Überlegenheit als praktisch erwiesen gilt.
Einen zweiten gravierenden Unterschied zu den Auffassungen Schumpeters sehen wir in seiner Überbetonung der Initiative der Produktionsseite gegenüber dem Konsumtionsprozeß. Er spricht davon, "daß neue Bedürfnisse den Konsumenten von der Produk-

tionsseite her anerzogen werden" (Schumpeter, 1952, S. 100). Dieser Wechselwirkungsmechanismus, von Marx bereits in den Jahren 1859/60 ausführlich beschrieben (Marx, Einleitung, S. 622), ist in dieser einseitigen Auslegung sicher nicht zu akzeptieren, liegt doch das Spezifische gerade darin, daß der Befriedigung der gesellschaftlichen Bedürfnisse das Primat zukommt, die Konsumtion den "Trieb der Produktion" (Marx, Einleitung, S. 623) schafft, zumal die produktive Arbeit als Mittel zur Befriedigung der Bedürfnisse selbst als Bedürfnis erscheint. Von Schumpeter wird damit auch indirekt anerkannt, daß im Kapitalismus nicht die Bedürfnisbefriedigung als Zielgröße akzeptiert wird, sondern die Schaffung von Mehrwert, die in der Produktionssphäre ihren Ursprung hat. Im Gefolge von Schumpeter sind eine Reihe weiterer Konzepte der Entstehung des Neuen im ökonomischen Reproduktionsprozeß entwickelt worden, die sich aber letztlich alle auf ihn berufen und nur unwesentlich abgewandelte Variationen anbieten (vgl. unter anderem: Georgescu-Roegen, 1971; Hayek, 1975; Röpke 1977; Blaseio, 1986).

In allen diesen Konzepten steckt der Versuch, die bürgerliche neoklassische Theorie in ihrer Unfähigkeit, die Probleme der Evolution, Komplexität und Kreativität zu lösen, einer Kritik zu unterwerfen. Die Bemühungen der neoklassischen Theoretiker um eine endogene Erklärung des wissenschaftlich-technischen Fortschritts sind fehlgeschlagen, weil sie nicht in der Lage waren, die subjektive Komponente in das rationalistische Konzept der Neoklassik einzubeziehen. Kreativität als wesentliche Komponente der komplizierten Arbeit kann nicht durch ein formalanalytisches Ökonomieverständnis, durch Optimierung oder durch im ökonomischen Sinne ideal handelnde Wirtschaftssubjekte involviert und stimuliert werden. Die Schumpeter-Renaissance hat darin sicher eine ihrer Ursachen. Schumpeters Verdienst ist es zweifellos, darauf aufmerksam gemacht zu haben, "daß innerhalb des wirtschaftlichen Systems eine Energiequelle besteht, die aus sich selbst heraus jedes Gleichgewicht stören würde, das erreicht werden könnte. Wenn dies so ist, dann muß es auch eine rein ökonomische Theorie der wirtschaftlichen Entwicklung

geben, die sich nicht nur auf äußere Faktoren verläßt, die das Wirtschaftssystem von einem Gleichgewicht zum anderen treiben" (zitiert bei: Blaseio 1986, S. 9).
Nach unserer Auffassung haben die positiven Aspekte der Theorie von Schumpeter ihren Ursprung bei Marx, dessen ökonomisches System so angelegt ist, daß es bezüglich der Entstehung des Neuen eine Vielzahl von Erklärungshilfen liefert (Rolle der Erfindungen, der Wissenschaft, der komplizierten Arbeit, der ausnahmsweisen Produktivkraft, der Kombinationen im Produktionsprozeß, der technischen und organischen Zusammensetzung des Kapitals und so weiter).

2. Stabilität durch Innovationen

Bei der Herausbildung des Stabilitätsbegriffs hat sich W. R. Ashby (1974) große Verdienste erworben. Unter Stabilität versteht man im allgemeinen die Verhaltenseigenschaft eines dynamischen Systems, nach einer Störung wieder in den ursprünglichen Zustand des Gleichgewichts zurückzukehren. Ashby charakterisiert die höhere Form der Ultrastabilität dadurch, daß aus dem Reservoir der zur Verfügung stehenden Verhaltensweisen des Systems gegenüber weiteren Formen von Störungen (im Gegensatz zur einfachen Stabilität) so lange gesucht wird, bis das System den ursprünglichen stabilen Zustand erreicht. Der von ihm konstruierte Homöostat stellt ein derartiges ultrastabiles System dar. Multistabilität ist dann gegeben, wenn ein System aus ultrastabilen Subsystemen in der Weise gekoppelt ist, daß diese Teilsysteme zeitweilig selbständig existieren können. Damit wird es möglich, vereinzelte Störungen nur durch die entsprechenden ultrastabilen Systeme zu überwinden, ohne daß das Gesamtsystem betroffen ist und aus dem Zustand der Stabilität ausbricht.
Das Neue manifestiert sich im ökonomischen Reproduktionsprozeß im wesentlichen durch die Kette: Kognition→ Invention→ Innovation→ Diffusion→ Implikation.
Ehe aus Rekombination und Mutation im Erkenntnisprozeß das

Rohmaterial für eine Invention bereitgestellt werden kann, ist eine vergleichsweise extensive und zugleich intensive Phase der Kognition zu durchlaufen, um die potentiellen Möglichkeiten der Rekombination und Mutation wirksam werden zu lassen. In der Phase der Kognition entsteht das wissenschaftlich Neue beziehungsweise die wissenschaftliche Problemlösung durch die kreative geistige Arbeit. Die Erkennung des Problems und seine anschließende Analyse, d.h. die Aufdeckung der Bestandteile und Beziehungen innerhalb der betrachteten Konfiguration, die ein kognitives Muster darstellt, führen zunächst zum Erkennen von Äquivalenzen zwischen Konfigurationen und nach der Rekombination der Bestandteile von Konfigurationen zur Emergenz des Neuen. Dabei wirkt der intuitive Denkstil, auf den die Kreativität hauptsächlich zurückzuführen ist, mit dem analytischen Denkstil zusammen.

In der Phase der Invention wird die wissenschaftliche Problemlösung zu einem technisch realisierbaren Abschluß gebracht. Das Resultat erscheint in einer Gestalt (Patent, Lizenz und so weiter), die das Know-how einschließt. Damit nimmt der wissenschaftlich-technische Fortschritt bereits eine konkrete Form an, ist aber noch nicht in der Gesellschaft realisiert oder etabliert.

Entscheidend für den ökonomischen Reproduktionsprozeß ist der Vorgang der Selektion einer Innovation aus der Vielzahl der Inventionen. Das Neue ist in diesem Stadium vorhanden, ohne jedoch seine Bewährungsprobe im ökonomischen Reproduktionsprozeß bestanden zu haben. Aus diesem Vorrat an Neuem muß schließlich dasjenige ausgewählt (selektiert) werden, das nicht nur die Potenz der Innovation enthält, sondern sich als Innovation durchzusetzen in der Lage ist. Es erhebt sich also die Frage nach den Auswahlprinzipien.

Aus dem grundlegenden Widerspruch zwischen der Entwicklung der gesellschaftlichen Bedürfnisse und den vorhandenen Ressourcen ergeben sich für eine sozialistische Volkswirtschaft fünf grundsätzliche Selektionsfaktoren:

1. Die Innovation muß auf ein gesellschaftlich anerkanntes Bedürfnis gerichtet sein. Dieses gesellschaftliche Bedürfnis

sollte durch eine bestimmte Priorität charakterisiert sein und möglichst nicht zur Verschärfung dieses Widerspruchs beitragen, indem es Einzelinteressen widerspiegelt oder für den Kapitalismus typische Entwicklungen nachvollzieht.

2. Die vorhandene Ressourcensituation sollte durch die Innovation entspannt werden und zu einer ressourcensparenden Produktionsweise führen. Jeglicher Raubbau an den Ressourcen ist auszuschließen, weil er letztlich zur Störung natürlicher Kreisläufe führt.

3. Der Widerspruch zwischen der Entwicklung der gesellschaftlichen Bedürfnisse und den vorhandenen Ressourcen wird generell durch die Steigerung der Arbeitsproduktivität positiv beeinflußt. Das Aufwand-Nutzen-Verhältnis verbessert sich radikal. Die Reduktion des Wertes je Produkt führt bei gleichem Einkommensniveau zu einer Erhöhung des Lebensstandards.

4. Steht die Innovation weitgehend im Einklang mit der natürlichen Umwelt, werden bestimmte widersprüchliche Tendenzen im Verhältnis Mensch-Umwelt gegenstandslos. Die neue Technologie muß ihre Integrationsfähigkeit in die Natur unter Beweis stellen.

5. Führt die Innovation zu einer sozialen Akzeptanz und werden dadurch bestimmte Bedürfnisse innerhalb der Arbeits- und Lebensprozesse befriedigt und nicht gestört oder verdrängt, kann sich die Neuerung auch als soziale Innovation durchsetzen, die sich nicht auf die singuläre Befriedigung bestimmter Bedürfnisse beschränken muß.

Sind diese Selektionsbedingungen erfüllt, setzt die Diffusion der jeweiligen Technologie ein, ihr Evolutionsvorteil wird in allen denkbaren Bereichen genutzt. In der Phase der Diffusion verschwindet allmählich der von den Innovatoren angeeignete Extragewinn (ausnahmsweise Produktivkraft). Das ehemals fortschrittliche Produktionsniveau tendiert zum durchschnittlichen. Damit erlangen auch die Implikationen gesellschaftliche Relevanz, die an diese Technologien geknüpft sind und sich vor allem im sozialen Bereich (Arbeitsinhalt, Qualifikation, Ergonomie, Ethik und so weiter) und in der Natur (natürliche Kreisläufe, Ressourcen) zeigen. Durch den Entscheidungsmechanismus bei der Anerkennung der Invention als Innovation liegt eine rechtzeitige Beeinflussung der Implikationen vor, die wesentliche negative Folgewirkungen von vornherein nicht zustande kommen läßt.

Im weiteren soll die These überprüft werden, ob Innovationen einen systemstabilisierenden Effekt ausüben. Wir stützen uns dabei auf Konzepte der modernen Naturwissenschaft, vor allem auf Erkenntnisse der modernen Evolutionstheorie (vgl. unter anderem: Eigen, 1988; Nicolis und Prigogine, 1987; Ebeling und Feistel, 1982). Analog dazu betrachten wir den wissenschaftlich-technischen Fortschritt als nichtlinearen dynamischen Prozeß der Entstehung neuer Informationen, der sich aus einer Vielzahl von einzelnen Innovationen zusammensetzt. Diese einzelnen Innovationen folgen einem ziemlich klaren Muster, das man idealisiert als normalverteilte Lebenskurve interpretieren kann.

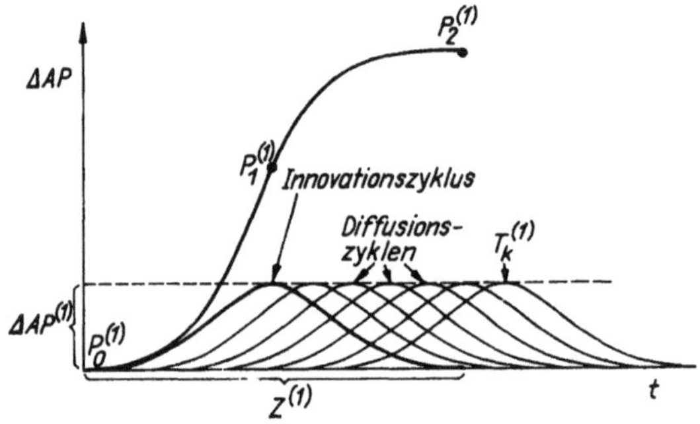

Abb. 15:
Wissenschaftlich-technischer Fortschritt als Resultierende einer Generation von Einzeltechnologien $T_k^{(1)}$ mit einem Zyklus $Z^{(1)}$

Auf der Ordinate erscheint der Beitrag der einzelnen Innovation zum wissenschaftlich-technischen Fortschritt, ausgedrückt durch den Zuwachs der Arbeitsproduktivität (Δ AP). Die Abszisse ist die Zeitachse. Jede Innovation setzt sich aus einer Generation von Einzeltechnologien T_k (k = 1, 2,..., n) zusammen (Diffusionseffekt), die wesentlich dadurch bestimmt sind, daß sie zu einem etwa gleichen Zuwachs an Arbeitsproduktivität (Δ AP) führen. Der Zuwachs der Arbeitsproduktivität $\Delta AP^{(1)}$ entsteht als Folge einer bestimmten Innovation $I^{(1)}$, die sich durch eine Generation von Einzeltechnologien $T_k^{(1)}$ mit dem Zyklus $Z^{(1)}$ realisiert. Betrachtet man die Einzeltechnologie $T_1^{(1)}$ – gewissermaßen der Prototyp dieser Generation –, so kann man erkennen, daß der Zuwachs der Arbeitsproduktivität bis zum Gipfelpunkt dieser Kurve ständig absolut zunimmt; danach erfolgt eine Verringerung des absoluten Zuwachses. Ist ein durchschnittliches Niveau des Zuwachses der Arbeitsproduktivität auf der Grundlage der Innovation $I^{(1)}$ erreicht, können nur noch kleiner werdende absolute Zuwächse erzielt werden; und zwar durch Verbesserungen und Modifikationen dieses grundlegenden Prinzips. Aus der Abbildung 15 ist ersichtlich, daß die Resultierende dieses Prozesses, die wir durchaus als wissenschaftlich-technischen Fortschritt bezeichnen können, bis zum Punkt $P_1^{(1)}$ (Wendepunkt) progressiv wachsend verläuft, um dann in ein degressives Wachstum mit dem Sättigungspunkt $P_2^{(1)}$ überzugehen. Es wird ständig die gleiche Struktur reproduziert. Das Ergebnis ist die Stagnation des wissenschaftlich-technischen Fortschritts. Es entsteht ein statisches Gleichgewicht aufgrund der Beibehaltung konservativer Strukturen.

Ganz anders verhält sich das betrachtete System, wenn eine zweite Innovation mit veränderten Parametern und einer demzufolge veränderten Struktur hinzukommt. Eine Wiederholung der logistischen Entwicklung auf höherer Stufenleiter setzt ein, wenn eine Innovation $I^{(2)}$ zu einer neuen Generation von Einzeltechnologien $T_k^{(2)}$ (Diffusion) führt. Die Einzeltechnologien $T_k^{(2)}$ werden sich dann idealisiert als Normalverteilungen mit größerer Ordinate $\Delta AP^{(2)}$ bzw. verkürztem Zyklus $Z^{(2)}$ beschreiben lassen (vgl. Abb. 16). Statistisch stellt sich dieses Verhalten durch eine geringere Standardabweichung der Normalverteilung dar. Die Ordinate hat sich beispielsweise für den hier gewählten Fall von 2,2 auf 2,7 Einheiten erhöht, während sich der Zyklus von 10 auf 8 Einheiten verkürzt hat. Beide Generationen von Einzeltechnologien überlappen sich bzw. existieren für einen bestimmten Zeitraum nebeneinander. Diesen Vorgang muß man sich vervielfacht vorstellen, wenn man Aussagen über einen komplexen Prozeß (Industriezweig, Volkswirtschaft und ähnliches) im Auge hat. Bei diesem Prozeß hat sich eine Umstrukturierung vollzogen, die zu einem dynamischen Gleichgewicht (Fließgleichgewicht) führt, das sich innerhalb eines bestimmten Korridors einstellt. Das Entstehen weiterer Innovationen bei Dissipation von Energie (Zufluß energiereicher und Abluß energiearmer Materie) führt zur Eigenschaft der Multistabilität des Systems "wissenschaftlich-technischer Fortschritt", indem sich durch "Störungen", "Fluktuationen" oder "Schwankungen", denn so muß man die weiteren Innovationen bezeichnen, eine Stabilität höherer Ordnung einstellt. Die Variation, Störung, Instabilität oder Schwankung ist die zentrale Quelle der Ordnung (Stabilität) in der Zeit. I. Prigogines Prinzip der "Ordnung durch Schwankungen" bewährt sich auch hier als Erklärungshilfe (vgl. Prigogine und Nicolis, 1971, S. 107 ff.; Prigogine, 1976, S. 93 ff.; Prigogine und Stengers, 1981; Kühne, 1982).

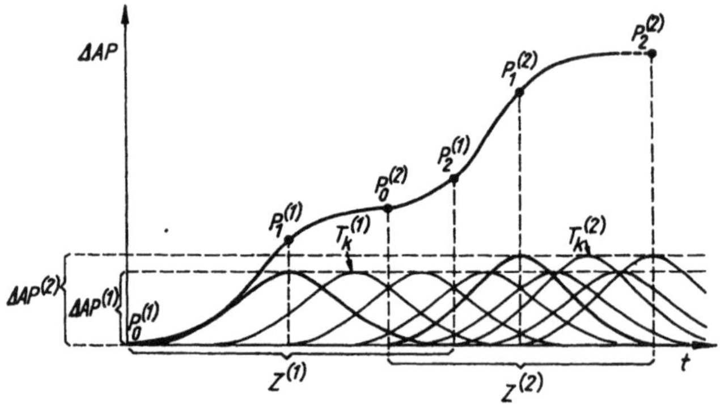

Abb. 16:
Wissenschaftlich-technischer Fortschritt als Resultierende zweier Generationen von Einzeltechnologien $T_k^{(1)}$ und $T_k^{(2)}$ mit den Zyklen $Z^{(1)}$ und $Z^{(2)}$

Um den wissenschaftlich-technischen Fortschritt als multistabiles System aufrechtzuerhalten, ist das ständige Hervorbringen neuer Informationen (von Neuem) durch dissipative Strukturen

erforderlich. Aus diesem Reservoir von Inventionen wird aufgrund der genannten Selektionsfaktoren diejenige ausgewählt, die diesen Prinzipien am besten entspricht und sich als Innovation durchsetzen kann. Ansonsten stellt sich später heraus, daß es sich um eine Pseudoinnovation gehandelt hat. Aus der Tatsache, daß bei der Evolution des Lebens dissipative Strukturen nur durch einen Metabolismus herausgebildet werden können, folgt, daß für die Entstehung neuer Ideen (Informationen) ein ebensolcher Metabolismus gegeben sein muß. Damit tritt neben der erforderlichen Potenz der kreativen Komponente der geistigen Arbeit das Problem der adäquaten Forschungstechnologie auf die Tagesordnung. Hierbei sei auf N. Rescher (1978) verwiesen, der dieses Problem ausführlich behandelt.
Die Stärkung der Innovationskraft einer Volkswirtschaft hat also nicht nur ihre Ursachen in dem dialektischen Widerspruch zwischen den gesellschaftlichen Bedürfnissen und den vorhandenen Ressourcen, sondern ergibt sich auch zwangsläufig als notwendige Bedingung für eine Volkswirtschaft, deren charakteristische Merkmale durch Stabilität und Entwicklung geprägt sind.

3. Vier-Stufen-Konzept des wissenschaftlich-technischen Fortschritts

Der wissenschaftlich-technische Fortschritt stellt sich als ein überaus komplexes Gebilde dar, das weder als historisch eindeutig abgegrenzte Periode in der Entwicklung der gesellschaftlichen Produktivkräfte noch als in sich widerspruchsfreier Prozeß verstanden werden kann. Eine Gliederung in einzelne Stufen dient deshalb der besseren Einsicht in diesen komplizierten Prozeß und kann unseres Erachtens nur in Anlehnung an grundlegende Arbeitsfunktionen des Menschen vorgenommen werden, die letztlich seine Stellung im Produktionsprozeß bestimmen. Es handelt sich dabei in starker Vereinfachung um die Unterteilung in körperliche und geistige Arbeit sowie um die Berücksichtigung des quantitativen und qualitativen Aspekts der Arbeit. Daraus ergibt sich das in Tabelle 9 dargestellte Schema.

Tabelle 9:
Aufgliederung der Arbeitsfunktionen

Arbeit	Quantität	Qualität
Körperliche Arbeit	Antriebsfunktionen	Geschichicklichkeit
Geistige Arbeit	Routineprozesse	Intelligente Tätigkeiten

Aufgrund dieser doppelten Dichotomisierung lassen sich theoretisch vier Stufen des wissenschaftlich-technischen Fortschritts fixieren, die im wesentlichen auch in der Geschichte von Wissenschaft, Technik und Wirtschaft nachweisbar sind: Mechanisierung, Elektronisierung, Automatisierung und Selbstorganisation.

Tabelle 10:
Stufen des wissenschaftlich - technischen Fortschritts

Arbeit	Quantität	Qualität
Körperliche Arbeit	Mechanisierung	Automatisierung
Geistige Arbeit	Elektronisierung	Selbstorganisation

Zweifellos sind dabei Überschneidungen zu konstatieren, vor allem in den Anfangs- und Endphasen der einzelnen Stufen. Das ändert aber wenig am Wesen der vier qualitativ verschiedenen Prozesse.

3.1. Mechanisierung

Bei der ersten Stufe des wissenschaftlich-technischen Fortschritts erfolgt die Substitution von manuell verrichteten Arbeitsgängen, die durch den Gebrauch von einfachen und komplizierten Werkzeugen charakterisiert sind. Die Werkzeuge wurden vor der Einführung von Neuerungen von Hand geführt. Der Produzent konnte den Arbeitsrhythmus bestimmen, die Arbeitsteilung hatte ein geringes Ausmaß. Durch die Mechanisierung erfolgt der Einsatz von Maschinen, Geräten und Apparaturen, die mechanisch, d.h. im wesentlichen durch Antriebsmaschinen in Funktion gesetzt werden.

Was die Organisation des Produktionsprozesses betrifft, hat die Mechanisierung im Laufe der Entwicklung eine hochgradige Arbeitsteilung (Taylorisierung) hervorgebracht. Die bedeutendste Neuerung, die diese erste Stufe einleitete, war die Erfindung der Dampfmaschine im Jahre 1769 durch James Watt. Dadurch wurde es im großen Stil ermöglicht, die Antriebsfunktionen und wesentliche Bewegungsfunktionen der körperlichen Arbeit zu ersetzen. Natürlich haben für die Mechanisierung eine Reihe anderer Maschinen, wie Webstuhl und Spinnmaschine, eine gewichtige Bedeutung, sie charakterisieren aber nicht das Wesen dieses Prozesses. Im Mittelpunkt der Mechanisierung steht die Substitution der mehr oder weniger quantitativen Verausgabung der körperlichen Arbeit, die Übernahme des Kraftaufwandes durch die Maschine. Der Prototyp des neuen Arbeitsmittels ist die Antriebsmaschine. Die einzelne Werkzeugmaschine sinkt zu einem bloßen Element der maschinenmäßigen Produktion herab. Eine Bewegungsmaschine konnte jetzt viele Arbeitsmaschinen gleichzeitig in Gang setzen (vgl. Marx, Kapital I, S. 398). Hierin liegt der eigentliche revolutionäre Akt. Ohne die Arbeitsmaschine wäre die große Industrie in ihrer ganzen Entwicklung gelähmt (vgl. Marx, Kapital I, S. 403) und überdies an bestimmte Standorte gebunden, ihrer freien Entfaltung wären einschneidende Grenzen gesetzt.

Die erste Etappe der Mechanisierung ist im wesentlichen dadurch charakterisiert, daß vom Standpunkt der Technologie Stofformungsverfahren vorherrschen, die an stofflichen Arbeitsgegenständen Veränderungen der geometrischen Form bewirken, Gestalt- und Stoffeigenschaftsänderungen des Arbeitsgegenstandes zum Ziel haben. Durch die Entwicklung der Chemie zur Wissenschaft erfolgte eine zunehmende Ausnutzung von Stoffwandlungsprozessen, die die zweite Etappe der Mechanisierung kennzeichnen. Stoffwandlungsprozesse sind technologische Vorgänge, die zur chemischen Veränderung stofflicher Arbeitsgegenstände führen (vgl. Wolffgramm, 1978, S. 36).

Mit den Stoffwandlungsprozessen beginnt sich die Stellung des Arbeiters im Produktionsprozeß zu verändern. "Es ist nicht mehr der Arbeiter, der modifizierten Naturgegenstand als Mittelglied zwischen das Objekt und sich einschiebt; sondern den Naturprozeß, den er in einen industriellen umwandelt, schiebt er als Mittel zwischen sich und die unorganische Natur, deren er sich bemeistert" (Marx, Grundrisse, S. 601).

Aber auch für die einsetzende Chemisierung ist die Bereitstellung von Energie eine absolute Notwendigkeit. Während der Stufe der Mechanisierung weist die chemische Industrie von allen Industriezweigen den höchsten oder einen der größten Anteile am Elektroenergieverbrauch auf. Die chemische Reaktion wird als eine durch energetische Aktivierung ausgelöste Änderung der chemischen Struktur der Reaktionsteilnehmer durch Neuanordnung der Atome definiert (vgl. Wolffgramm, 1978, S. 47). Damit wird abermals deutlich, welche revolutionären Umwälzungen sich auf der Grundlage der universell einsetzbaren Antriebsmaschine vollziehen konnten.

Das Ergebnis der danach einsetzenden stürmischen Entwicklung der Produktivkräfte, die in alle Bereiche der gesellschaftlichen Produktion ausstrahlte, in denen körperliche Arbeit vorherrscht, ist der Ersatz, die Diversifikation, die Vervielfachung, die Präzisierung und mit fortschreitender Entwicklung auch die Qualitätsverbesserung der körperlichen Arbeit für bestimmte abgegrenzte Teilprozesse der Produktion. Aus der Tatsache, daß die Maschine weitgehend den Arbeitsrhythmus bestimmt, resultieren vielfältige soziale und persönlichkeitsformende Probleme für den Produzenten, die sich in den jeweiligen Gesellschaftsordnungen unterschiedlich ausprägen, die aber erst durch einen höheren Techniktyp endgültig überwunden werden können. Der Produzent bedient, beschickt oder steuert die Arbeitsmittel und verbindet die einzelnen mechanischen Teilprozesse zu einem einheitlichen Ganzen. Maschinen sind auf dieser

Stufe der Entwicklung noch nicht in der Lage, die Geschicklichkeit und Virtuosität der Produzenten während des gesamten Produktionsprozesses eines Gebrauchswertes zu übernehmen. Die sozialen Folgen dieser Stufe des wissenschaftlich-technischen Fortschritts äußern sich vor allem in einem beschränkten Inhalt der Arbeit, einem monotonen und starren Arbeitsrhythmus, mangelnder Zusammenarbeit, reduzierter Verantwortlichkeit und verkümmerten Qualifikationsanforderungen. Der Produzent beherrscht im Gegensatz zur handwerklichen Produktion nur noch Teilprozesse. Die Wechselwirkungen zwischen Technik, Mensch und Natur beginnen, aus den Fugen zu geraten; körperliche und geistige Arbeit isolieren sich voneinander.
Die erste Stufe des wissenschaftlich-technischen Fortschritts wird im allgemeinen als industrielle Revolution bezeichnet. Die Mechanisierung von Teilprozessen der körperlichen Arbeit wird in der Automatisierung des gesamten Produktionsprozesses aufgehoben und vervollkommnet. Dazu bedarf es als Voraussetzung der Elektronisierung der geistigen Arbeit.

3.2. Elektronisierung

Die zweite Stufe des wissenschaftlich-technischen Fortschritts erfaßt die geistige Arbeit, die in traditioneller Art und Weise auf einfache und komplizierte Hilfsmittel (Bücher, Tabellen, Rechenstab, Mikroskop etc.) zurückgreift. Während die körperliche Arbeit auf materielle Arbeitsgegenstände einwirkt und mit Hilfe der Arbeitsmittel ein neues Produkt schafft, verändert die geistige Arbeit Informationen und Wissen zu neuen Informationen und neuem Wissen, die sich in neuen Technologien, Produkten und Leistungen materialisieren oder sublimatisieren. Dabei stellt sich als charakteristisch heraus, daß Informationen als unerschöpfliche Ressource gelten, die trotz Konsumtion durch den geistigen Arbeitsprozeß auch in ihrer ursprünglichen Form erhalten bleiben, daß sie trotz Übertragung zu einem Empfänger beim Absender verbleiben und daß der Überfluß an Informationen ihre Bedeutung keinesfalls schmälert, sondern

erhöht (akkumulativer Effekt).
Durch den Einsatz von elektronischen Datenverarbeitungsanlagen wird zunächst der quantitative Aspekt der geistigen Arbeit erfaßt, der sich in einer Zerstückelung der geistigen Arbeit in eine Vielzahl von Einzeloperationen (dualen Entscheidungen) auflöst. Es wird damit möglich, geistige Routineprozesse hochdimensionierten Ausmaßes zu realisieren. Hier ist es nicht die Substitution und Vervielfachung der physischen Kraft, sondern die Substitution und Vervielfachung einfachster, auf ihren Ursprung zurückgeführter geistiger Operationen. Mit der Entwicklung der Halbleiterbauelemente, die etwa seit dem Jahre 1948 mit der Erfindung des Transistors durch J. Bardeen, W. H. Brattain und W. Shockley einsetzte und mit der Entwicklung des integrierten Schaltkreises durch J. Kilby im Jahre 1959 fortgeführt wurde, entstand durch die Mikroelektronik ein neues technisches Prinzip, das es ermöglicht, der Substitution der geistigen Arbeit eine Massenbasis zu verleihen. Obwohl die Elektronisierung etwa 200 Jahre nach der Mechanisierung einsetzte, gehen frühe Vorläufer der Rechentechnik bis in die Jahre 1623 (W. Schickard), 1642 (B. Pascal), 1672 (G. W. Leibniz) und 1823 (Ch. Babbage) zurück. Der Prototyp des neuen Arbeitsmittels für die zweite Stufe des wissenschaftlich-technischen Fortschritts ist der Computer, dessen erste universell programmierbare Version (auf der Basis der Relaistechnik) im Jahre 1941 von K. Zuse entwickelt wurde.
Analog zur Mechanisierung vollzieht sich die Entwicklung der Elektronisierung in zwei Etappen. Kann man die erste Etappe als traditionelle elektronische Datenverarbeitung charakterisieren, so gewinnt die zweite Etappe eine neue Qualität durch die Orientierung auf die Wissensverarbeitung. Die technologische Verarbeitung des Erkenntnisstandes in Form von Daten und Programmen, die für die von-Neumann-Architektur der Rechnersysteme typisch ist, erhält durch die Wissenskomponente eine neue Dimension, eine künstliche Intelligenz.
Was für die erste Stufe des wissenschaftlich-technischen Fortschritts bezüglich der Mensch-Maschine-Kommunikation galt, trifft prinzipiell auch für die Elektronisierung zu. Die EDV-

Anlage wird vom Produzenten bedient, beschickt und gesteuert. Ihr Arbeitsrhythmus ist gegenüber dem Produzenten dominant, die Arbeitsteilung weit fortgeschritten. Die sozialen Folgen unterscheiden sich nicht grundlegend von denen der Mechanisierung, obgleich sie auf einer anderen Ebene liegen und überwiegend die psychischen und mentalen Prozesse des Produzenten beeinflussen (vgl. Cooley, 1985). Die Elektronisierung der geistigen Arbeit kann im wesentlichen als abgeschlossen betrachtet werden, wenn der Mensch beginnt, im großen Maßstab Systeme mit künstlicher Intelligenz zu schaffen.

3.3. Automatisierung

Voraussetzung für die dritte Stufe des wissenschaftlich-technischen Fortschritts sind sowohl die Mechanisierung der körperlichen Arbeit als auch die Elektronisierung der geistigen Arbeit. Erst die Zusammenführung beider Prinzipien auf höherer Stufe erzeugt einen Qualitätssprung, der sich vor allem darin äußert, daß der Produzent nicht mehr direkter Beteiligter des Produktionsprozesses ist, sondern seine Fähigkeiten im Vor- und Umfeld des eigentlichen Produktionsprozesses einsetzt. Er übernimmt die Funktionen der Kontrolle, Überwachung, Reparatur und Wartung im Produktionsprozeß. Die unmittelbare Abhängigkeit des Produzenten von der Technik, die für die erste und zweite Stufe charakteristisch war, wird dadurch im wesentlichen aufgehoben. Das Hauptaugenmerk richtet sich bei der Automatisierung auf die Substitution des überwiegenden Anteils der körperlichen Arbeit im eigentlichen Produktionsprozeß, also jetzt auf Tätigkeiten, die eine höhere Geschicklichkeit verlangen und nicht nur als einfache Bewegungs- und Kraftäußerungen bestimmt sind. Derartige Arbeitsmittel, die diese Funktionen übernehmen können, müssen analog dem Produzenten mit mechanischen Elementen (Arm, Hand, Finger, Fuß und ähnliches) mit einer Sensorik (hinsichtlich Größe, Gewicht, Form, Geräusch, Temperatur, Farbe, Geruch, Druck und ähnliches) und mit einem bestimmten Programm der dazu erforderlichen geistigen Arbeit ausgestattet sein. Die Substitution der geistigen Arbeit erfolgt hier in der Weise, wie es die gegebene Kombination körperlicher und geistiger Arbeit verlangt. Ist also für die Ausführung der körperlichen Arbeit ein hoher geistiger Aufwand erforderlich, wird das Programm, das die geistige Arbeit ersetzt, bereits durch Elemente von Systemen mit künstlicher Intelligenz charakterisiert sein. Der Prototyp des neuen Arbeitsmittels ist ein Roboter als flexibles Fertigungssystem, das den gesamten technologischen Prozeß der Herstellung bestimmter Gebrauchswerte von körperlicher Arbeit befreit. Die ersten funktionsfähigen Roboter wurden Anfang der 60er Jahre konstruiert. Die erste programmierte Maschine (Verwendung einer Bandlochkarte) dürfte die von J. M. Jacquard im Jahre 1805 erfundene Maschine gleichen Namens sein, die als Vorrichtung für Webmaschinen zum Herstellen großflächiger Muster diente.

Die geniale Leistung von Karl Marx zeigt sich auch in diesem Zusammenhang in der gedanklichen Vorwegnahme der Entwicklung der Maschinerie zum automatischen System. Bereits vor 130 Jahren geschrieben, erscheinen seine Ideen heute von uneingeschränkter Gültigkeit: "In den Produktionsprozeß des Kapitals aufgenommen, durchläuft das Arbeitsmittel aber verschiedne Metamorphosen, deren letzte die Maschine ist oder vielmehr ein automatisches System der Maschinerie (System der Maschinerie; das automatische ist nur die vollendete adäquateste Form derselben und verwandelt die Maschinerie erst in ein System), in Bewegung gesetzt durch einen Automaten, bewegende Kraft, die sich selbst bewegt; dieser Automat, bestehend aus zahlreichen mechanischen und <u>intellektuellen</u> (Hervorhebung M. W.) Organen, so daß die Arbeiter selbst nur als bewußte Glieder desselben bestimmt sind" (Marx, Grundrisse, S. 592).

Die dritte Stufe des wissenschaftlich-technischen Fortschritts läßt sich durch ihren schon von Marx erkannten Systemaspekt und das Prinzip "Computer Integrated Manufacturing" (CIM) charakterisieren. Es handelt sich hier um den integrierten Einsatz von Computern bei allen mit der Produktion zusammenhängenden Aufgaben. Dieses Prinzip setzt sich zusammen aus dem "Computer Aided Engineering" (CAE) und dem "Computer Aided Manufacturing"

(CAM). Bei den rechnergestützten Aufgaben der Gebiete "Entwurf, Materialprüfung, Qualitätssicherung und Arbeitsvorbereitung" (CAE) spielt das rechnergestützte Design (CAD) eine besonders wichtige Rolle. Das rechnergestützte Produzieren (CAM) betrifft hauptsächlich die eigentlichen Maschinensysteme (zum Beispiel CNC). Das Heraustreten des Produzenten aus dem unmittelbaren Produktionsprozeß und die damit einhergehende Befreiung von körperlicher Arbeit durch CAM-Systeme hat zur Folge, daß er wiederum in die Abhängigkeit anderer Systeme (zum Beispiel CAE) gerät, die seine geistigen Aktivitäten in gewisser Weise reglementieren. Der Mensch bleibt integraler Bestandteil dieser Systeme, wenn man vom Standpunkt des Gesamtprozesses urteilt.
Bleibt die Frage zu klären, wie die Biotechnologie in dieses Konzept einzuordnen ist. Auf den entscheidenden Gedanken von Marx wurde bereits bei der Chemisierung hingewiesen. Die Verwandlung des Naturprozesses in einen industriellen und dessen Mittlerrolle zwischen Produzent und Natur, wobei die Grenzen zwischen Arbeitsmittel und Arbeitsgegenstand zu fließen beginnen, charakterisiert auch die biotechnologischen (mikrobiellen und biochemischen) Prozesse. Der Mensch verhält sich als "Wächter und Regulator zum Produktionsprozeß" (Marx, Grundrisse, S. 601). Sofern der biotechnologische Prozeß, von der Stellung des Produzenten betrachtet, dem Produktionsprozeß in der automatisierten Fabrik entspricht, ist die Zuordnung zur Stufe der Automatisierung gerechtfertigt. Betrachtet man die Arbeitsmittel (Maschinen) generell als Imitation der Wirkungsweise von Naturprozessen, so ergeben sich auch unter diesem Aspekt kaum Schwierigkeiten der Einordnung. Gerade bei biotechnologischen Prozessen, in denen die Rolle der Arbeitsmittel nicht dem gewohnten Denkschema entspricht, sollte man sich bei der Beurteilung der Situation in erster Linie von der Stellung des Menschen im Produktionsprozeß leiten lassen. Insofern treten auch kaum Probleme bei der Abgrenzung zur Mechanisierung und Selbstorganisation auf, obwohl die technologischen Prozesse ineinander übergehen und ein ähnliches äußeres Erscheinungsbild liefern.

3.4. Selbstorganisation

Die Stellung des Menschen zum Produktionsprozeß bestimmt im Wesen auch die vierte Stufe des wissenschaftlich-technischen Fortschritts. Hier entsteht die neue Qualität dadurch, daß der Mensch auch die Funktionen der Kontrolle, Überwachung, Reparatur und Wartung sowie im wesentlichen auch die durch CAE charakterisierten Funktionen an Systeme mit künstlicher Intelligenz überträgt und sich anderen intelligenten und kreativen Tätigkeiten zuwendet. Die Entwicklung zielt hier vorrangig auf die Substitution der geistigen Arbeit mit einem bestimmten Intelligenzniveau. Diesen Systemen wird es gelingen, da sie schrittweise die Fähigkeit der Selbstorganisation ähnlich den Lebewesen erwerben, aufgrund des dialektischen Zusammenwirkens der konservativen und dissipativen Prinzipien bei Voraussetzung eines Metabolismus ihre Struktur ständig zu verbessern und damit die Eigenschaft der Multistabilität im kybernetischen Sinne zu erreichen. Ein solches selbstorganisierendes System, das in der Lage ist, Störungen zu überwinden und eine neue funktionsfähige Struktur aufzubauen, ist der aus der Kybernetik bekannte und bereits erwähnte Homöostat. Aufgrund der Vorarbeiten des Pioniers der Forschungen auf dem Gebiet der künstlichen Intelligenz, A. M. Turing, der bereits im Jahre 1936 eine idealisierte Rechenmaschine konzipierte (Turingmaschine), hat J. von Neumann im Jahre 1950 einen zur Selbstorganisation fähigen Automaten entworfen. Der Prototyp des neuen Arbeitsmittels in dieser vor uns liegenden Stufe des wissenschaftlich-technischen Fortschritts ist das selbstorganisierende System. Einmal vom Menschen erdacht, entworfen und konstruiert, besitzt es zunehmend die Fähigkeit, alle mechanischen und automatisierbaren Funktionen des Produktionsprozesses auszuführen und sich als fehlerkorrigierendes System zu regenerieren. Der Mensch erhält dadurch Freiräume und weitere Möglichkeiten zur Entfaltung seiner kreativen Potenzen. Die selbstorganisierenden Systeme existieren natürlich nicht unabhängig vom Produzenten. Neue wissenschaftliche Erkenntnisse, Korrekturen der Computer-

programme sowie die Substitution bestimmter Teile dieser Systeme machen sich auch bei dieser entwickelten Form der Mensch-Maschine-Kommunikation erforderlich. Der Computer funktioniert aufgrund der Tatsache, daß formale Prozeduren (Syntax) ohne Wissen über ihre Bedeutung (Semantik) ausgeführt werden. Ein Computerprogramm kann nicht aus sich selbst heraus zur Semantik aufsteigen (vgl. Baumgartner, 1988; Searle, 1986; Dreyfus und Dreyfus, 1987). Im Denken des Menschen ist die Bedeutung intrinsisch vorhanden, der Computer bekommt sie von außen vermittelt. Diese Feststellung bewahrt uns vor allzu spekulativen Einschätzungen über die Allmacht der Computer und somit über die Stellung der selbstorganisierenden Systeme in der gesellschaftlichen Produktion. Sie macht deutlich, daß der menschlichen Intuition und der Entwicklung der Kreativität die größte Aufmerksamkeit gebührt, wenn auf diesem Gebiet der Innovationstätigkeit Fortschritte erzielt werden sollen.
Bei der Schaffung von selbstorganisierenden Systemen, die die Integration des Menschen in diese Systeme weitgehend überflüssig machen und die nach ihrer Installation in der Regel ohne ihn funktionieren, werden Prinzipien auszunutzen sein, die die Natur in den Jahrmillionen ihrer Evolutionsgeschichte hervorgebracht hat und die entsprechend unseren heutigen Vorstellungen in ihrer Wirksamkeit nicht zu übertreffen sind. Durch ihre Lernfähigkeit, die das Vorhandensein einer entwickelten künstlichen Intelligenz voraussetzt, gelingt es diesen Systemen, sich an eine veränderliche Umwelt anzupassen oder sich gegenüber Störungen zu behaupten.
In diesem Zusammenhang wird klar, daß die ökologischen Probleme des wissenschaftlich-technischen Fortschritts, die am gravierendsten durch die Mechanisierung und Automatisierung der eigentlichen Produktionssysteme hervorgerufen werden, erst durch die zu erwerbende Fähigkeit des Menschen zur Imitation von Naturprozessen überwunden werden können.
Es sind vor allem zwei Merkmale der organischen Systeme, die den technologischen (künstlichen) den Rang ablaufen:

1. In der Natur existieren nur geschlossene Kreisläufe, in denen kein "Abfall" entsteht.

2. Der Energiebedarf lebender Systeme beruht auf regenerierbaren Quellen und ist dem Angebot angepaßt.

Gelingt es dem Menschen, sich diesen Merkmalen bei der Schaffung technologischer Systeme anzunähern, wird der Widerspruch zwischen Bedürfnissen und natürlichen Ressourcen langfristig beherrschbar.

Die Vorzüge dieses Vier-Stufen-Konzepts des wissenschaftlich-technischen Fortschritts liegen klar auf der Hand. Aus der Analyse ist ersichtlich, daß die einzelnen Stufen des wissenschaftlich-technischen Fortschritts chronologisch aufeinanderfolgen: Mechanisierung, Elektronisierung, Automatisierung und Selbstorganisation. Jede Stufe schließt Elemente der vorhergehenden Stufen in sich ein und setzt sie voraus. Sie entwickeln sich zeitlich mehr oder weniger in Form von normalverteilten Lebenskurven. Daraus folgt, daß der wissenschaftlich-technische Fortschritt kein permanenter revolutionärer Prozeß ist. Diesem Tatbestand wirken überschneidende Tendenzen der vier Stufen entgegen.

Alle vier Stufen bestehen gegenwärtig gleichzeitig nebeneinander, wenngleich mit unterschiedlichem Gewicht. Der wissenschaftlich-technische Fortschritt in der heutigen Zeit ist vor allem durch die Elektronisierung und die Automatisierung charakterisiert. Die Mechanisierung ist in den entwickelten Ländern im Abklingen begriffen. Sie war dadurch charakterisiert, daß Massenbasis der industriellen Produktion und Inkorporation der Wissenschaft in die Produktion zeitlich zusammenfielen. Sie entwickelten sich in enger Wechselwirkung. Die Stufe der Selbstorganisation befindet sich noch im Experimentierstadium.

Die Stellung des Menschen im Produktionsprozeß ist der bestimmende Indikator für die Entwicklungsstufen des wissenschaftlich-technischen Fortschritts. Damit erhalten die Arbeitsmittel als gegenständlicher Ausdruck der Innovationstätigkeit ein auf den Menschen bezogenes Kriterium. Der wissenschaftlich-technische Fortschritt wird nicht auf einzelne natur- und technikwissenschaftliche Erfindungen und Entdeckungen zentriert, sondern auf die Substitution wesentlicher Funktionen des Menschen im Arbeitsprozeß, die sich auf die körperliche und geistige Arbeit sowie die Qualität und Quantität der Arbeit beziehen. Die Formen der Verausgabung der Arbeit finden ihre Entsprechung in Prototypen der Arbeitsmittel (Dampfmaschine, Computer, Roboter, selbstorganisierendes System).

Das Stimulierungssystem des wissenschaftlich-technischen Fortschritts funktioniert im Kapitalismus bei hoher Risikobereitschaft uneingeschränkt über den zu erwartenden Profit. Wie die historische Entwicklung zeigt, hat der wissenschaftlich-technische Fortschritt unter kapitalistischen Produktionsverhältnissen zu einem beachtlich hohen Wirkungsgrad in der Hervorbringung wissenschaftlich-technischer Höchstleistungen geführt. Trotz potentieller Überlegenheit in den Produktionsverhältnissen hat es der Sozialismus noch nicht vermocht, ein noch wirkungsvolleres Stimulierungssystem hervorzubringen, das der dominierenden Profitorientierung überlegen ist. Die Ausarbeitung eines derartigen Stimulierungssystems drängt zur Diskussion und Lösung vor allem folgender Probleme:

1. Besinnung auf die marxistische Arbeitswerttheorie als Grundlage für die Gestaltung des ökonomischen Mechanismus;
2. Ausarbeitung eines Konzepts der strategischen Planung, das den Systemcharakter des volkswirtschaftlichen Reproduktionsprozesses berücksichtigt;
3. Anerkennung der Schlüsselfunktion der geistigen Arbeit bei der Realisierung von Innovationen;
4. Durchsetzung des Leistungsprinzips auf der Grundlage realer Steigerungen der Arbeitsproduktivität;
5. Ausschöpfung des Kreativitätspotentials der gesellschaftlichen Produzenten;
6. Installation einer modernen Forschungstechnik als materialisierte Wissenskraft (vgl. Wölfling, 1988).

Das Vier-Stufen-Konzept erlaubt eine kontinuierliche Interpretation des wissenschaftlich-technischen Fortschritts von der Mitte des 18. Jahrhunderts bis in die ferne Zukunft. Es ermöglicht Vorhersagen über die wissenschaftlich-technische Entwicklung und die Organisation des Produktionsprozesses sowie Aussagen über die Zukunft der Arbeit. In der wissenschaftlichen Diskussion besteht weitgehend Einigkeit über den Charakter der

Revolutionen auf dem Gebiet der Produktivkräfte. Während die industrielle Revolution seit Mitte des 18. Jahrhunderts vorrangig auf die Substitution der körperlichen Arbeit gerichtet war, zielt die wissenschaftlich-technische Revolution seit Mitte des 20. Jahrhunderts auf die Umwälzung in der geistigen Tätigkeit (vgl. Nick, 1983). Diese Auffassung stimmt in der Grundtendenz mit dem hier entwickelten Vier-Stufen-Konzept des wissenschaftlich-technischen Fortschritts überein, entbehrt jedoch einer differenzierten Analyse der Stellung des Menschen im Reproduktionsprozeß, die für die Einschätzung der Zukunft der Arbeit relevant wird. Andere Konzepte beziehen sich generalisierender auf die Entwicklung der Produktivkräfte (vgl. Kuczynski, 1975) und präferieren technische Prinzipien. Unser Interesse galt vorrangig dem Beitrag der Wissenschaft für den Fortschritt der Produktivkräfte.

4. Prinzipien für die Entwicklung neuer Technologien

Das Grundprinzip der Evolution organischer Systeme ist die Selbstorganisation. Durch zufällige Fluktuationen wird auf der Basis der Informationsübertragung eine kollektive Bewegungsform erzeugt, die anwächst und schließlich das System dominiert. Das System gelangt an einen Bifurkationspunkt, von dem eine oder zwei neue Entwicklungen ausgehen (vgl. Haken, 1985, S. 171). Aus dem Zusammenwirken von konservativen und dissipativen Strukturen entstehen neue, komplexere Formen mit einem verbesserten Anpassungsverhalten an die natürliche Umwelt.
Der Mensch hat in der Vergangenheit andere Auswahlkriterien präferiert, weil er durch die Schaffung der künstlichen Speichersysteme im Besitz eines qualitativ neuen Evolutionsvorteils ist, der es ihm ermöglicht, den in Jahrmillionen entwickelten Prinzipien der Natur zuwider zu handeln. Aus der Begrenztheit der natürlichen Ressourcen folgt, daß dieser Vorteil nur zeitweise wirken kann. Die Besinnung auf regenerierbare Ressourcen und die Imitation geschlossener Stoffkreisläufe aus der natürlichen Sphäre rücken in das Zentrum der kreativen Arbeit zur

Hervorbringung wissenschaftlich-technischer Neuerungen. Erfindungen, die eine Erschöpfung bestimmter natürlicher Ressourcen zur Folge haben und durch einen "unnatürlichen" Metabolismus (Energiezuführung) gekennzeichnet sind, haben keine langfristige Überlebenschance. Sie drängen das sie umgebende System in eine aussichtslose Lage, haben es mit dem Bazillus des "Aussterbens" infiziert. Diese in den letzten Jahrhunderten zu beobachtende Entwicklung ist durch die kapitalistische Produktionsweise außerordentlich begünstigt worden. Wissenschaftlich-technische Neuerungen waren nur einem Kriterium unterworfen: dem augenblicklichen Maximalprofit. Langfristig und volkswirtschaftlich wirkende Effekte, ökologische und soziale Auswirkungen sowie der Ressourcenabbau standen ganz im Zeichen der Verwertung des Kapitals, d. h., sie wurden rigoros den Interessen des Kapitals geopfert und nur in dem Maße berücksichtigt, wie es zur Aufrechterhalung des "sozialen Friedens" geboten erschien.

Die vorrangige Ausrichtung der technologischen Innovationen auf die Realisierung ökonomischer Effekte führte zwangsläufig zu einer Erhöhung des Risikos, das solange noch im Hintergrund verborgen bleiben konnte und nur latent vorhanden war, wie Mensch und Natur die Sekundäreffekte neuer Technologien verkraften konnten. Mit der rasanten Steigerung der Primäreffekte Profit und Bedarf, die wiederum die Rationalität beflügelten, traten auch die Risiken scharf in den Vordergrund. Die Entwicklung neuer Technologien verlangte Spezialwissen, einseitiges Wissen, das auf die Profitabilität ausgerichtet war und der in den entwickelten Industrieländern als oftmals zügellos zu bezeichnenden Bedarfsbefriedigung auf bestimmten Gebieten diente.

Die komplexen Folgen der sich schnell ausbreitenden Innovationen wurden nicht zur Kenntnis genommen. Sie hätten eine Analyse des affizierten Gesamtsystems vorausgesetzt. Das erfordert jedoch systemorientiertes Wissen durch interdisziplinäre Analysen. Dazu bestand keine Notwendigkeit, weil die Ziele (Profit, Bedarf) einseitig bestimmt waren, weil die Reizschwellen noch nicht erreicht waren, weil die Sekundäreffekte als "Preis" der

Innovationen hingenommen wurden und weil es sich oft um Langzeitwirkungen und verschleierte Effekte handelte.
Für die Zukunft wird der enge Zusammenhang zwischen wachsender Komplexität und steigendem Risiko nur beherrschbar, wenn bei der Einführung technologischer Innovationen nach veränderten Prinzipien vorgegangen wird.
In der gegenwärtigen Entwicklungsstufe des wissenschaftlich-technischen Fortschritts zeichnen sich aufgrund der Deformierungen im ökologischen und sozialen Bereich notwendige Tendenzen bei der Konzeption neuer Technologien ab. Die gleichzeitige Berücksichtigung dieser Prinzipien führt mit an Sicherheit grenzender Wahrscheinlichkeit zu einer Verminderung des Risikos bei der Integration neuer Technologien in den Zusammenhang Mensch, Natur und Technik.
1. Orientierung an gesellschaftlichen Bedürfnissen, die eine ausgewogenere Entwicklung (Harmonisierung) der einzelnen Bedürfnisrichtungen garantiert. Im Vordergrund steht die freie Entwicklung der Persönlichkeit, die allerdings bei einigen Bedürfniskomplexen zu einem niedrigeren Niveau der Befriedigung als bei ungleichgewichtiger Entwicklung der Bedürfnisse führen kann. Letztere präferiert einzelne Bedürfnisse ungerechtfertigterweise (zum Beispiel Wohnungsbau in Ballungsgebieten), während sie dafür andere sträflich vernachlässigt (Infrastruktur, Umweltschutz). Die Harmonisierung der Bedürfnisentwicklung steht im Widerspruch zu gegenwärtigen Tendenzen, die eine mehr oder weniger hierarchisch und sequentiell zu realisierende Bedürfnisentwicklung vorsehen, obwohl bestimmte Grundbedürfnisse bereits weitgehend befriedigt werden können und andere durch ökonomische Regelungen (Wohnungsproblem, Energieverbrauch, Verkehrssituation) einen höheren Befriedigungsgrad erwarten lassen.
2. Substitution von unangemessener körperlicher Arbeit und geistigen Routineprozessen, die den Bedürfnissen der Persönlichkeit nach Selbstverwirklichung grundsätzlich widersprechen und auch nicht durch hohe Produktivität sowie durch Vorteile bei anderen Bedürfnissen gerechtfertigt werden können. Die Arbeit ist und bleibt die Grundbedingung des menschlichen Le-

bens und in Wechselwirkung mit der Natur die Quelle allen Reichtums. Vollbeschäftigung ist somit eine wesentliche Voraussetzung für die Selbstverwirklichung. Der Kapitalismus ist zu einer derartigen Zielsetzung unfähig, da sie sein Grundprinzip einschränkt. Das Phänomen Arbeitslosigkeit bleibt ein wesentlicher Prüfstein. Von Adam Smith (Reichtum der Nationen) bis zu den Theoretikern der Hysterese (Zurückbleiben der natürlichen hinter der tatsächlichen Arbeitslosigkeit) hat es noch niemand vermocht, die Realität generell zu verändern.

3. Imitation und Ausnutzung von Naturprozessen, die die Wechselwirkungen zwischen Mensch, Technik und Natur im Sinne des ursprünglich vorhandenen Gleichgewichts - allerdings auf höherer Stufe - wiederherstellen. Das ist keine nur durch Minderheiten vertretene ideale Wunschvorstellung, sondern eine für die Zukunft unabdingbare Notwendigkeit sowohl für die Lebensqualität als auch für die weitere Steigerung der Arbeitsproduktivität und die Situation der natürlichen Ressourcen. Dazu zählen im einzelnen unter anderem folgende Prinzipien: geschlossene Stoffkreisläufe, Energieminimierung, Ausnutzung biochemischer und mikrobieller Prozesse (Biotechnologie), biologisches Design, biologische Wirkungsweise (Bionik), Symbiose, Funktionsorientierung, Mehrfachnutzung, Miniaturisierung, biologische Evolutionsstrategie (Mutation, Selektion), biokybernetische Regelkreise, Regenerationsfähigkeit.

4. Steigerung der Arbeitsproduktivität durch Ausnutzung des menschlichen Erfindergeistes (Kreativität), einem Bedürfnis mit hohem Befriedigungspotential. Das betrifft sowohl die Art und Weise der Verarbeitung von Informationen (Wissenstechnologie) als auch die Analyse der technologischen Vorgänge bezüglich ihrer Verknüpfung und Intensivierung. Die einzelnen Aspekte des technologischen Prozesses (Arbeitsgegenstand, Information, Energie, Bearbeitungsvorgang und Arbeitsmittel) werden nach ihrer Funktion im Produktionsprozeß auf Potentiale der Produktivitätssteigerung untersucht und entweder in ihrer Wirkungsweise verbessert oder durch neue Verfahren substituiert, wobei als Gradmesser die Einsparungen an Material, Energie und Arbeitszeit anzulegen sind, die sich letztlich alle in Zeiter-

sparnis auflösen lassen. Die alleinige beziehungsweise vorrangige Handlungsweise nach diesem Prinzip, d.h. eine Überbetonung des Rationalisierungsverhaltens (Ökonomie der Zeit) in von den sozialen und ökologischen Sphären abgekoppelten Teilsystemen, verstärkt die Widersprüchlichkeit zwischen gesellschaftlichen und natürlichen Systemen einerseits und technischen andererseits.

5. Ausarbeitung von Systemanalysen zur Beherrschung des komplexen Zusammenhangs, in den die neue Technologie eingebunden ist. Die technologische Innovation befindet sich in einem vernetzten Umfeld, das durch eine Vielzahl von Aspekten und Rückkopplungen gekennzeichnet ist, die auch den Rahmen für eine sozialökonomische Bewertung abgeben: soziale Beziehungen, Persönlichkeitsentwicklung, Ergonomie, Arbeits- und Gesundheitsschutz, Bedarf, Ökonomie, Ökologie, technologische Verflechtungen, Ethik, politische und Rechtsbeziehungen, Ästhetik sowie territoriale Aspekte. Die Realisierung dieses Prinzips setzt komplexes Wissen voraus, das nur durch ein interdisziplinäres Herangehen aktiviert werden kann und das Spektrum der gesellschaftlichen Interessen auf der Basis demokratischer Mitbestimmung repräsentiert.

6. Gestaltung von Mensch-Maschine-Systemen, die durch das Zusammenwirken hochkomplexer technischer Systeme mit menschlichen Aktivitäten gekennzeichnet sind, in einer für den Menschen überschaubaren und beherrschbaren Art und Weise. Die nuklearen Störfälle von Harrisburg, Tschernobyl und Biblis zeigen, daß die Verbreitung eines technischen Determinismus und die unkritische Haltung gegenüber Risikoanalysen zu Routine und Leichtsinn mit schwersten Folgen führen. Technisches und menschliches Versagen sind in einer Vielzahl von Kombinationen denkbar und nur unvollkommen antizipatorisch aufklärbar.

7. Weitgehender Verzicht auf Eingriffe in die Evolution, insbesondere auf die künstliche Einmischung in die Vererbungsstruktur des Menschen. Jeder Eingriff in die pflanzliche, tierische und menschliche Erbsubstanz bedeutet Selektion bestimmter Lebensformen, bedeutet zunächst Verwirklichung subjektiver Vorstellungen bezüglich der Art. Diese subjektiven Vorstellungen

können nur dann gesellschaftlich anerkannt und akzeptiert werden, wenn Klarheit über damit verbundene Auswirkungen und Veränderungen im gesamten System besteht. Welche Zeitspanne zur Beurteilung der "Folgen" hier als ausreichend angesehen wird, läßt sich wohl kaum mit einiger Sicherheit beantworten. Eine Handlungsweise nach dem technologischen Imperativ "Können impliziert Sollen" ist gerade in diesem Zusammenhang überdenkenswert (vgl. Lenk, 1988). Mit der Umkehrung, die auf das bekannte Moraldiktum von Kant hinführt, wären Forschung und Anwendung besser beraten.

Helmut Koziolek / Rainer Schwarz

Innovation und Reproduktionsprozeß

In der Marx'schen politischen Ökonomie wird die Reproduktion als materieller Prozeß gedacht und vorgestellt. Verbrauchte materielle Produkte werden stofflich durch erneut hergestellte Exemplare der gleichen Art ersetzt. [1]
Das steht in Analogie zur biologischen Reproduktion von Populationen, bei der neu geborene Individuen der gleichen Population an die Stelle der gestorbenen treten. Für die Reproduktion ist die Differenz zwischen Geborenen und Gestorbenen wichtig. Man kann sie auch in den Begriffen des Gleichgewichtes beziehungsweise des Ungleichgewichtes oder des Überschusses denken. Bei einem Geburtenüberschuß haben wir erweiterte Reproduktion, bei Gleichgewicht (Gleichheit) einfache Reproduktion und bei Geburtendefizit verminderte Reproduktion der Population.

1. Reproduktionsprozeß und Wirtschaftskreislauf

Ökonomisch ist Reproduktion nicht allein stofflich zu verstehen, sie ist zugleich auch Reproduktion von Werten und darüber hinaus Reproduktion von Produktionsverhältnissen. [2]
Mit der jährlichen Arbeit wird Neuwert geschaffen und Wert von Produktionsmitteln übertragen; gleichzeitig findet Verbrauch von Wert und Entwertung statt. Für die Reproduktion entscheidend ist hier wiederum der Überschuß, der als Mehrwert oder als Wert des Mehrproduktes gedacht wird. [3] Allerdings wird darunter nicht der Überschuß des Neuwertes über den verbrauchten Wert verstanden. Mehrprodukt ist der Überschuß über das notwendige Produkt, also über die für die Reproduktion der Arbeitskraft notwendigen Konsumtionsmittel. Mit ihrem Verbrauch wird zwar auch ihr Wert verbraucht, die Reproduktionstheorie betrachtet

sie jedoch vornehmlich vom Standpunkt ihrer Erzeugung, und hierbei ist ihr Wert Teil des Neuwertes. Im Zentrum theoretischer Betrachtung stehen meist Wertbildung (Wertschöpfung) und Wertübertragung. Gleichwohl hat K.Marx an verschiedenen anderen Stellen seines Werkes auf Wertverluste und Entwertung aufmerksam gemacht.

Ein Wertüberschuß des neu geschaffenen und des übertragenen Wertes über den Wertverbrauch wird bisher selten konsequent bedacht. Gleichzeitig wird bei der Wertübertragung vorausgesetzt, daß zwar Produktionsmittel stofflich verbraucht werden, ihr Wert aber vollständig (wenn auch teils schrittweise entsprechend den Abschreibungssätzen) auf das neue Produkt übertragen wird. Wir haben hier also völlige Werterhaltung. Das trifft aber nur dann zu, wenn das neue Produkt mit Gewinn verkauft wird. Kann es nicht oder nur mit Verlust verkauft werden, so ist selbstverständlich der Wert der verbrauchten Produktionsmittel nicht erhalten, sondern verbraucht worden. [4]

Erst die Realisierung der Ware in der Zirkulation (d.h. ihr Verkauf auf dem Markt) bedeutet die Realisierung ihres potentiellen Wertes. Sie bestimmt die Höhe des Gewinnes, des Extragewinnes oder des Verlustes. Während Verluste die Entwertung des veralteten Produktes bescheinigen und Punkte notwendiger Imitation von Innovationen markieren, bestätigen Extragewinne die Originalität einer Innovation; die Größe des Gewinns korrespondiert tendentiell mit der Größe der innovativen Leistung. Forschungsaufwendungen müssen sich letztlich auszahlen, damit sie weiterhin betrieben und zweckmäßig gesteigert werden können.

Für einen Kreislauf ist Rückkehr zum Ausgangspunkt charakteristisch, wobei in der Wirtschaft im Normalfall eine Werterhöhung zu verzeichnen ist: erweiterte Reproduktion des Wertes. Der Reproduktionskreislauf des Wertes ist qualitativ Wiederkehr des Gleichen in höherer Quantität. Gleichzeitig werden auch stofflich Produkte der gleichen Art reproduziert. Die Ersteinführung einer neuen Art von Produkten in den Reproduktionskreislauf durch Innovation ist immer eine Neuproduktion, keine stoffliche Reproduktion. Es ist der Beginn einer neuen stofflichen Qualität, mit der der Reproduktionskreislauf auf eine neue qualitative Stufe gehoben wird. Bevor wir darauf eingehen, wollen wir die stoffliche Reproduktion von Produkten der gleichen Art von einem Stoffkreislauf unterscheiden. Der Wasserkreislauf in der Natur oder der Blutkreislauf sind typische Kreisläufe, bei denen der gleiche Stoff zum Ausgangspunkt zurückkehrt. Das findet bei der stofflichen Reproduktion von Produkten in der Regel nicht statt. Stoffliche Reproduktion von Energieträgern, zum Beispiel Braunkohle, bedeutet in der Ökonomie Neugewinnung des gleichen Stoffes aus der Natur. Verbrannte Braunkohle ergibt Asche usw., Stoffe, die man in erheblichem Umfang durch Weiterverarbeitung nützlichen Anwendungen zuführen kann. Dieses sogenannte Recycling ist eine wichtige Aufgabe, bildet aber keinen Kreislauf, bei dem man zum Ausgangstoff zurückkommt.[5]

Die Natur bleibt neben der Arbeit die Quelle des Reichtums. Am Anfang der Reproduktion steht immer auch die Gewinnung von Stoff aus der Natur, an ihrem Ende (am Ende der möglichen Konsumtion) die Deponie von Müll in der Natur, die Gestaltung von Bergbaufolgelandschaften (die ebenfalls keine Rückkehr zum ursprünglichen Biotop sind) und so weiter; Prozesse, deren energetische Seite physikalisch als Entropiewachstum beschrieben wird.

Unsere Sicht des Reproduktionskreislaufes verdeutlicht die folgende Abbildung.

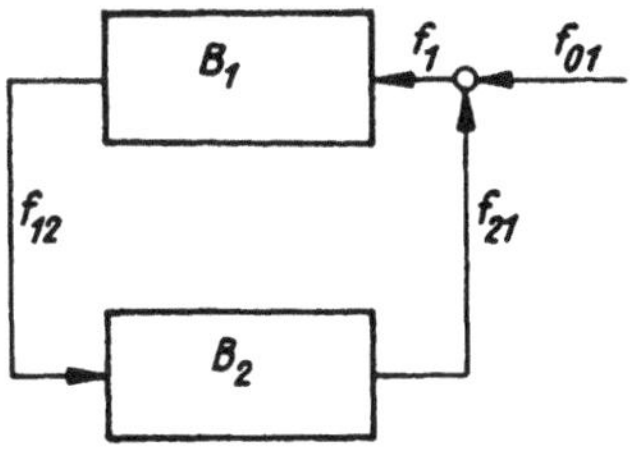

Abb. 17:
Elementares Beispiel für einen Kreislaufprozeß

Ein Kreislauf setzt sich aus folgenden Komponenten zusammen: Pole, Bestände und Flüsse. Alle Bestände sind zugleich Pole,

ferner sind Vereinigungs- und Verzweigungspunkte von Flüssen Pole. Das in der Abbildung dargestellte System besteht aus zwei Teilsystemen mit den Bestandsgrößen B_1 und B_2, die durch Flüsse f_{12} und f_{21} gekoppelt sind. Außerdem sei ein Zufluß aus der Umwelt (f_{01}) zu berücksichtigen. Wir nehmen an, daß Flüsse in den Teilsystemen als Bestände akkumuliert und nach einer bestimmten mittleren Verweilzeit (T_1 bzw. T_2) wieder abgegeben werden.
Als Pole haben wir für diesen Kreislaufprozeß die Vereinigungsstelle der Flüsse f_{21} und f_{01} sowie die Bestände B_1 und B_2.
Die Bestandsänderungen seien als ΔB_1 und ΔB_2 bezeichnet (mit dem Differenzen- bzw. Differentialoperator Δ). Das Modell des Kreislaufprozesses

$$\Delta B_1 = f_{01} + B_2 / T_2 - B_1 / T_1$$
$$\Delta B_2 = B_1 / T_1 - B_2 / T_2$$
$$f_{12} = B_1 / T_1$$
$$f_{21} = B_2 / T_2$$

beschreibt die Dynamik der Bestandsänderungen in Abhängigkeit von den Beständen und den Einflüssen aus der Umwelt des Systems (vgl. auch Matthes und Schwarz, 1988).
Bei dieser Sicht ist der Reproduktionskreislauf völlig kongruent mit den dynamischen Modellen, d.h. sein ökonomischer Inhalt kann nur durch dynamische Modelle adäquat widerspiegelt werden. Freilich läßt sich das nur mit einem Reproduktionsmodell empirisch belegen, das die von der Statistik beschriebene vergangene Wirtschaftsentwicklung hinreichend genau simuliert (vgl. Koziolek,Matthes und Schwarz, 1988). Es vereint im angegebenen Sinne eine Vielzahl von Beständen und Flüssen, wobei dann f_{01} als Zufluß aus einem anderen Bestand zu interpretieren ist, es gibt Abflüsse f_{13} und f_{24} in weitere Bestände usf. Schließlich gehören zum Reproduktionskreislauf der Allgemeinheit halber noch Pole, die reine Quellen sind (zum Beispiel die Sonnenenergie), oder die Senken sind (zum Beispiel Endlager von Müll) beziehungsweise die manchmal theoretisch als Senken ohne Rückfluß aufgefaßt werden (wie die Konsumtion oder die immateriellen Bereiche), wie die folgende Abbildung zeigt.

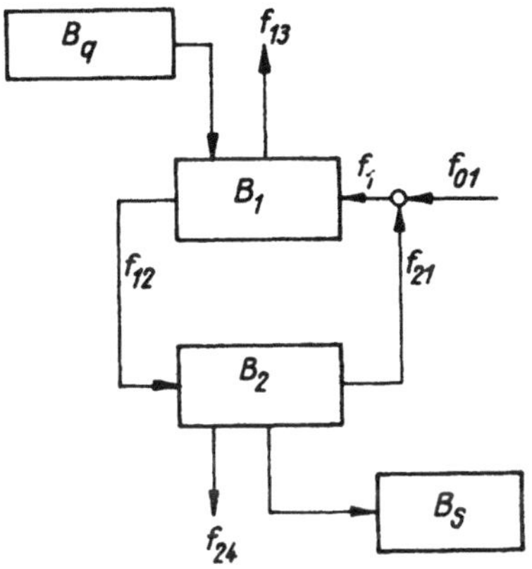

Abb. 18:
Elementares Beispiel für einen erweiterten Kreislaufprozeß

Im ökonomischen Reproduktionskreislauf sind drei grundsätzliche Arten von Flüssen zu beobachten: Stoffflüsse und die sie begleitenden Wertflüsse (beziehungsweise Wertflüsse in ihrem stofflichen Formwechsel), ihnen entgegengerichtete finanzielle Flüsse und Informationsflüsse, die die beiden ersten Arten miteinander vermitteln. Das Grobschema des entsprechenden mathematischen Reproduktionsmodells (ebenda) illustriert diesen Sachverhalt (vgl. Abb. 19). Das führt auf die grundsätzliche Frage nach dem Unterschied der Reproduktion von Produkt (Stoff) und Wert einerseits und der Reproduktion von Information andererseits.

Wird ein materielles Produkt, das gekauft worden ist und Gebrauchswert sowie Wert verkörpert, verbraucht, so sind sein Gebrauchswert und sein Tauschwert dahin. Unter Einsatz seines Entgeldes wird ein neues Produkt der gleichen Art reproduziert (sei es mit dem gleichen Wert), das wiederum verbraucht werden kann. Information hingegen wird nicht verbraucht mit ihrer Nutzung. Physikalische Gesetze werden bei ihrer Anwendung nicht abgenutzt. Reproduktion von Information bedeutet ihre Weitergabe über Kommunikationssysteme (zum Beispiel das Bildungssystem), ihre Duplizierung, d.h. ihre Vervielfältigung überhaupt.

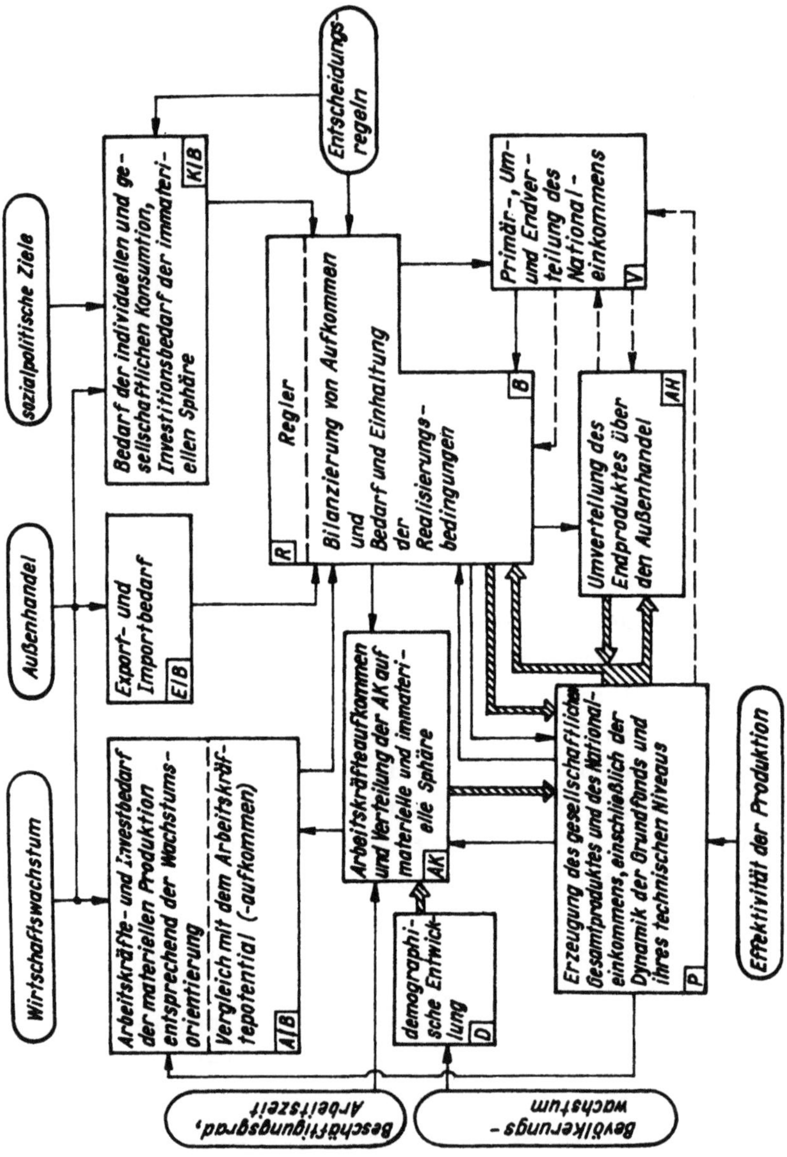

Abb. 19:
Grobstruktur der Modellblöcke und Szenarien eines volkswirtschaftlichen Reproduktionsmodells
(Rechtecke: Modellblöcke; Ovale: Szenarien; schraffierte Pfeile: Abbildung stofflicher Flüsse; unterbrochene Pfeile: Abbildung finanzieller Flüsse; durchgezogene Pfeile: Informationsflüsse zur Bestimmung von Aufkommen und Bedarf und für die Bilanzierung)

Reproduktion von Produkten und von Werten bedeutet Wiederherstellung des Verbrauchten und seinen Ersatz durch Gleichartiges. Die Gleichartigkeit wird über die Verwendung der gleichen Information (zum Beispiel derselben technischen Zeichnung, desselben Steuerlochstreifens und so weiter) vermittelt.

Innovation bedeutet in diesem Kontext zunächst die Ersthersteltlung von neuartigen Produkten. Durch sie werden zum einen verbrauchte Produkte der alten Art zunehmend ersetzt, um eine höhere Leistungsfähigkeit zu erreichen. Es findet Artwechsel statt, Verdrängung des Alten durch Neues. Bisherige Produkte veralten und werden bei Weiterproduktion entwertet. Mit den Produkten veralten die Informationen, anhand derer sie hergestellt werden. Zum anderen können neuartige Produkte neue Bedürfnisse befriedigen, wobei die bisherigen Produktenarten nicht verdrängt, sondern ergänzt werden. Es findet Anreicherung von Produktenarten statt. Die Informationen, nach denen die bisherigen Produkte hergestellt werden, veralten hierbei nicht. Die im Reproduktionsprozeß fungierenden Informationen werden angereichert; die Informationsvielfalt wächst.

Neben Produktinnovationen unterscheidet man Innovationen von Verfahren [6], worunter man meist technologische Verfahren versteht, in einem weiteren Sinne aber auch organisatorische Verfahren und juristische Regelungen einschließen kann. Letztere sind häufig von der Schaffung neuer Strukturen begleitet, so daß man auch von institutionellen Innovationen [7] sprechen könnte. Hier verändern vor allem die Schaffung neuer Betriebe (zum Beispiel Halbleiterwerke) [8], die Auflösung alter Betriebe im Kapitalismus, ihre Umprofilierung in der sozialistischen Wirtschaft, die Herstellung neuer Kooperations- und Marktbeziehungen und neue Regelungen der Produktionsverhältnisse (zum Beispiel die Kombinatsbildung in der DDR, qualitativ neuartige Regelungen der Planungsordnung, des Steuersystems und ähnliches) den Reproduktionsprozeß nachhaltig .

Es ist wichtig zu begreifen, daß sich Veränderungen der Produktionsverhältnisse nicht auf die großen Umwälzungen der Gesellschaftsformationen beschränken. Marx und Engels haben das bereits im "Manifest der Kommunistischen Partei" für den Kapita-

lismus klar gesehen: "Die Bourgeoisie kann nicht existieren, ohne die Produktionsinstrumente, also die Produktionsverhältnisse, also sämtliche gesellschaftlichen Verhältnisse fortwährend zu revolutionieren. ... Alle festen, eingerosteten Verhältnisse mit ihrem Gefolge von altehrwürdigen Vorstellungen und Anschauungen werden aufgelöst, alle neugebildeten veralten, ehe sie verknöchern können" (Marx/Engels, Manifest, S. 465).
Die ständige institutionelle Erneuerung der Produktionsverhältnisse innerhalb einer Gesellschaftsformation führt zur qualitativen Entwicklung dieser Verhältnisse im Einklang mit der Produktivkraftentwicklung durch Produkt- und Verfahrensinnovationen. Diese drei Arten von Neuem sind in der Realität häufig miteinander verbunden. Ein neuartiges Produkt beruht vielfach auf einem neuen technologischen Verfahren oder ermöglicht neue technologische Verfahren beim Anwender. Die Herstellung revolutionär neuer Produkte ist meist mit der Bildung neuer Betriebe verbunden und von der Herstellung neuer Kooperations- und Marktbeziehungen begleitet. Die dazu notwendige höhere Flexibilität und Reaktionsgeschwindigkeit setzt eine höhere Eigenverantwortung der Wirtschaftseinheiten (wie der Kombinate der DDR) voraus, was wiederum mit entsprechenden Neuregelungen des gesamten Systems der Leitung, Planung und Stimulierung, der Preisbildung und anderem verbunden ist.
Produkt- und Verfahrensinnovationen beziehen sich immer auf konkrete Produkte und Verfahren, genauer noch, sie schaffen neue Eigenschaften beziehungsweise Funktionen. Sie heben auf der Mikroebene der Wirtschaft an. Allein in der DDR und nur für Produkte umfaßt die für Innovationen in Betracht kommende Grundgesamtheit 24 Millionen bisheriger Arten von Einzelerzeugnissen. Die qualitative Entwicklung dieser Vielfalt setzt die Stimulierung und Entfaltung einer entsprechenden Vielfalt von Initiativen und Kreativität auf der Ebene voraus, auf der die notwendige Sachkunde vorhanden ist. Das ist die Ebene von Kombinatsbetrieben, von Betriebsabteilungen bzw. von relativ kleinen Kollektiven in Betrieben und wissenschaftlichen Einrichtungen. Meist ist es der Einzelerfinder, der die für eine Innovation entscheidende neue Idee hervorbringt.

Dennoch unterliegt die gesamte Erzeugnisvielfalt nicht gleichzeitig dem Innovationsprozeß. In bezug auf die Grundgesamtheit wird ein Selektionsmechanismus wirksam, mit dem aus den möglichen Innovationen die besonders gewinnversprechenden ausgewählt werden. Sein Kernstück ist der Entscheidungsprozeß. Er erstreckt sich auf die Auswahl von Forschungsthemen, Erzeugnissen, Verfahren bzw. Technologien, Investitionsvorhaben bis hin zu Absatzmärkten und -strategien. Für einen erfolgreichen Innovationsprozeß ist die effektive Verbindung dieser verschiedenen Entscheidungen ausschlaggebend.

Diese Entscheidungsprozesse finden - geprägt durch die jeweiligen gesellschaftlichen Bedingungen - in der kapitalistischen und in der sozialistischen Wirtschaft auf verschiedenen Ebenen statt. Die dominierende Ebene ist zweifellos die Ebene der Wirtschaftseinheiten, auf der allein die gesamte Erzeugnisvielfalt sachkundig erfaßt werden kann. Die verschiedenen Einzelentscheidungen werden hier in einem sorgfältigen Planungsprozeß aufeinander abgestimmt. Wir erinnern an Engels, der dem kapitalistischen Betrieb Planungsfähigkeit bescheinigt hat.[9] Eine gesellschaftliche Gesamtplanung von Innovationen und also von gesellschaftlicher Entwicklung kennt die kapitalistische Gesellschaft nicht, wohl aber die staatliche Förderung von gesellschaftlich besonders wichtigen Innovationen. Hierdurch wird ein Großteil des mit diesen Innovationen verbundenen Risikos von den Privatunternehmen auf die Gesellschaft übertragen. Dies gilt für die sehr aufwendigen Innovationen der Infrastruktur nahezu ausnahmslos.

Weitere Beispiele sind Raumfahrtprogramme, nationale Programme der Biotechnologie in fast allen kapitalistischen Hauptländern, das SDI-Programm, das japanische Programm zur Entwicklung der fünften Computergeneration und andere. Mit derartigen Programmen erfolgt die Konzentration von Ressourcen auf Innovationsfelder, die strategische Durchbrüche versprechen. Die Halbleiterindustrie der USA ist in den fünfziger Jahren mit erheblichen staatlichen Subventionen aufgebaut worden,[10] was sich bis heute für die Konkurrenzfähigkeit der USA auszahlt. Eine aktuelle Parallele ist das westeuropäische Airbus-Programm.

Auch die Gesamtplanung in der sozialistischen Wirtschaft beginnt mit einem typischen Innovationsprogramm, dem GOELRO-Plan für die Elektrifizierung in der Sowjetunion. Mit der ökonomischen Strategie in der DDR werden heute besonders Schlüsseltechnologien (vor allem Mikroelektronik und Biotechnologie) in den Vordergrund gerückt, also wichtige Innovationsfelder. Auf sie werden vorrangig Forschungsthemen und Investitionsvorhaben, materielle und geistige Ressourcen konzentriert. Grundlegende Innovationsprozesse sind immer von einer tiefgreifenden Ressourcenumverteilung begleitet. Ein Vorzug sozialistischer Planwirtschaft besteht darin, daß bei gesellschaftlichem Eigentum an Produktionsmitteln die zentrale Planung wirkungsvoll mit der Planung auf der Ebene der Wirtschaftseinheiten verbunden werden kann.

Während diese Verbindung in der kapitalistischen Gesellschaft sehr selektiv bei ausgewählten Förderungsprogrammen von Innovationen - dann allerdings meist sehr effektiv - funktioniert, verfolgt die Gesamtplanung im Sozialismus den gesamten volkswirtschaftlichen Reproduktionsprozeß. Auf diese Prozesse gehen wir unten noch weiter ein.

Im Hinblick auf die Dialektik von Reproduktion und Innovation gelangen wir zu folgender Sicht. In der Wirtschaft bedeutet Reproduktion zunächst die Wiederherstellung des gleichen - nicht desselben - Produktes, also die erneute Herstellung eines anderen Produktes der gleichen Art, und die Wiederherstellung seines Wertes. Je nach Umfang (beziehungsweise Stufenleiter) der Wiederherstellung kann man bei gleichem Umfang einfache, bei größerem erweiterte und bei geringerem verminderte Reproduktion unterscheiden. In einem weiteren Sinne umfaßt die Reproduktion auch die Wiederherstellung der gleichen Ausgangsbedingungen der Produktherstellung: des gleichen Verfahrens, der gleichen sozialökonomischen Verhältnisse (vor allem der Produktionsverhältnisse) und - sine qua non - der gleichen ökologischen Bedingungen.

Die Dialektik zwischen Reproduktion und Innovation wollen wir hier lediglich eingeschränkt an Produkten und ihrem Wert verdeutlichen. Innovation von Produkten ist Negation von Produkten

bisher produzierter und reproduzierter Art und Position von Produkten neuer Art. Gleichzeitig ist erweiterte Wertreproduktion Bedingung für die Realisierung von Produktinnovationen.[11] Mit der Innovation werden Erzeugnisse mit höherem Gebrauchswert und Wert in den Reproduktionskreislauf eingeführt und bei Artwechsel kommt es zur Entwertung bisheriger Produkte. Vor allem revolutionäre Neuerungen (Basisinnovationen) sind häufig von Wertrevolutionen begleitet. Innovation als Ersherstellung einer neuen Produktart ist Negation der Reproduktion als Wiederherstellung der gleichen Produktart. Die Reproduktion der Innovation ist die Negation dieser Negation, die Aufhebung der Reproduktion in neuer Qualität. Mit der Reproduktion der Innovation kommt es zur qualitativen Entwicklung im gesamten Reproduktionskreislauf. Durch Transfer der Innovation zu anderen Produzenten, ihre Imitation durch andere Produzenten (die häufig eine eigene schöpferische Adaptation an andere Bedingungen erfordert) und ihre massenweise Verbreitung (Diffusion) wird diese neue Qualität ausgeprägt.
Je nach Umfang und Schnelligkeit der Verbreitung erfolgt die Wirkung der Innovation auf das Wirtschaftswachstum und die Effektivitätserhöhung. Mit wachsender Verbreitung wird die Innovation immer mehr zur Normalität, bis sie schließlich ihren Charakter als Innovation verliert. Durch ihre Reproduktion findet die Negation der Innovation statt. Die Innovation und ihre Verbreitung verleiht dem Reproduktionskreislauf seine spezifische Historizität.

2. Konzepte des Innovationsprozesses

Eine verbreitete Sprechweise stellt den Innovationsprozeß als "Zyklus Wissenschaft - Produktion" vor. Wissenschaftliche Ergebnisse werden in die Produktion überführt. Eine neue wissenschaftliche Idee wird zunächst im Labormaßstab als Produkt oder Verfahren materialisiert. Dann erfolgt eine Maßstaberweiterung in der Produktion, die bei Verfahrensinnovationen häufig über den Zwischenschritt von Pilotanlagen verläuft. Bei der Maßstaberweiterung und in der Produktion selbst entstehen meist Probleme, die als Information an die Wissenschaft zurückgegeben werden und zu neuen wissenschaftlichen Problemstellungen (vgl. Parthey, in diesem Band) führen können. Diese enge Wechselwirkung von Wissenschaft und Produktion erfaßt vor allem die Ersteinführung von Verfahren in die Produktion. Es findet auch eine Rückkopplung von Informationen zur Wissenschaft statt. Darüber hinaus stellen die Kombinate der DDR wissenschaftlichen Einrichtungen zunehmend materielle Forschungsbedingungen zur Verfügung, und zwischen Wissenschaft und Produktion werden Kader ausgetauscht. Das alles sind international seit langem wichtige Bedingungen für das Hervorbringen von Innovationen. Genau genommen ist für diese Wechselwirkung die Bezeichnung eines "Zyklus" nicht sehr zutreffend; denn die für einen Zyklus charakteristische Rückkehr zur Ausgangssituation besteht lediglich in dem Sinne, daß am Anfang ein wissenschaftliches Problem steht und am Ende aus der Produktion wiederum ein anderes wissenschaftliches Problem initiiert werden kann.

Die globale Vorstellung vom "Zyklus Wissenschaft - Produktion" scheint sehr allgemeingültig zu sein. Sie beschränkt sich aber auf eine Reproduktionsphase und erfaßt die besonders für Produktinnovationen entscheidenden Phasen der Zirkulation und der Konsumtion nicht. Bevor wir näher darauf eingehen, erwähnen wir ein anderes zyklisches Konzept des Innovationsprozesses. Es modelliert das Schicksal einer Innovation nach dem Muster des sogenannten Lebenszyklus (Geburt, Jugend, Reife, Alter, Tod). Nach Eliade (1949) geht die Zyklizität ursprünglich auf den Mondzyklus (Erscheinen, Zunahme, Vollmond, Abnahme, Verschwinden) zurück und ist mit dem Mythos von der ewigen Wiederkehr verbunden. Sieht man von der Wiederkehr bzw. dem Zyklus ab, ist die Untersuchung des Innovationsprozesses nach dem Phasenkonzept (Ersteinführung, Wachstum, Reife und Sättigung, Rückgang) überaus fruchtbar. Dieses Konzept wird bei der Verfolgung der Effektivitätswirkung einer Innovation, ihrer Leistungsentwicklung (Lernkurve) und der Stückzahlentwicklung ihrer Produktion verwendet. Die zahlenmäßige Entwicklung bei Artwechsel wird in der Abbildung 20 veranschaulicht, die Prigogine und

Stengers (1984) auch auf technologische Innovationen beziehen. Diese Kurven werden in der Regel nach dem Muster logistischer Funktionen postuliert, der Rückgang exogen im Einklang mit dem Erscheinen einer neuen logistischen Funktion angenommen. Sobald derlei Kurven nicht das Ergebnis empirischer Messung sind, kann allerdings ihr anthropomorpher Ursprung nicht ausgeschlossen werden.

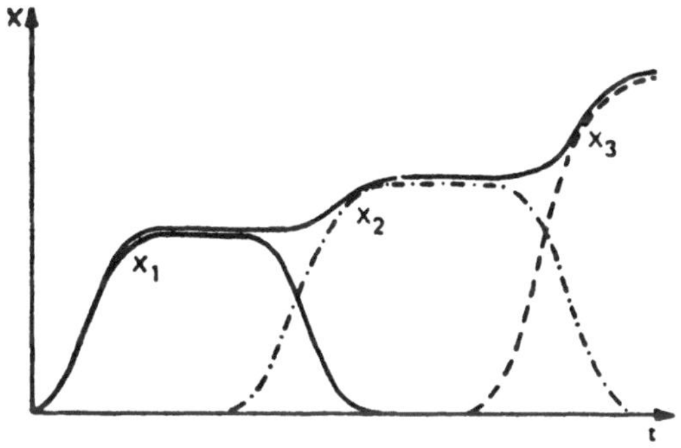

Abb. 20:
Entwicklung von drei Arten einer Population (nach Prigogine und Stengers, 1984)

Beschreibt das erwähnte Phasenkonzept die Wirkung einer Innovation, so zielt der "Zyklus Wissenschaft - Produktion" (wenn auch unvollständig) auf die Bedingungen, die diese Wirkungen hervorbringen können. Wir ergänzen dieses elementare Schema um zwei wichtige Bindeglieder, die Wissenschaft und Produktion vermitteln und dehnen es auf die übrigen Reproduktionsphasen aus.

Das erste Bindeglied ist die technische [12] Entwicklung, die einerseits als technische Wissenschaft in der Wissenschaft selbst einsetzt und andererseits in der Produktion beheimatet ist. Damit erhält neben dem Wissenschaftler und dem Produktionsarbeiter der für Innovationen überaus maßgebende Berufsstand des Ingenieurs seine eigenständige Stellung im Konzept des Innovationsprozesses.[13]

Das zweite Bindeglied ist die Investition, mit der die Neuerungen der Wissenschaft und der technischen Entwicklung in der

Regel erst industriell materialisiert werden können.[14]
Die Investitionsaufwendungen für Pilotanlagen, Produktionskapazitäten und Vertriebsnetze übersteigen die eigentlichen Forschungsaufwendungen oft erheblich. Außerdem machen die Zeiten für die Investitionsdurchführung einen wesentlichen Teil der Gesamtdauer des Innovationsprozesses aus. Die Erzielung des mit der Ersteinführung einer Innovation verbundenen Extragewinnes setzt daher die maximale Verkürzung des Investitionsprozesses voraus.

Außer der Produktion sind die anderen Reproduktionsphasen für die Realisierung einer Innovation bestimmend: Distribution, Zirkulation und Konsumtion. Je nach Ausmaß der erforderlichen Investition ist Innovation immer mit Ressourcenumverteilung verbunden. Veralteten Produktionen werden Ressourcen entzogen und den neuen Innovationsfeldern zugeteilt. Die Neuverteilung erfolgt in der kapitalistischen Wirtschaft vor allem über die Gelddistribution. Kredit-, Subventions- und Steuersystem räumen Innovationen Priorität ein. Die Preisbildung sichert Innovationen Extraprofite. Es gibt auch Elemente direkter stofflicher Ressourcendistribution. Staatsaufträge - insbesondere für Hochtechnologien des militärisch-industriellen Komplexes -, Embargolisten und Einfuhrbeschränkungen für die ausländische Konkurrenz selektieren Innovationen auch stofflich. Alle diese Komponenten bilden einen abgestimmten Distributionsmechanismus, der Innovationen begünstigt und zugleich bei begrenzten Ressourcen zwischen ihnen nach militärstrategischen und Profitinteressen selektiert.

In der sozialistischen Wirtschaft der DDR erfolgt die Ressourcendistribution über die staatliche Planung sowohl finanziell als auch materiell (stofflich). Staatlicher Finanzplan, Staatsplan Wissenschaft und Technik, Staatsplan Investitionen, die Bilanzierung von Material, Ausrüstungen und Konsumgütern sowie weitere Gebiete der Planung räumen Innovationen speziell auf den Gebieten der in der ökonomischen Strategie der Sozialistischen Einheitspartei Deutschlands fixierten Hoch- und Schlüsseltechnologien höchste Priorität ein. Mit dieser Planung sind eine Vielzahl von Problemen zu lösen, von denen wir nur einige andeuten möchten. Vor allem müssen die späteren Realisierungsbedingungen in der Produktion und in der Zirkulation (einschließlich der äußeren Märkte) möglichst genau vorhergesehen und in den Plänen berücksichtigt bzw. vorherbestimmt werden. Dieses Problem ist angesichts der ständig wachsenden Mannigfaltigkeit von Einzelerzeugnissen, Produktionsverfahren, Produzenten, Konsumenten, Kooperationsmöglichkeiten und weiteren nur zu lösen, wenn die Planung auf zentraler Ebene effektiv mit der Planung auf der Ebene der Kombinate und der Kombinatsbetriebe abgestimmt ist, und wenn die Kombinate gleichzeitig eine solche Eigenverantwortung erfahren, die ihnen ein schnelles und flexibles Eingehen auf Innovationschancen und Marktbedürfnisse ermöglicht. Ein weiteres Planungsproblem besteht darin, die Einheit von finanzieller und materieller Planung im notwendigen Detail herzustellen, so daß dem Geld die benötigte einzelne Ware gegenübersteht. Im Hinblick auf kurzfristig entstehende Innovationschancen besteht eine spezielle Planungsaufgabe darin, Ressourcenpotentiale freizuhalten, damit diese Chancen möglichst schnell genutzt werden können. Dialektik in der sozialistischen Planwirtschaft heißt, diesen Freiraum für Innovationen im dialektischen Gegensatz zu einer vollständigen Bilanzierung der Ressourcen auf Jahre hinaus zu einem mehrjährigen Bestellsystem auch für Innovationen und zur Ressourcenplanung an der Obergrenze bzw. oberhalb der Produktionskapazität zu setzen. Diese dialektische Einheit schafft Innovationen den notwendigen Freiraum für Flexibilität und Reaktionsgeschwindigkeit.[15]

Obwohl die Zirkulation bei einer effektiven Planung bzw. Distribution bereits im Blickfeld ist, besitzt sie hinsichtlich der Selektion von Innovationen eine eigenständige und zentrale Funktion. Denn erst mit dem Verkauf des neuen Produktes bzw. Verfahrens hat die Innovation ihre ökonomische Bewährungsprobe bestanden. Während die bisher von uns behandelten Phasen des Innovationsprozesses die Genesis der Innovation erfassen, erfährt die Innovation mit ihrem erstmaligen Verkauf ihre eigentliche Geburt.[16] Nach einem vorn erwähnten Konzept beginnt der Innovationszyklus überhaupt erst mit dieser Geburt.

In der Zirkulation treten verschiedene Innovationen der gleichen Art sowohl einander als auch bisherigen Erzeugnissen und Verfahren gegenüber. Hier ist das gesamte Angebot gleichzeitig präsent, ein wesentlicher Ausschnitt davon beispielsweise auf Messen.

Neben dieser Angebotsfunktion ist die Selektionsfunktion der Zirkulation für die Realisierung von Innovationen ausschlaggebend. Zum einen wird selektiert, ob eine angebotene Innovation überhaupt auf dem Markt akzeptiert wird, zum anderen wird darüber entschieden, welche Marktanteile die Innovation erringen kann. Eine weitere Selektion findet in der Phase der Konsumtion statt. Erst im Gebrauch zeigt sich die wirkliche Überlegenheit der Gebrauchseigenschaften einer Innovation. In der Konsumtion ist die bessere und/oder billigere Bedürfnisbefriedigung ein wichtiges Kriterium für den Erfolg des Neuen.

Bisher verfügt das Phasenschema noch nicht über die Rückkopplung, die es zum Zyklus macht. Nach unserer Auffassung besteht diese Rückkopplung zum einen aus der Information über nicht befriedigte Bedürfnisse, die aus der Zirkulation und der Konsumtion als Problem an Wissenschaft und technische Entwicklung zurückfließt. Bekanntlich entspringen Erfindungen und Innovationen aus zwei Quellen (vergleiche die Fallstudien von Jewkes, Sawers und Stillerman, 1958). Einmal gehen sie aus der Wissenschaft hervor und wecken neue Bedürfnisse der Konsumtion. Zweitens werden Erfindungen von Bedürfnissen angeregt (Fotografie, Radio, Fernsehen, Rasierapparat, Xerographie und andere Erfindungen). Die Abbildung 21 erfaßt den Zusammenhang beider Prozesse. In der Wirtschaft der DDR wird diesem Zusammenhang zunehmende Beachtung geschenkt, weil eine starke Konfrontation der Wissenschaft und der Kombinate mit den Bedürfnissen des Weltmarktes für die Erfindungsergiebigkeit und die Weltmarktfähigkeit der Exporterzeugnisse außerordentlich fruchtbar ist.

Die Abbildung 21 stellt den Innovationsprozeß in seiner Einheit mit dem Reproduktionsprozeß vor, wobei materielle Rückkopplungen neben Informationsrückkopplungen den Zyklus schließen. Dazu gehören vor allem Forschungstechnik für die Wissenschaft, CAD-Stationen, Technika, Versuchs- und Pilotanlagen für die techni-

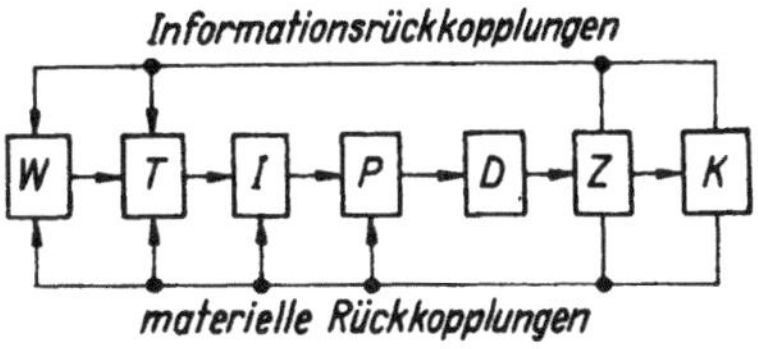

Abb. 21:
Innovationsprozeß als Zyklus
(W: Wissenschaft, T: technische Entwicklung, I: Investition, P: Produktion, D: Distribution, Z: Zirkulation, K: Konsumtion)

sche Entwicklung, die Reproduktion der Arbeitskraft für Wissenschaft und Technik sowie Bau- und Ausrüstungsinvestitionen für die industrielle Realisierung von Innovationen.
Das Schema des Innovationsprozesses als Zyklus verdeutlicht einige elementare Zusammenhänge. Im Unterschied dazu umfassen reale Innovationsprozesse die vielfältigsten miteinander verflochtenen Aktivitäten. Dazu gehören nach der Entdeckung bzw. Erfindung beispielsweise die Erkundungsforschung, die Bewertung der technischen oder Gebrauchswerteigenschaften, der Verfahrensentwurf, Leitungsentscheidungen zur Entwicklung, der Aufbau einer Pilotanlage, Forschungsarbeiten an der Pilotanlage einschließlich Ermittlung von Verhalteneigenschaften, von möglichen Kapazitätsgrößen sowie die anschließende Konkretisierung des Verfahrensentwurfs. Ebenso gehören zu diesen Aktivitäten die Einschätzung der Marktsituation, Absatztests, Berechnung der ökonomischen Effektivität, Leitungsentscheidungen für den Übergang zur Produktion, Festlegung der Lizenzpolitik, Werkzeug- und Geräteentwicklung, der Aufbau eines Werkes geringer oder mittlerer Kapazität, weiterer Verfahrensentwurf, Absatz- und Marktentwicklung, Schulungen, Kapazitätserhöhung und der Aufbau weiterer Werke. Je nach Art der Erfindung werden durch die beteiligten Wirtschaftseinheiten die notwendigen Aktivitäten spezifiziert und können zu einem Flußbild oder Netzwerk verflochten werden. Damit kann man die Aktivitäten sorgfältig terminieren und kontrollieren, um den Neuerungsprozeß maximal

zu beschleunigen. Gleichzeitig werden Fragekataloge eingesetzt, um die Durchführung aller wichtigen Aktivitäten zu sichern.
Der Neuerungsprozeß ist jedoch mit der Ersteinführung der Innovation nicht abgeschlossen, er erstreckt sich außerdem auf ihre Verbreitung in der Wirtschaft. Damit wird der Zusammenhang von Innovation und Wirtschaftswachstum berücksichtigt. Ebenso wie die grundlegende Erfindung eine zwar notwendige, doch nicht ausreichende Bedingung für den Innovationsprozeß ist, so ist die Einführung eines neuen Verfahrens mit höherer Produktivität in die Produktion oder eines neuen Erzeugnisses mit höherem Grad der Bedürfnisbefriedigung auf dem Markt die grundlegende, doch nicht ausreichende Bedingung für hohes Wirtschaftswachstum. Es ist die Verbreitungsgeschwindigkeit einer Innovation, die das Tempo des Wirtschaftswachstums bestimmt. Unter Verbreitung versteht man das Wachstum der produktiven und konsumtiven Anwendung einer Innovation. Die Verbreitung (Diffusion) ist vor allem ein Lernprozeß, der mehr oder weniger Zeit in Anspruch nimmt (vgl. dazu auch Mansfield, 1971).

3. Funktion der Kombinate und ihrer Betriebe im Innovationsprozeß

In der Volkswirtschaft der DDR haben sich Kombinate als grundlegende Wirtschaftseinheit herausgebildet. Einige Kombinate bestehen schon seit geraumer Zeit (zum Beispiel das Berg- und Hüttenkombinat "Albert Funk" Freiberg seit 1961).[17] Die Anzahl der den Industrieministerien direkt unterstellten Kombinate wuchs von 35 im Jahre 1970 auf 44 im Jahre 1977. Mit 133 Kombinaten war der Prozeß der Kombinatsbildung in diesem Bereich 1981 im wesentlichen abgeschlossen. Ende 1986 gab es 175 zentralgeleitete Kombinate (davon 131 im Bereich der Industrieministerien, 21 im Bauwesen und 13 in der Land-, Forst- und Nahrungsgüterwirtschaft) und 237 bezirksgeleitete Kombinate (davon gehörten 95 zur Industrie, 31 zum Bauwesen, 17 zum Verkehrswesen, 35 zur Nahrungsgüterwirtschaft, 30 zum Handel und 27 zum Verband der Konsumgenossenschaften).

Ein wesentliches Anliegen der Kombinatsbildung bestand darin, die Produktivkraftentwicklung zu beschleunigen und die neuen Ergebnisse der wissenschaftlich-technischen Revolution ökonomisch effektiv zu verwerten. Mit der Kombinatsbildung wurde es ermöglicht, im Rahmen einer Wirtschaftseinheit die durchgängigen Voraussetzungen für die Realisierung relativ geschlossener Innovationsprozesse zu schaffen und weiter zu entwickeln. Mit diesen Voraussetzungen können Kombinate zu Initiatoren und Zentren von Innovationsprozessen werden.

Entsprechend dem von uns oben entwickelten Konzept des Innovationsprozesses erstrecken sich diese Voraussetzungen von der Grundlagenforschung bis zum Absatz und schließen insbesondere die enge Rückwirkung des Absatzes auf die Problemstellung in Forschung und Entwicklung ein. Die Kombinate verfügen in der Regel - wenn auch in unterschiedlichem Maße - über Kapazitäten der Grundlagenforschung, der Forschung und Entwicklung, Projektierung, Konstruktion, des Rationalisierungs-, Werkzeug-, Vorrichtungs- und Musterbaus, Kapazitäten für die Realisierung von Investitions- und Modernisierungsvorhaben in gewissem Umfang, leistungsfähige Produktionskapazitäten bis hin zu Kapazitäten des Absatzes (einschließlich der Marktforschung und -bearbeitung). Diese Kapazitäten sind je nach Spezifik des Kombinates und in Abhängigkeit von seinem Entwicklungsniveau sehr differenziert ausgebildet und auf unterschiedliche Weise im Kombinat verteilt. Besonders ausgeprägt sind diese Kapazitäten in jenen Kombinaten, die sich zu Zentren von Innovationsprozessen entwickelt haben.

Bekanntlich bestehen die Kombinate aus juristisch und ökonomisch selbständigen Betrieben, die nach der wirtschaftlichen Rechnungsführung arbeiten, ein eigenes Bankkonto und einen eigenen Namen besitzen. Sie haben ihren eigenen Plan, bilanzieren ihre Fonds, können Kredite aufnehmen und rechnen selbständig ab. Die wichtigsten Arten von Kombinatsbetrieben sind: Produktionsbetriebe für Finalerzeugnisse und für Zuliefererzeugnisse, Forschungs- und Entwicklungseinrichtungen, Projektierungsbetriebe, Rationalisierungsmittelbetriebe, Binnen- und Außenhandelsbetriebe sowie Kundendiensteinrichtungen.

Die Kombinatsbetriebe sind im Rahmen des Kombinates zu einem relativ geschlossenen Reproduktionsprozeß verbunden.
Ein durchgängiger Innovationsprozeß wird freilich nicht immer über die Wechselwirkung von Kombinatsbetrieben vollzogen. Die für ihn erforderlichen Kapazitäten sind häufig auch in Form von Betriebsteilen, Abteilungen und kleinen Kollektiven organisiert. Dennoch kann man zunehmend beobachten, daß für Innovationsprozesse wesentliche Glieder in Form selbständiger Betriebe organisiert werden. Das erfolgt sowohl über die Gründung neuer Betriebe als auch über die Umprofilierung bestehender Betriebe. Kombinate sind also keineswegs starre Gebilde. Ihre Entwicklung vollzieht sich in einzelnen Fällen auch über die Auflösung von Kombinaten bei Eingliederung in andere Kombinate (zum Beispiel wurde das Kombinat PENTACON Anfang 1985 dem Kombinat Carl Zeiss Jena angegliedert), die Überführung von Betrieben zwischen Kombinaten [18] und über die Neubildung von Kombinaten.[19]
In einigen Kombinaten ist das Forschungszentrum Stammbetrieb beziehungsweise erbringt der Stammbetrieb ausschließlich oder überwiegend wissenschaftlich-technische Leistungen (manchmal einschließlich der Entwicklung und Einführung von Rationalisierungs- und Prüfmitteln sowie Werkzeugen).[20] In vielen Kombinaten sind die wesentlichen Forschungs- und Entwicklungskapazitäten im Stammbetrieb konzentriert.[21] Vielfach findet man auch selbständige Forschungsinstitute beziehungsweise -zentren im Kombinat. [22]
Mit eigenen kreativen Forschungskapazitäten können die Kombinate effektive Partnerschaftsbeziehungen zu dem Forschungspotential der Akademie der Wissenschaften und des Hochschulwesens gestalten.[23] Letztere widmen sich der erkundenden Grundlagenforschung auf hohem Niveau. Sie können dadurch die entscheidenden Quellen für Basisinnovationen, die neue Wirtschaftszweige ins Leben rufen beziehungsweise das Effektivitätspotential der Wirtschaft revolutionär beeinflussen, erschließen. Die damit verbundenen hohen Forschungsvorleistungen können sich gesellschaftlich erst auszahlen, wenn die Innovation von den Kombinaten in kürzester Zeit und in maximalen Stückzahlen auf dem

Weltmarkt mit größtem Extragewinn verkauft werden kann. Das setzt unter anderem effektive Investitionen in leistungsfähige Produktionskapazitäten voraus, die ebenfalls in kürzester Zeit aufzubauen sind. Das Forschungspotential der Akademie der Wissenschaften und des Hochschulwesens und die Kombinate bedingen und verstärken sich also gegenseitig in ihrer Wirksamkeit.

Neben dem zielstrebigen Auf- und Ausbau von Forschungs- und Entwicklungskapazitäten wurden in den letzten Jahren in den Kombinaten beachtliche Kapazitäten für die Herstellung von Rationalisierungsmitteln (d.h. im allgemeinen von Spezialausrüstungen zur Erhöhung des technischen Niveaus) und von qualitäts- und niveaubestimmenden Zulieferungen geschaffen. Diese Kapazitäten sind entscheidend für die schnelle und ökonomisch effektive Materialisierung neuer wissenschaftlich-technischer Ergebnisse.[24] Damit können die Kombinate an wichtigen Abschnitten des Innovationsprozesses jene Zeitverzögerungen vermeiden, die mit einem mehrjährigen Bestellsystem verbunden sind. Zunehmend werden diese Kapazitäten in neu gebildeten oder umprofilierten Betrieben konzentriert.[25]

Generell wird der Rationalisierungsmittelbau in der DDR als materiell-technische Basis für die breite Anwendung der Schlüsseltechnologien bzw. als Hauptträger der Modernisierung und der geplanten Ausrüstungsinvestitionen betrachtet. Er fördert wesentlich die Flexibilität und Reaktionsfähigkeit gegenüber neuen Marktbedürfnissen. 1986 wurden in der Industrie durchschnittlich 4,5 Prozent des Volumens des Rationalisierungsmittelbaus für die Forschung und Entwicklung eingesetzt (im Kombinat Keramische Werke Hermsdorf sogar 14,6 Prozent). Das waren 25 Prozent aller themengebundenen Grundmittel der Forschung und Entwicklung: Spezialausrüstungen, Sondermaschinen, Elektronik, Meß- und Prüftechnik usw.

Als Beispiel für die durchgängige Gestaltung von Innovationsprozessen können wir hier aus dem Kombinat Carl Zeiss Jena lediglich einige Fakten wiedergeben. Neben den Produktionsbetrieben haben hier zwei Forschungszentren, zwei Ingenieurbetriebe für Rationalisierung und ein Außenhandelsbetrieb eine zentrale Stelle im Innovationsprozeß. Traditionell bezieht

dieses Kombinat weiterhin wichtige Kapazitäten aus der AdW und den Hochschulen der DDR ein.
Die Betriebe dieses Kombinats sind über die wirtschaftliche Rechnungsführung ökonomisch miteinander verbunden. Bei der Planung und Kontrolle der Forschung werden die Netzwerkplanung (unter anderem mit Berücksichtigung von über 200 Aufwandskategorien) und moderne Rechentechnik genutzt.
Die Forschung und Entwicklung ist mit der Investitionsvorbereitung und -durchführung, der Produktion und dem Absatz eng koordiniert. Im Jenaer Forschungszentrum wurde ein Bereich Vorlaufforschung geschaffen. In ihm arbeiten auch markterfahrene Fachleute aus dem Außenhandelsbetrieb des Kombinates. Sie sichern die unmittelbare Rückkopplung von Marktinformationen in den Innovationsprozeß und werden gleichzeitig bei der Markteinführung neuer Erzeugnisse eingesetzt. Weiterhin gibt es im Außenhandelsbetrieb einen Bereich Verkaufsentwicklung und Applikation, der eng mit dem erwähnten Forschungszentrum zusammenarbeitet.
Weitere Erfahrungen aus dem Dresdener Forschungszentrum dieses Kombinates sind bei Luck und Ludvig (1988) beschrieben. Anläßlich der Übergabe der ersten in der DDR gefertigten 1-Megabit-Speicherschaltkreise wurde betont, daß den an dieser Leistung Beteiligten bei ihrer Arbeit freie Hand gelassen wurde.
Als weitere Erfolgsbedingungen wurden vor allem genannt: klare Zielvorgabe, starke Motivation und hohes Engagement, eigene Herstellung von Ausrüstungen und von Software im Kombinat, Einsatz von 32-bit-Rechnern, zuverlässige Kooperationsleistungen aus anderen Bereichen der Volkswirtschaft, enge Kooperation mit der Akademie der Wissenschaften, mit Technischen Universitäten und Hochschulen.
Die Kombinate der DDR werden in dem Maße zu Initiatoren und Zentren von Innovationsprozessen, in dem sie die Bedingungen schaffen, um diese Prozesse durchgängig, schnell und flexibel realisieren zu können. In starker Verkürzung haben wir dafür einige Beispiele angeführt.
Dennoch trifft man pauschale Vorurteile an, die den Kombinaten die Fähigkeit zur Innovation absprechen. Diese Skepsis stützt

sich vor allem auf folgende Kernsätze: Kombinate sind große Wirtschaftseinheiten. Große Wirtschaftseinheiten sind starr, träge und verbürokratisiert. Innovationen werden überwiegend von Einzelpersönlichkeiten und kleinen Kollektiven hervorgebracht, die nur in kleinen Betrieben den nötigen Freiraum und die erforderliche Flexibilität vorfinden.

Bevor wir dieser Argumentation weitere Fakten über Kombinate der DDR gegenüberstellen, wollen wir Ergebnisse der internationalen Innovationsforschung zu dieser Frage zur Kenntnis nehmen. Freeman (1974) untersuchte die Hypothese, daß der Hauptvorzug kleiner Betriebe hinsichtlich der Innovation in der Motivation, geringen Kosten, im Zeitvorsprung durch schnellere Entscheidungen und in ihrer Flexibilität zu sehen ist.

Er fand für eine Grundgesamtheit von 700 britischen Betrieben und 1100 wichtigen Innovationen, daß kleine Betriebe mit weniger als 200 Beschäftigten für 10 Prozent aller industriellen Innovationen seit dem zweiten Weltkrieg verantwortlich waren. Mittlere Betriebe bis 1000 Beschäftigte brachten 11 Prozent und große Betriebe 79 Prozent der Innovationen hervor, wovon 54 Prozent auf Firmen mit mehr als 10000 Beschäftigten entfielen. Diese Zahlen differierten stark zwischen den Zweigen. In der pharmazeutischen, Zement-, Glas-, Stahl-, Aluminium-, Kohle- und Gasindustrie, im Flugzeug-, Automobil- und Schiffbau trugen kleine Betriebe zu einem Prozent der Innovationen bei. Im wissenschaftlichen Gerätebau, in der Elektronik, im Textilmaschinenbau und in Zweigen der Leichtindustrie betrug der Anteil dieser Betriebe 17 Prozent.[26]

Die romantisch-naive Vorstellung, daß kleine und mittlere Firmen die Innovationsdynamik der kapitalistischen Wirtschaft prägen, scheint unausrottbar zu sein. Das Institut für Wirtschaftsforschung (München) sah sich 1988 neuerlich veranlaßt, empirische Zahlen vorzulegen, die diesen Behauptungen widersprechen und den mit steigender Größe wachsenden Anteil innovativer Betriebe belegen. Bei Verwendung eines sehr weitgefaßten Innovationsbegriffes ergaben sich im verarbeitendem Gewerbe der BRD für das 1986 die in Tabelle 11 genannten Werte .

Tabelle 11:
Betriebsgröße und Anteil innovativer Betriebe

Betriebsgröße (Beschäftigte)	Prozentualer Anteil innovativer Betriebe
20 - 49	44.7 %
50 - 199	58.1 %
200 - 499	74.9 %
500 - 999	69.0 %
1000 und mehr	76.8 %

(Quelle: Schmalholz, 1988)

Diese Zahlen korrespondieren mit den drei wichtigsten hemmenden Faktoren für die Innovationstätigkeit, die von den befragten Firmen genannt wurden: fehlendes Kapital; zu geringe Rendite von Produktinnovation, weil der Innovationsaufwand zu hoch, die Rückflußdauer zu lang oder die Marktentwicklung zu unsicher sind; Personalprobleme in Forschung und Entwicklung.
Große Wirtschaftseinheiten haben insbesondere den Vorteil, über die für Innovationen benötigten, häufig erheblichen Ressourcen zu verfügen, ein hohes Risiko eingehen zu können, sie haben die nötigen Potentiale in Forschung und Entwicklung mit langjährigen Erfahrungen und Know-how, und sie haben Kostenvorteile im Hinblick auf Seriengröße und Vertriebsnetze.
Die generelle Tendenz spricht allerdings nicht gegen den Beitrag kleiner Betriebe zu Innovationen, wobei vor allem zwei Fakten zu nennen sind. Erstens fängt das Neue klein an und wächst dann. Die industrielle Verwertung der modernen Biotechnologie ist von der Bildung gentechnischer Zwergfirmen (in denen Spitzenkräfte, einschließlich von Nobelpreisträgern, arbeiten) geprägt.[27] Auch unter den mikroelektronischen Betrieben der Kombinate in der DDR findet man relativ kleine Betriebe. Zweitens bestehen große Wirtschaftseinheiten häufig aus Betrieben unterschiedlicher Größe.
Von großen Konzernen werden kleine Betriebe speziell für das Hervorbringen von Innovationen gegründet, wobei ihnen bei klarer Zielstellung viel Selbständigkeit eingeräumt wird. In Kom-

binaten der DDR werden ebenfalls spezielle Betriebe für Aufgaben im Innovationsprozeß formiert. Das neugebildete Kombinat ZIM mit 3500 Werktätigen in fünf Betrieben wurde überwiegend für solche Aufgaben profiliert und hat im Vergleich zu den meisten zentralgeleiteten Industriekombinaten eine relativ geringe Beschäftigtenzahl. Im Kombinat SKET hat der relativ kleine volkseigene Betrieb Forschung, Entwicklung und Rationalisierung des Schwermaschinen - und Anlagenbaus Magdeburg den Charakter eines wissenschaftlichen Industriebetriebes.

Die Kombinate der DDR sind Wirtschaftseinheiten von sehr unterschiedlicher Größe.[28] Sie bestehen aus juristisch selbständigen Betrieben von ebenfalls unterschiedlicher Größe. Eine Anzahl von Kombinaten hat eine beachtliche Größe, ihr Stammbetrieb ist häufig ebenfalls relativ groß. Diese prägen die Vorstellung von den Kombinaten der DDR als großen Wirtschaftseinheiten. Dazu gehört das Kombinat Carl Zeiss Jena, in dem 58000 Menschen (1986) in zweiundzwanzig Betrieben arbeiteten. Auch die Kombinate ROBOTRON mit 70000 Werktätigen in neunzehn Betrieben, Mikroelektronik mit 66000 Beschäftigten in vierundzwanzig Betrieben und Automatisierungsanlagenbau mit 56000 Arbeitskräften in einundzwanzig Betrieben gehören zu den größten Kombinaten, die auf Feldern der Hochtechnologie arbeiten. Kombinate in der Größenordnung zwischen 50000 und 60000 Beschäftigten sind die Braunkohlenkombinate Senftenberg und Bitterfeld, das Mansfeld-Kombinat, das Landmaschinen-Kombinat, PKW- sowie NKW-Kombinat und das Trikotagen-Kombinat (mit 55000 Werktätigen in dreiundfünfzig Betrieben). Die großen Chemiekombinate, (zum Beispiel in Schwedt, Leuna und Buna) haben über 30000 Beschäftigte. Weitere Kombinate (unter anderem Wolle und Seide, Nachrichtenelektronik, Elektroapparatewerke und Textilmaschinenbau) liegen ebenfalls in dieser Größenordnung.

Die meisten zentralgeleiteten Industriekombinate der DDR beschäftigen zwischen 10000 und 30000 Menschen, häufig in zehn bis zwanzig Betrieben. Wenige dieser Kombinate haben unter 10000 Werktätige; dazu zählen die forschungsintensiven Kombinate Geologische Forschung und Erkundung, Geophysik und Zentraler Industrieanlagenbau der Metallurgie mit 4500, 2700 bzw.

3500 Beschäftigten (mit sechs, drei und fünf Kombinatsbetrieben).[29]
Die 237 bezirksgeleiteten Kombinate haben fast ausnahmslos weniger als 10000, die meisten weniger als 3000 Beschäftigte. Viele davon wurden zwischen 1981 und 1985 gebildet. Dividiert man die Beschäftigtenzahl durch die Anzahl der Kombinatsbetriebe, so ergeben sich häufig zwischen 50 und 200 Werktätige pro Betrieb. Nicht wenige dieser Kombinate besitzen für Innovationsprozesse wichtige Kapazitäten und beziehen Kapazitäten aus wissenschaftlichen Einrichtungen ein; andere bauen solche Kapazitäten auf.[30] Besonders bemerkenswert ist, daß in mehreren dieser Kombinate Erzeugnisse hergestellt werden, die zu den Schlüsseltechnologien zählen oder Zulieferungen dafür darstellen.
Abschließend zur skizzierten Übersicht können wir resümieren: Erstens, die größten Kombinate der DDR arbeiten auf Feldern der Hochtechnologie, die sich um die Mikroelektronik gruppieren. Auch international ist bekannt, daß diese und andere Innovationsfelder (z.B. in der Grundstoffindustrie) mittlerweile einen ziemlich hohen Schwellenwert des Ressourceneinsatzes involvieren (man denke nur an renommierte Computerhersteller).
Zweitens, die Größe der Kombinate ist sehr unterschiedlich und wir finden auch am unteren Ende der Skala Kombinate, die bemerkenswerte Innovationen hervorbringen bzw. reproduzieren und die sich um die für das Wirtschaftswachstum entscheidende Diffusion von Innovationen verdient machen. Das wird noch verstärkt durch die Einsicht, daß Kombinate aus juristisch selbständigen Betrieben von unterschiedlicher Größe (darunter vielen kleinen) bestehen.
Drittens, mehr noch als von der Größe hängt die Fähigkeit zu Innovationen von der Schaffung der Bedingungen ab, die den Innovationsprozeß durchgängig mit Kapazitäten bzw. Ressourcen absichern. Eine der wichtigsten Bedingungen ist die sachkundige Leitung dieser Prozesse, wobei wir hier nur drei wesentliche Punkte betonen: Kenntnis des Weltstandes, klare Zielstellung, Freisetzung von Initiative und Kreativität.
Viertens, die enge Wechselbeziehung der Kombinate mit dem For-

schungspotential der Akademie der Wissenschaften und des Hochschulwesens ist eine Grundbedingung für die Genesis von Innovationen. Das gilt besonders für revolutionäre Neuerungen bzw. Basisinnovationen, deren Entstehung von Durchbrüchen der risikoreichen Grundlagenforschung geprägt wird.
International finden wir die Genesis von Innovationen nicht allein in großen Wirtschaftseinheiten (beziehungsweise in relativ kleinen, mit viel Freiraum ausgestatteten Betrieben dieser Wirtschaftseinheiten), sondern auch in selbstständigen Klein- und Mittelbetrieben. Weiterhin ist in verschiedenen Industrieländern eine Zunahme (relativ kleiner) spezialisierter Innovationsbetriebe beziehungsweise Innovationsorganisationen zu verzeichnen (vgl. Koziolek, 1981). Sie tragen dazu bei, vor allem jene Erfindungen ökonomisch zu verwerten, die von Einzelpersonen aus Hochschulen oder aus Forschungsinstituten außerhalb der Industrie kommen, und die aus den verschiedensten Gründen zunächst nicht im Interessenbereich der großen Wirtschaftseinheiten liegen. Insbesondere haben sich diese Betriebe auf Innovationen mit großen Risiko (Erfolgswahrscheinlichkeit 0.25 bis 0.75) spezialisiert. Die Bedingungen der Verträge mit den Patentinhabern decken das Risiko des Mißerfolges: bei erfolgreichen Innovationen liegt der Anteil an den Lizenzeinnahmen zwischen 30 und 90 Prozent zu Gunsten des Innovationsbetriebes, so daß dieser die Verluste bei nicht erfolgreichen Innovationsaufwendungen decken kann. Allerdings lehnen auch diese Betriebe einen erheblichen Teil der angebotenen Erfindungen als unökonomisch ab (bei der ungarischen NOVEX A.G. waren das in einigen Jahren etwa dreiviertel der von diesem Betrieb untersuchten Erfindungen).

4. Verkürzung der Zeitdauer bei Innovation und Diffusion

Nach den vorn erwähnten Konzepten wird der Innovationsprozeß unterschiedlich abgegrenzt. Zum einen beginnt er mit der Forschung und Entwicklung (beziehungsweise mit der Erfindung oder Entdeckung) und endet mit der Ersteinführung der Innovation.

Das ist der Prozeß der Schaffung von Innovationen. Nach dem anderen Konzept beginnt der Innovationsprozeß mit der Ersteinführung der Innovation, setzt sich über Wachstum, Reife und Sättigung fort und endet mit der Verdrängung der Innovation. Das ist der Prozeß der Reproduktion der Innovation oder ihre Diffusion. Er ist ebenfalls kreativ und nicht trivial: Die Imitation einer Innovation ist häufig nur bei schöpferischer Adaption an neue Bedingungen möglich, und die Diffusion ist von ständigen Verbesserungsinnovationen begleitet. Man kann den Innovationsprozeß auch weit fassen, wobei er die Schaffung und Verbreitung von Innovationen umschließt.

Hinsichtlich dieser beiden Teilprozesse werden häufig zwei prinzipielle Fragen diskutiert: Hat sich die Zeit der Schaffung von Innovationen verkürzt oder nicht? Hat sich die Verbreitungsgeschwindigkeit international erhöht oder nicht? Diese Fragen sind für uns deshalb so bedeutsam, weil von ihrer Beantwortung die Einstellung zum wissenschaftlich-technischen Fortschritt und die objektiven Anforderungen an seine Beschleunigung bestimmt werden. Die Gegner einer Verkürzung verweisen auf einzelne Beispiele, etwa daß auch das 1909 erfundene Bakelit in kürzester Zeit industriell verwertet wurde. Oder sie bemerken, daß auch in den USA die wissenschaftlich-technische Revolution erst begonnen habe und daß der wissenschaftlich-technische Fortschritt im übrigen sowieso nicht bis ins Unendliche beschleunigt werden könne.

Abgesehen davon, daß diese Argumentation nicht gerade zu Spitzenleistungen in Wissenschaft und Technik der DDR anspornt, muß einer wissenschaftlichen Analyse die Gesamtheit der Fakten zugrunde gelegt werden.[31] Unter Verwendung der von Lynn (1968) zusammengetragenen Daten für zwanzig wichtige Innovationen dieses Jahrhunderts wurde folgende Trendkurve ermittelt, wobei der Mikroprozessor hinzugefügt wurde (siehe Abb. 22).

Die Trendkurve zeigt, in welchem Maß sich die Dauer der Schaffung wissenschaftlich-technischer Innovationen verkürzt hat. Seit der Entwicklung des Aluminiums im Jahre 1886 bis zur Entwicklung des Mikroprozessors betrug die durchschnittliche Dauer der Schaffung von Innovationen fünfundzwanzig Jahre. Seit dem

Jahre 1939 (Antibiotika) bleiben die Zeiten unter diesem Durchschnitt (mit Ausnahme von synthetischem Leder - sechundzwanzig Jahre). Einen ähnlichen Nachweis der Verkürzung kann man bei Gromeka (1976) finden.

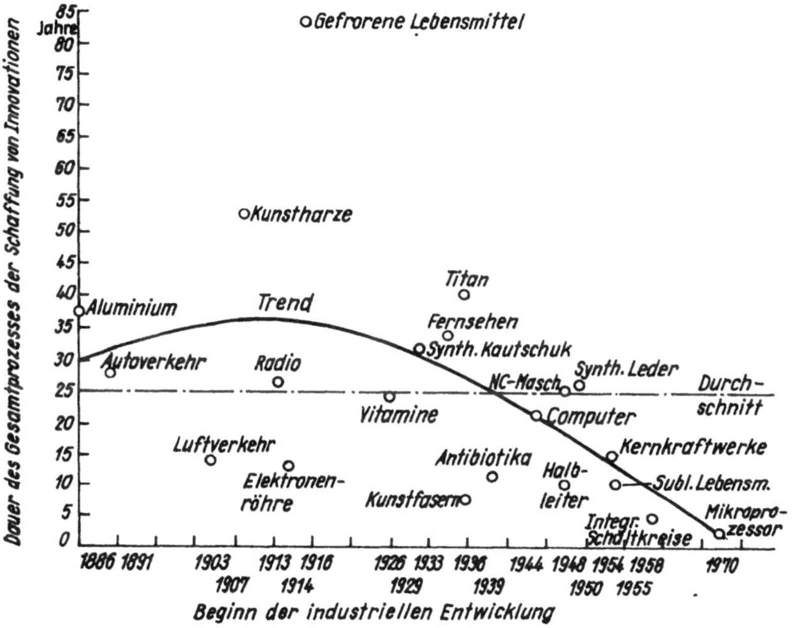

Abb. 22:
Trend zur Verkürzung der Zeitdauer zwischen Erfindung und Innovation

Gegen diese Fakten kann der Einwand erhoben werden, daß die Daten einiger Zweige die Verkürzung widerlegen. Da auch hier die Gefahr besteht, daß dieses Argument lediglich auf einzelne Beispiele gestützt wird, wurde eine möglichst umfassende Differenzierung nach Zweigen angestrebt.

Für 66 grundlegende Erfindungen (bzw. Innovationen) dieses Jahrhunderts wurden Daten der Überleitungszeiten zusammengetragen. [32]

Soweit Widersprüche in den Zahlenangaben der verwendeten Quellen vorkamen, haben wir sie wie folgt bereinigt: Es wurde versucht, die die Überleitung auslösende Erfindung, also den grundlegenden technologischen Einschnitt, zugrunde zu legen. Sofern das nicht möglich war, wurden Zeitintervalle angegeben. Der Durchschnittswert dieses Intervalls wurde dann für die Berechnung der Zeitdauer der Überleitung verwendet, wie sie in der Abbildung 23 wiedergegeben wird..

Der Zeitpunkt einer Erfindung und ihrer ersten industriellen Nutzung ist häufig nicht eindeutig zu datieren. Außerdem können die verfügbaren Daten schwerlich statistisch gesichert werden. Die angeführten Innovationen sind weder vollständig, noch stellen sie eine repräsentative Stichprobe dar.

Es ist darüber hinaus schwierig, genaue Auswahlkriterien festzulegen. Die Auswahl stellt eher eine Übereinkunft aus Quellen verschiedener Autoren dar. Trotzdem vermitteln diese Daten eine, wenn auch approximative, Widerspiegelung der interessierenden und ansonsten nur verbal diskutierten Zusammenhänge.

Bei diesen differenzierten Nachweis der Verkürzung sind die als Gegenargumente verwendeten Fakten einbezogen worden. Die verfügbaren Daten gestatten (unter Beachtung der genannten Einschränkungen) folgende Aussagen zur Verkürzung der Zeitdauer der Schaffung grundlegender Neuerungen (vgl. auch Abb. 23).

Erstens, die Tendenz zur Verkürzung läßt sich bei folgenden für die wissenschaftlich-technische Revolution bedeutsamen Zweigen am besten nachweisen: Elektronik, chemische Industrie, optische und fotochemische Industrie, Maschinenbau und Polygraphie, d.h. bei wichtigen und meist forschungsintensiven "Wachstumsindustrien" dieses Jahrhunderts. Die Daten für den Zweig "feinmechanische Massenartikel" liegen ebenfalls in dieser Tendenz.

Zweitens, die Tendenz zur Verkürzung gilt einschließlich jener Einzelfälle, in denen auch früher kurze Überleitungszeiten feststellbar sind.

Drittens, den höchsten Anteil an grundlegenden Neuerungen dieses Jahrhunderts hat die chemische Industrie, gefolgt von der Elektronik. Beides sind für die wissenschaftlich-technische Revolution ausschlaggebende Zweige. In beiden gibt es eine eindeutige Tendenz zur Verkürzung.

Jedoch gelten auch für die nichterfaßten Zweige sowie für die Metallurgie und die Fahrzeugindustrie folgende Aussagen: International vollzieht sich ein qualitativer Übergang zu überwiegender Innovationskonkurrenz. Unter sonst gleichen Bedingungen treibt die Innovationskonkurrenz zur Beschleunigung. Selbst wenn die Spezifik der Erfindung, des Zweiges usw. eine relativ längere Überleitungszeit bedingt, wird diese Zeit durch die Konkurrenz möglichst verkürzt.

Daraus ergibt sich für unsere Wirtschaftseinheiten - gleich in welchem Zweig - die Notwendigkeit einer maximalen Verkürzung, wenn grundlegende Erfindungen (geschützt durch Grundsatzpatente) auf dem Weltmarkt mit hoher Devisenrentabilität umgesetzt werden sollen.

Bei der Diskussion um die Verkürzung der Dauer der Hervorbringung von Innovationen geht es um vielfältige Probleme. Erstens gibt es wirklich eine Verkürzung, mit der auch die Exporttätigkeit auf dem Weltmarkt konfrontiert ist. Es besteht kein Anlaß, mit pseudoakademischen Argumenten über das Auf und Ab und die Unendlichkeit eine Position gelassen-beschaulicher Ruhe gegenüber dem wissenschaftlich-technischen Fortschritt in den kapitalistischen Industrieländern einzunehmen. Zweitens ist diese Verkürzung mit der sich verschärfenden Konkurrenz auf dem Weltmarkt verbunden, wobei sich - wie gesagt - sogar ein qualitativer Umschlag zu überwiegender Innovationskonkurrenz vollzieht. Drittens müssen wir uns auf diese Sachverhalte einstellen. Vor allem darauf, daß Überleitungszeiten von einem halben Jahr bis zu drei Jahren zum Beispiel bei solchen grundlegenden Erfindungen wie Maser, Laser, Langspielplatte, Transistor, Mikroprozessor, Bakelit, Bleitetraäthylen, knitterarme Gewebe, Freon-Kühlflüssigkeit, DDT, Vitamin B_{12} , Sonnenbatterie erreicht wurden. Innerhalb dieser relativ kurzen Zeit werden mit dem entsprechenden Tempo die technische Entwicklung, die Marktvorbereitung und die Investitionen abgewickelt.

Die erwähnte Diskussion hat also erhebliche praktische Konsequenzen. Neben der Verkürzung der Forschungs- und Entwicklungszeiten (die eine Forschungstechnik auf Weltniveau voraussetzt) geht es vor allem um die drastische Verkürzung des

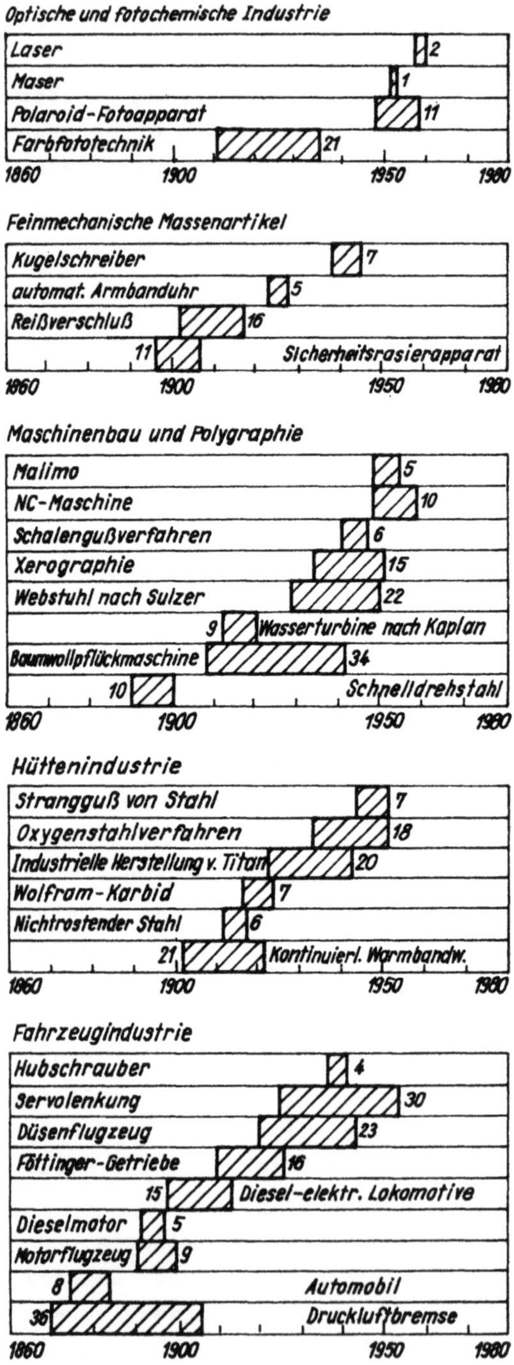
Optische und fotochemische Industrie
Laser
2
Maser
1
Polaroid-Fotoapparat
11
Farbfototechnik
21
1860
1900
1950
1980
Feinmechanische Massenartikel
Kugelschreiber
7
automat. Armbanduhr
5
Reißverschluß
16
11
Sicherheitsrasierapparat
1860
1900
1950
1980
Maschinenbau und Polygraphie
Malimo
5
NC-Maschine
10
Schalengußverfahren
6
Xerographie
15
Webstuhl nach Sulzer
22
9
Wasserturbine nach Kaplan
Baumwollpflückmaschine
34
10
Schnelldrehstahl
1860
1900
1950
1980
Hüttenindustrie
Strangguß von Stahl
7
Oxygenstahlverfahren
18
Industrielle Herstellung v. Titan
20
Wolfram-Karbid
7
Nichtrostender Stahl
6
21
Kontinuierl. Warmbandw.
1860
1900
1950
1980
Fahrzeugindustrie
Hubschrauber
4
Servolenkung
30
Düsenflugzeug
23
Föttinger-Getriebe
16
15
Diesel-elektr. Lokomotive
Dieselmotor
5
Motorflugzeug
9
8
Automobil
36
Druckluftbremse
1860
1900
1950
1980

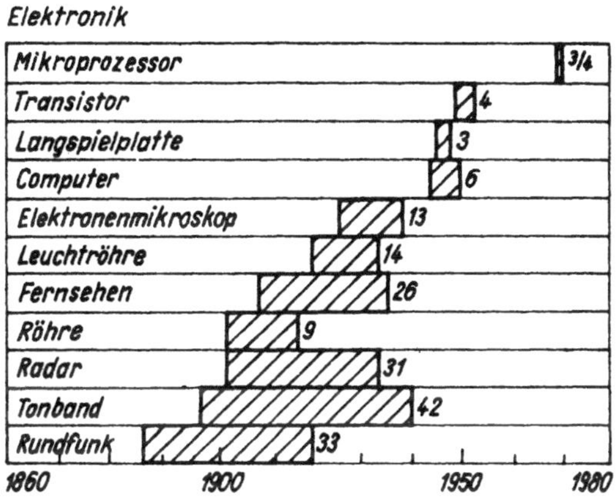

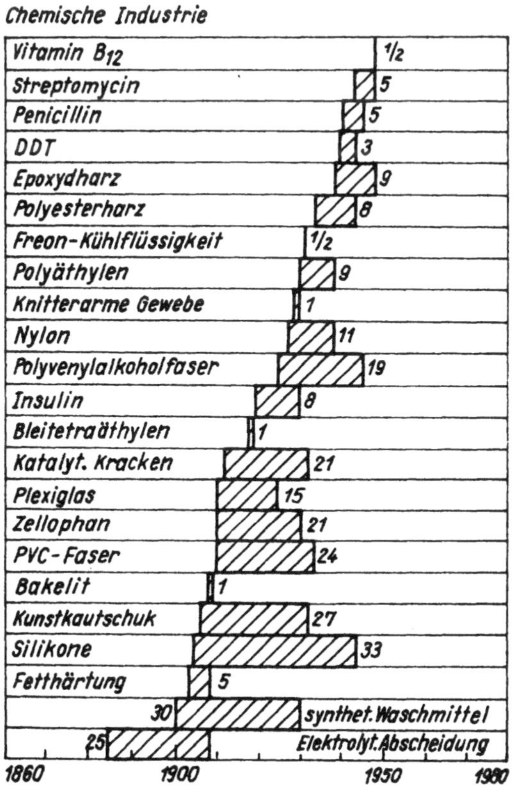

Abb. 23:
Zeitdauer zwischen Erfindung und Innovation (in Jahren)

Investitionsprozesses als aufwendigstem Teil des Innovationsprozesses. Denn die Beschleunigung des wissenschaftlich-technischen Fortschritts und seiner ökonomischen Verwertung ist zu einer grundlegenden ökonomischen und gesellschaftlichen Lebensfrage geworden. Über die schnelle Durchsetzung von Innovationen (vor allem der Hochtechnologien) muß unter Berücksichtigung der wesentlichen volkswirtschaftlichen Verflechtungen komplex entschieden werden.

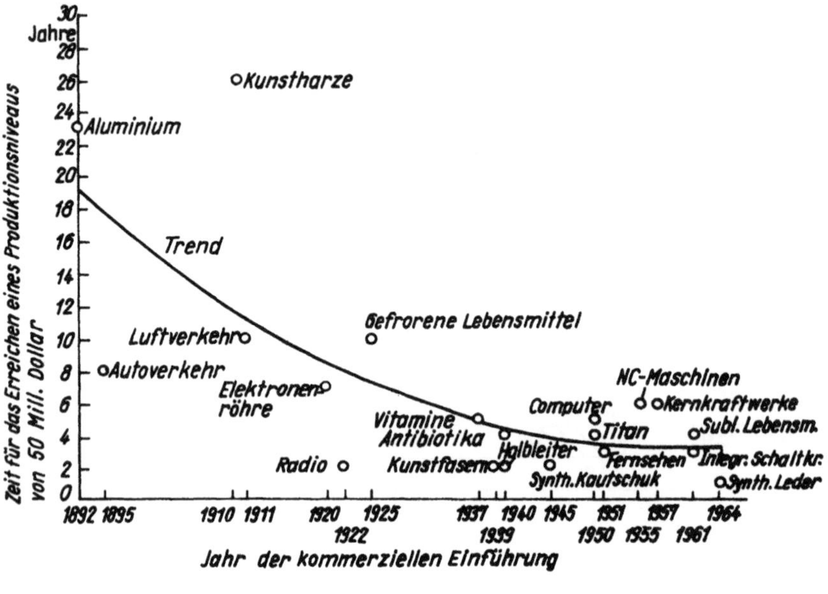

Abb. 24:
Verbreitungsgeschwindigkeit von Innovationen für das Erreichen eines Produktionsniveaus von 50 Millionen Dollar

Die Verbreitungsgeschwindigkeiten haben sich tendenziell ebenfalls verkürzt [33] (vgl. Abb. 24 und Abb. 25). Die Verbreitungsgeschwindigkeit (gemessen auf der Grundlage des Produktionswachstums) von Innovationen, die nach dem zweiten Weltkrieg eingeführt wurden, ist ungefähr doppelt so groß wie bei Innovationen der Periode nach dem ersten Weltkrieg und viermal so hoch wie bei Innovationen, die zu Beginn dieses Jahrhunderts realisiert wurden. Seither sind wir Zeuge einer zunehmenden Ausbreitungsgeschwindigkeit der Mikroelektronik und anderer moderner Informationstechnologien, die sich auf alle Zweige der Wirtschaft und alle Sphären der Gesellschaft auswirken. Bemerkenswert ist, daß die beiden ermittelten Trendkurven fast parallel laufen. Das bedeutet, daß für die Gesamtheit dieser wichtigen Neuerungen in etwa einem Jahr eine Verdopplung des Produktionsumfanges erreicht wurde.

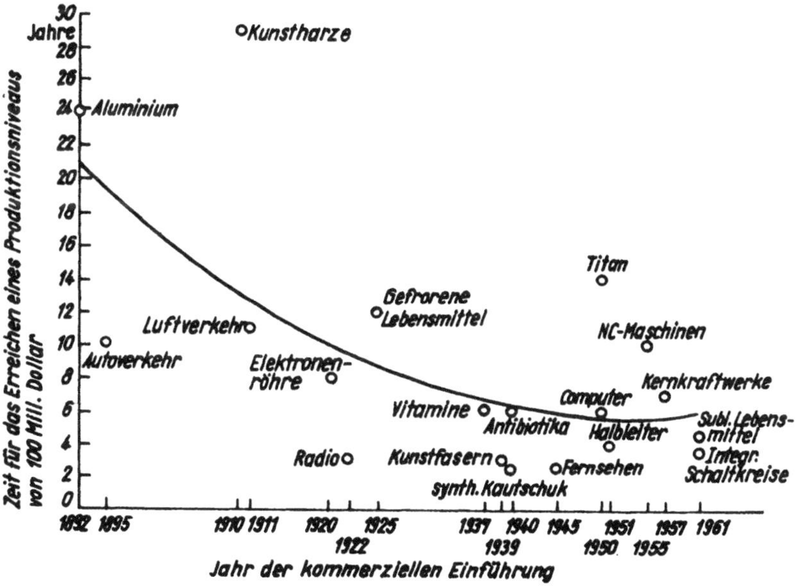

Abb. 25:
Verbreitungsgeschwindigkeit von Innovationen für das Erreichen eines Produktionsniveaus von 100 Millionen Dollar

Natürlich können für die Messung der Verbreitungsgeschwindigkeit neben dem Produktionswachstum auch andere Indikatoren verwendet werden, zum Beispiel die Verdrängungsgeschwindigkeit. Grassmann(1985) vermerkt kurzerhand, daß sich die Entwicklungsgeschwindigkeit von Naturwissenschaft und Technik zwischen 1865 und 1965 alle zwanzig bis fünfundzwanzig Jahre verdoppelt

hat. Nach ihm ist es der technischen Entwicklung wesenseigen, daß sie sich selbst beschleunigt, weil die Zahl neuer Kombinationsmöglichkeiten mit der Zahl verwirklichter Innovationen wächst, weil sich immer mehr Menschen mit der Technik befassen und weil der Wirkungsgrad der Arbeit des Ingenieurs wächst.
Die Tatsache, daß sich die Dauer der Schaffung und Verbreitung von Innovationen tendenziell verkürzt, muß Veranlassung sein, die qualitativen Veränderungen zielstrebig in der Reproduktion durchzusetzen. Reproduktion findet ohnehin statt. Entscheidend ist, daß sie beschleunigt und effektiv vollzogen wird. Im Kern geht es dabei um die Beschleunigung der Produktivkraftentwicklung im Wechselspiel von qualitativer Entwicklung der Produktionsmittel und Entwicklung der Qualifikation der Arbeitskraft.

Anmerkungen

1 "..Gesellschaft... kann.. ihren Reichtum nur auf derselben Stufenleiter reproduzieren oder erhalten, indem sie die ...verbrauchten Produktionsmittel... in natura durch ein gleiches Quantum neuer Exemplare ersetzt, welches...von neuem dem Produktionsprozeß einverleibt wird" (Marx, Kapital I, S. 591).

2 Neben der stofflichen Reproduktion ("in natura") betrachtet Marx die"...Reproduktion...als ein Mittel, den vorgeschoßnen Wert als Kapital zu reproduzieren, d.h. als sich verwertenden Wert. ...Dient..Revenue dem Kapitalisten nur als Konsumtionsfonds oder wird sie ebenso periodisch verzehrt wie gewonnen, so findet, unter sonst gleichbleibenden Umständen, einfache Reproduktion statt... bloße Wiederholung des Reproduktionsprozesses auf derselben Stufenleiter... " (Marx , Kapital I, S. 591/594).

3 Marx verwendet zwei Bestimmungen des Mehrproduktes bzw. des Mehrwertes. Erstens bestimmt er den Mehrwert als Differenz zwischen Wertprodukt (Neuwert) und variablem Kapital. "Der Mehrwert ... stellt sich zunächst dar als Überschuß des Werts des Produkts über die Wertsumme seiner Produktionselemente" (Marx, Kapital I, S. 226). Weiter versteht er unter dem vorgeschoßnen konstanten Kapital "...stets nur den Wert der in der Produktion verzehrten Produktionsmittel" (Marx, Kapital I, S. 227). Letzteren setzt er im Produktenwert gleich Null und erhält das Wertprodukt. Von diesem zieht er das variable Kapital ab, um den Mehrwert zu berechnen (Marx, Kapital I, S..232). "Den Teil des Produkts ..., worin sich der Mehrwert darstellt, nennen wir Mehrprodukt (...produit net)"(Marx, Kapital I, S. 243). Zweitens schreibt er: "Zunächst muß die Jahresproduktion alle die Gegenstände (Gebrauchswerte) liefern, aus denen die im Lauf des Jahres verbrauchten sachlichen Bestandteile des Kapitals zu ersetzen sind. Nach Abzug dieser bleibt das Netto- oder Mehrprodukt, worin der Mehrwert steckt. ...Mehrwert ist nur

deshalb in Kapital verwandelbar, weil das Mehrprodukt, dessen Wert er ist bereits die sachlichen Bestandteile eines neuen Kapitals enthält" (Marx, Kapital I, S. 606/607). In der heutigen Literatur marxistischer Ökonomen wird die erste Definition meist für Mehrprodukt und Mehrwert verwendet. Die zweite Bestimmung entspricht heutigen Definitionen des Nettoproduktes (sowie des Neuwertes), das mit dem Nationaleinkommen als Geldeinkommen realisiert wird.

4 "...Waren...sind von Natur vergänglich. Gehn sie also innerhalb gewisser Frist nicht in die produktive oder individuelle Konsumtion ein, ..., werden sie, in anderen Worten, nicht in bestimmter Zeit verkauft, so verderben sie und verlieren mit ihrem Gebrauchswert die Eigenschaft, Träger des Tauschwerts zu sein. Der in ihnen enthaltene Kapitalwert, resp. der ihm angewachsne Mehrwert, geht verloren" (Marx, Kapital II, S. 130). Diesen Sachverhalt nennt Oelßner(1973) Gesetz des Wertverlustes.

5 Die Analogie zwischen Wert und Entropie ist für die ökonomische Theorie sehr bedeutsam, da Entropie als Maß für den Verwendungswert der in einem System enthaltenen Energie gilt (Falk und Ruppel, 1976). Auch der ideale CARNOT-Zyklus abstrahiert von der ständig notwendigen neuen Zufuhr des Feuers und der damit verbundenen Irreversibilität, die das zentrale Thema der heutigen Thermodynamik bildet (siehe z.B. Ebeling, in diesem Buch; Prigogine und Stengers, 1984).

6 Eine detaillierte Klassifikation von Innovationen ist u.a. bei Haustein, Ivanov und Kinze (1988) zu finden.

7 Wir bezeichnen sie als institutionelle Neuerungen , weil wir den Begriff "Innovation" auf jenes Neue, das kommerzialisierbar ist (speziell also neue Produkte und Verfahren),begrenzen. Bei diesem engeren Begriff darf nicht übersehen werden, daß ein beständiger Fluß von Produkt und Verfahrensinnovationen erst in dialektischer Einheit mit der stetigen Erneuerung des gesellschaftlichen Umfeldes entsteht.

8 Von 1986 - 1990 wird in der DDR in jedem Jahr eine neue Halbleiterfabrik in Betrieb genommen (Luck und Ludvig, 1988).

9 " Mitten in die naturwüchsige planlose Teilung der Arbeit, wie sie in der ganzen Gesellschaft herrschte, stellte sie (die Bourgeoisie, d. Hrsg.) die planmäßige Teilung der Arbeit... in der einzelnen Fabrik..." ((Engels, Antidühring, S. 251).

10 "After the major discoveries at Bell, the US Government took a hand in advancing component technology. Since 1950 it has financed R and D on a large scale, it has helped the principal firms to enlarge their capacity, and it has placed large orders for devices " (Freeman, 1974, S. 146). Einige bemerkten das sehr spät. Andere sahen mit langem historischem Atem die USA 1970 am Beginn der wissenschaftlich-technischen Revolution.

11 Dies ist auch für Verfahrensinnovationen nachgewiesen. Die höhere Arbeitsproduktivität ist für Lenin letzte Instanz für den Sieg einer neuen Gesellschaftsformation. Die Schaffung neuer ökologischer Bedingungen ist - obwohl sie die gesamte Menschheitsgeschichte begleitet - in der Literatur kaum (wir verweisen auf zwei wichtige Ausnahmen: Engels und Wernadsky) progressiv, sondern eher auf aktuellem Hintergrund

konservativ thematisiert worden. Allerdings scheint niemand die ökologischen Bedingungen des Mittelalters (inclusive der Pest) ernsthaft reproduzieren zu wollen.

12 Wir schließen hier auch die Technologie ein.

13 Die gesellschaftliche Anerkennung der Arbeit des Ingenieurs und die Innovationsfähigkeit einer Wirtschaft stehen in engem Verhältnis.

14 Das trifft auf alle grundlegenden Innovationen zu. Beispielsweise erhielt das HABER-BOSCH-Verfahren eine seiner industriellen Materialisierungen mit dem Aufbau der Leuna-Werke. Bei kleinen technologischen oder bei kleinen Produktverbesserungen kann die Investition ausnahmsweise gegen Null streben.

15 Bei diesen und anderen Problemen der Erzeugung von Innovationen steht die Aufgabe, ständig nach effizienteren Lösungen zu suchen.

16 K.Marx verwendet die Termini "Markt" und "Sphäre der Zirkulation" synonym (vgl. Marx, Kapital I, S. 589). "Und das Wort 'Markt' wirkt auf manche Leute wie ein rotes Tuch auf den Stier. Man sollte solche Leute möglichst weit von der theoretischen Ökonomie entfernt halten, denn sie richten nicht unerheblichen Schaden an" (Oelßner, 1974, S. 10). In der Tat wird mit dem Markt die Zirkulation aus der Reproduktion unmarxistisch ausgeschlossen. Der Schaden in der praktischen Ökonomie dürfte, zumal bei Innovationen, noch wesentlich größer sein.

17 Als Quellen für das im dritten Abschnitt verwendete empirische Material wurden (soweit nicht anders angegeben) verwendet: Beschleunigung des Reproduktionsprozesses, hohe Reaktionsfähigkeit und Flexibilität der Kombinate (Koziolek (Hrsg.), 1988); Die Industriekombinate in der Volkswirtschaft der DDR (1987); Rationalisierungsmittelbau, Wegbereiter der Schlüsseltechnologien (1987); unveröffentlichtes Material von D. Herold.

18 Der VEB Zentrum für Forschung und Technologie Mikroelektronik wurde als wissenschaftlicher Industriebetrieb aus dem Kombinat Mikroelektronik in das Kombinat Carl Zeiss Jena überführt - mit einem ausgesprochenen Innovationsziel: den 1 Megabit- Speicherschaltkreis zu entwickeln.

19 Beispielsweise wurde 1984 das Kombinat Zentraler Industrieanlagenbau Metallurgie Berlin (ZIM) als wissenschaftlich-technisches Zentrum und zentraler Rationalisierungsmittel- sowie Anlagenbauproduzent für den Ministeriumsbereich Erzbergbau, Metallurgie und Kali gebildet. Seine Entwicklungsgeschichte geht auf das ehemalige Stahlinstitut zurück, das später als wissenschaftlicher Industriebetrieb formiert wurde. Das heutige Kombinat ist insbesondere mit seinen Betrieben VEB Automatisierungsbetrieb Berlin (Stammbetrieb) und VEB Metallurgieelektronik Leipzig ausgesprochen auf Innovationen spezialisiert: Entwicklung von Industrierobotern sowie von mikroelektronischen Steuerungen und Geräten. Die Qualität der ZIM-Roboter ist weithin bekannt.

20 Hierzu gehören die Kombinate ILKA Luft und Kältetechnik, Erdöl-Erdgas, Geophysik, Schiffbau, Schienenfahrzeugbau, Haushaltgeräte, Zellstoff und Papier, Plast- und Elastverarbeitung, Getriebe und Kupplungen.

21 Wir erwähnen das Chemieanlagenbaukombinat Leipzig-Grimma, in dem bei 32000 Beschäftigten ca. 9000 Hoch- und Fachschulabsolventen in Forschung, Entwicklung, Konstruktion und Projektierung arbeiten.

22 Beispielsweise gibt es im Kombinat Carl Zeiss Jena zwei Forschungszentren mit über 5500 Mitarbeitern, das Institut für Nachrichtentechnik im Kombinat Nachrichtenelektronik, Zentren für Forschung und Technologie in den Kombinaten Automatisierungsanlagenbau (das unter anderen auf die Automatisierung von Kraft-, Walz- und Zementwerken spezialisiert ist) und Elektro-Apparate-Werke Treptow "Friedrich Ebert" Berlin, das Forschungszentrum des Werkzeugmaschinenbaus im Werkzeugmaschinenkombinat "Fritz Heckert", das Institut für Biotechnologie im Pharmazeutischen Kombinat GERMED, das Brennstoffinstitut Freiberg im Gaskombinat Schwarze Pumpe sowie das Forschungsinstitut für Nichteisenmetalle im Mansfeld-Kombinat "Wilhelm Pieck".

23 Das Kombinat NAGEMA unterhält gemeinsam mit der Technischen Universität Dresden ein Forschungs- und Erprobungszentrum, weitere Kombinate beteiligen sich an gemeinsamen Technika mit Universitäten. Fast alle Kombinate nutzen das Forschungspotential von Akademie und Hochschulwesen, besonders für bezirksgeleitete Kombinate ist dieses Potential oft die alleinige Quelle von Innovationen.

24 Beispielsweise umfaßt das Werk für Anlagen- und Gerätebau im Stammbetrieb des Mansfeld-Kombinates ein Hauptkonstruktionsbüro sowie je einen Automatisierungs-, Maschinenbau-, Elektro- und Baubetrieb. Der zentrale Rationalisierungsmittelbau in diesem Werk mit 1260 Beschäftigten erzeugte zusammen mit dem Rationalisierungsmittelbau in weiteren Kombinatsbetrieben 1986 einen Wert von 190 Millionen Mark, womit 30 % des Investitionsvolumens aus eigener Kraft realisiert wurden.

25 Besonders bemerkenswert ist die Zahl neuer Elektronikbetriebe: Polygraph-Elektronik, Textima-Elektronik, Veb ERFURT electronic, Metallurgieelektronik, FORON-Elektronik und andere. Territorial sind diese Betriebe im thüringisch-sächsischen Raum beheimatet.

26 Freeman (1974, S. 218/219) meint zusammenfassend: "The freedom to criticize management and establishment of existing institutions is a necessary condition for innovation, but it can only be really effective if new small innovating organizations can set up independently. ... However ... a romantic policy which relied mainly on encouragement of the small inventor-entrepreneur ... would be hopelessly naive and ineffective in coping with most of the contemporary problems of industrial innovation."

27 Die Bestimmung der Größe einer Wirtschaftseinheit hängt von der Festlegung der Größenart ab, die gemessen wird. Eine Wirtschaftseinheit wird durch viele Größenarten charakterisiert, die ihre Fähigkeit zu Innovationen beeinflussen. Dazu zählen unter anderem : Anteil der Hochund Fachschulabsolventen an den Gesamtbeschäftigten, Anzahl der für eine Wirtschaftseinheit tätigen Nobelpreisträger, Größe der Produktionsfonds, Marktanteile der Haupterzeugnisgruppen. Die Anzahl der Beschäftigten ist nur eine dieser

Größenarten. Da sich die erwähnte Argumentation auf letztere beschränkt, sind auch nur begrenzte Aussagen über die Innovationsfähigkeit zu erwarten.

28 Vgl. Anmerkung 27.

29 In der Industrie ist das wohl kleinste zentralgeleitete Kombinat das Konsum-Druck- und Papierverarbeitungskombinat mit 600 Werktätigen in sechs Betrieben. Es beliefert viele wichtige Industriezweige.

30 Wir führen einige Beispiele an. Im Kombinat Elaskon Dresden produzieren 1250 Werktätige in neun Betrieben 1500 chemisch-technische Erzeugnisse; im Stammbetrieb gibt es ein Wissenschaftlich-Technisches Zentrum.
Das Kombinat Fertigelemente Boizenburg (700 Beschäftigte in vier Betrieben, darunter der VEB Schaltelektronik) verfügt über eine Forschungs- und Entwicklungs-Abteilung im Stammbetrieb, Kapazitäten des Rationalisierungsmittelbaus und vielfältige Arbeitsbeziehungen mit wissenschaftlichen Einrichtungen. Im Kombinat Linda Schwerin arbeiten 900 Menschen in neun Betrieben. Das Kombinat Mewa Dresden (3600 Werktätige in 33 Betrieben) arbeitet eng mit wissenschaftlichen Einrichtungen zusammen und exportiert in mehr als 15 Länder. Mit ca. 6000 Arbeitskräften in sieben Betrieben (verteilt auf ca. 150 Produktionsstätten) fungiert das seit 1986 bestehende Kombinat Anlagen- und Gerätebau als wissenschaftlich-technisches Zentrum der bezirksgeleiteten Industrie im Bezirk Halle. Ähnliche Aufgaben haben das Kombinat Rationalisierungsmittel Berlin und das Kombinat thermophor Dresden. Zu den Haupterzeugnissen des Kombinates Elektroanlagen und Gerätebau Greiz (1000 Beschäftigte in acht Betrieben) gehören mikroelektronische Steuerungen, Lasertechnik und Sensoren. Dieses Kombinat hat eigene Kapazitäten für Forschung und Entwicklung sowie für Software und arbeitet ebenfalls eng mit wissenschaftlichen Einrichtungen zusammen. Ähnliches gilt für das Kombinat Feinmechanische Werke Halle, wo in 17 Betrieben mit Standorten in den Bezirken Halle, Leipzig, Erfurt und Suhl 2500 Menschen arbeiten. Seit über zehn Jahren werden CO_2-Laser entwickelt und produziert; es existiert ein Laser-Applikationszentrum. Bei Autogen-Technik als wesentlicher Erzeugnislinie des Kombinates gibt es eine enge Zusammenarbeit mit dem Zentralinstitut für Schweißtechnik Halle. Zu den weiteren Haupterzeugnissen gehören Meß- und Regelgeräte. Das Produktionsprogramm des 1981 gegründeten Kombinates PRAECITRONIC (4000 Beschäftigte in 23 Betrieben) umfaßt Erzeugnisse und Leistungen der elektronischen Meßtechnik und der Optoelektronik. Durch langfristige Verträge mit wissenschaftlichen Einrichtungen Dresdens (z. B. mit dem Forschungsinstitut M. v. Ardenne) werden deren Ergebnisse für Neu- und Weiterentwicklungen genutzt. Das Kombinat exportiert in über 40 Länder.

31 Die folgenden Ergebnisse sind übernommen von Koziolek (1981).

32 Als Quellen wurden verwendet: Wer - Was - Wann? Entdeckungen und Erfindungen in Naturwissenschaft und Technik (1980); Gromeka (1976); Kornai (1975).

33 Unter Verwendung der Daten von Lynn (1968)

Heinz-Dieter Haustein

Innovation, Kreislauf und Zeitfaktor

Der Zeitfaktor im wirtschaftlichen Sinne hängt eng mit dem Kreislauf der Fonds zusammen. Betrachtet man diesen Kreislauf nicht als statische Wiederholung auf einem gegebenen technisch-ökonomischen Niveau, sondern in seiner inneren Dynamik, so wird deutlich, in welchem Maße der wirtschaftliche Zyklus durch den Wandel der Produktivkräfte, durch wissenschaftlich-technische Innovationen und Veränderungen der "gesellschaftlichen Betriebsweise" (Marx, Kapital I, S. 496) beeinflußt wird. Die durch Rationalisierung vorhandener Fonds auf Basis bekannter technischer Prinziplösungen erreichte Kontinuität, das relative Gleichgewicht des Kreislaufs kann durch Wertrevolutionen im Ergebnis qualitativer Umschichtungen von Bedürfnissen und Ressourcn empfindlich gestört werden.
Die schnelle Ausbreitung neuer, effektiver Schlüsseltechnologien kann andererseits den Kreislauf der Fonds auf eine neue, höhere Stufe heben, wenn sie mit einer entsprechenden Umgestaltung der sozialökonomischen Bedingungen und der gesellschaftlichen Betriebsweise verbunden ist. Sie kann nicht effektivitätswirksam werden, wenn sie im Vorfeld der gebrauchswertmäßig-technischen Veränderung stecken bleibt und nicht bis zum "prozessierenden Wert" geht, der selbst als mächtiger Hebel auf das Innovationstempo zurückwirken muß (vgl. Haustein, 1989).
Marx verbindet bei der Analyse der Metamorphose des Kapitals den Kreislauf mit dem Auftreten und der Wirksamkeit von Wertrevolutionen. "Je akuter und häufiger die Wertrevolutionen werden, desto mehr macht sich die automatische, mit der Gewalt eines elementaren Naturprozesses wirkende Bewegung des verselbständigten Werts geltend gegenüber der Voraussicht und Berechnung des einzelnen Kapitalisten, ..."(Marx, Kapital II, S. 109). Der für uns wichtigste methodologische Punkt ist hier

die auch für die sozialistische Ökonomie ganz wesentliche Verbindung von Kreislauf und Wertrevolution. Eine wie auch immer geartete technizistische Auffassung sieht nur die wissenschaftlich-technischen Erscheinungen, wie "Computer Aided Design"-/"Computer Aided Manufacturing"(CAD/CAM)-Systeme, Biotechnologien, flexible Fertigungssysteme und ihre betriebliche Nutzung, als das Kernproblem an. Eine solche Begrenzung wäre gleichbedeutend mit dem Verzicht auf qualitative Veränderungen der Wirtschaftsorganisation, des Wirtschaftsmechanismus und seiner leitungsmäßigen Beherrschung. Damit würde sie in ihren materiellen Konsequenzen auch nicht durchgreifend auf den Kreislauf wirken, dessen Effizienz nicht mit lokalen Veränderungen der Betriebsweise erhöht werden kann, sondern letztlich nur durch die Organisation ihres Zusammenwirkens auf gesellschaftlicher Stufenleiter.
Die bessere Beherrschung der Kreislaufökonomie ist einer der wichtigsten qualitativen Faktoren des Wirtschaftswachstums. Sie sichert das Wachstum der Akkumulation und der Effektivität als Grundvoraussetzung für die intensiv erweiterte Reproduktion und ist damit eine Schlüsselfrage der Wirtschaftsstrategie. Zugleich ist sie ein ökonomisches Spiegelbild der Produktivkraftentwicklung; jeder historisch-konkreten gesellschaftlichen Betriebsweise entspricht ein bestimmter Typ des wirtschaftlichen Kreislaufs. In den beiden Jahrzehnten vor 1980 entstand mit der schnellen Ausdehnung der vertikalen und horizontalen Arbeitsteilung ein Widerspruch zwischen der bedeutenden Reduzierung der Fertigungszeiten je Stück und der merklichen Verlängerung des gesamten Reproduktionszuklus. Transportzeiten und Liege- und Wartezeiten der Informationsprozesse erhöhten sich beträchtlich und verursachten ihrerseits eine bedeutende Erhöhung der Liege- und Wartezeiten im Reproduktionsprozeß. Diese wiederum wurde zu einem wesentlichen Faktor für den Rückgang der fondsbezogenen Effektivität. Damit entstand ein verstärktes gesellschaftliches Bedürfnis nach neuen Produktivkräften, die in der Lage sind, den erwähnten Widerspruch zu überwinden; auf der Basis der wissenschaftlich-technischen Problemlösung des Mikroprozessors entstand ein neuer Typ der Automatisierung, die

flexible Automatisierung, die sich genau diese Aufgabe stellt. Alle diese Entwicklungen vollziehen sich nicht in isolierter Weise in irgendeinem Land oder unter künstlich geschaffenen Bedingungen. Der Wandel der Produktivkräfte und der daraus abzuleitenden objektiven Erfordernisse rationellen Wirtschaftens ist in einem steigenden Maße global verflochten.

1. Der Kreislauf in der politischen Ökonomie und seine Veränderung durch Innovationen

Einfache natürliche Kreisläufe sind dem Menschen seit langem vertraut und bereits Aristoteles äußerte sich zu dem von der Sonne bewirkten Kreislauf des Wassers in der Erdatmosphäre. Der Anatom und Arzt Harvey entdeckte im Tierexperiment den großen Blutkreislauf beim Säugetier und gab diese wichtigste physiologische Entdeckung in der gesamten Geschichte der Medizin in einem 1628 erschienenen Buch bekannt. Der wirtschaftliche Kreislauf wurde 129 Jahre später von F.Quesnay beschrieben, unstreitig eine der genialsten Entdeckungen in der Geschichte der politischen Ökonomie. In dem berühmten Tableau economique zeichnete Quesnay ein volkswirtschaftliches Netz des Warenflusses, der Geldzirkulation und der Entstehung der Einkommen der verschiedenen Gesellschaftsklassen. Der in der marxistischen politischen Ökonomie so wesentliche Begriff der Reproduktion stammt von F. Quesnay (Ökonomische Schriften).

Der wirtschaftliche Kreislauf wird in der marxistisch-leninistischen Reproduktionstheorie unter drei verschiedenen Aspekten behandelt:

erstens, bei der Analyse der Austauschbedingungen und Proportionen der Abteilungen der gesellschaftlichen Produktion bei der Herstellung und Zirkulation des Gesamtprodukts und des Nettoprodukts;

zweitens, bei der Analyse des Kreislaufs und Umschlags des individuellen Kapitals (des produktiven Kapitals, des Warenkapitals, des Geldkapitals);

drittens, bei der Analyse des Kreislaufs und Umschlags des

gesamten Nationaleinkommens und seiner Bestandteile.
In der politischen Ökonomie des Sozialismus unterscheiden wir den Kreislauf und Umschlag der betrieblichen Fonds und den Kreislauf und Umschlag der volkswirtschaftlichen Fonds.
Der betriebliche Kreislauf der Fonds ist ein planmäßig in den volkswirtschaftlichen Kreislauf integrierter Prozeß. Seine allgemeine Formel nach Marx ist (Marx, Kapital II, S. 31 ff.)

$$G - W \ldots P \ldots W' - G'.$$

Dieser Prozeß Geld - Ware - Produktion - Ware - Geld ist unter sozialistischen Produktionsverhältnissen darauf gerichtet, die Produktionsfaktoren so zu kombinieren, daß Gebrauchswerte zur Befriedigung des gesellschaftlichen Bedarfs geschaffen werden. Dazu ist es jedoch erforderlich, die in Geldform vorgeschossenen Fonds bestmöglich zu verwerten, das heißt einen Wertüberschuß $g = G' - G$ zu erzielen, der die planmäßige Fondsbildung des Betriebes garantiert. Der Kreislauf der Fonds hat also eine stofflich-gebrauchswertmäßige und eine wertmäßige Seite, die in ihrer Tendenz gut übereinstimmen müssen.
Die wichtigsten Kreislaufphasen der Umlauffonds sind einmal die Verwandlung von Geld in Produktionsmittel, Lagerung, Transport, Anlieferung, d.h. das unterwegs befindliche Material, zum anderen die Annahme im Lager des Betriebes, d.h. die Produktionsvorräte; weiterhin die Ausgabe vom Lager an die produzierende Abteilung und Fertigung, d.h. unfertige Erzeugnisse und die Annahme der Fertigerzeugnisse im Lager, danach verladene, nichtbezahlte Waren und schließlich Verwandlung in Geldform.
Die gesamte Umschlagszeit besteht aus der Produktionszeit und der Zirkulationszeit. Innerhalb der Produktionszeit ist die Arbeitsperiode jener Teil, in dem die lebendige Arbeit Neuwert schafft und den vergegenständlichten Wert (Material, Abschreibungen) auf das Produkt überträgt beziehungsweise diesen letzteren Prozeß einleitet oder anstößt. Dagegen wird der Gebrauchswert in der aktiven Produktionszeit einschießlich der Arbeitsperiode, der Kontrollprozesse, der natürlichen Prozesse, des Transports und der notwendigen Pausen oder planmäßigen technisch-organisatorischen Unterbrechungen geschaffen.
Es gibt allerdings auch nicht notwendige Unterbrechungen des

Produktionsprozesses, die sonstigen Liege- und Wartezeiten, (unplanmäßige Unterbrechungen), die de facto zur Produktionszeit gehören, in denen aber kein Gebrauchswert geschaffen wird. Die Zeit für die Arbeitsperiode plus natürliche Prozesse plus Transport- und Kontrollzeiten bezeichneten wir in Anlehnung an einen Hinweis von F. Engels als aktive Produktionszeit. Wir unterscheiden die Zeitkategorien T_U Umschlagszeit, T_P Produktionszeit, T_G Effektive Produktionszeit (=Produktionszeit - Liege- und Wartezeiten), T_A ~~Aktive~~ Produktionszeit, T_L Arbeitsperiode, und es gilt

$$T_U > T_P > T_G > T_A > T_L.$$

Aus diesem Abhängigkeiten wird sofort das Problem der modernen Produktion hinsichtlich des Kreislaufs deutlich:
Erstens hat die Technisierung eine enorme Reduzierung der Arbeitsperiode und der aktiven Produktionszeit bewirkt.
Zweitens ist der Anteil der Liege- und Wartezeiten bedeutend gestiegen, d.h. effektive Produktionszeit und Produktionszeit gesamt fallen weit auseinander.
Die Relation

$$T_P >>> T_G >> T_A > T_L$$

ist typisch für die gesamte moderne Stückgutproduktion, insbesondere auch in der metallverarbeitenden Industrie.
Da Neuwert nur in der Arbeitsperiode geschaffen wird, deren Anteil so erheblich zurückgegangen ist, kann die Verwertung der Fonds nur durch zwei Methoden erhöht werden: erstens mit höherer Neuwertschöpfung je Einheit der Arbeitszeit durch Anwendung innovativer Arbeit, d.h. Arbeit von "ausnahmsweiser Produktivkraft" (Marx, Kapital I, S. 337); zweitens durch Verkürzung der Produktionszeit, d.h. vor allem Reduzierung der Liege- und Wartezeiten des Arbeitsgegenstandes.
Hauptfaktoren der Kontinuität des Kreislaufprozesses sind mehrere, darunter das technische Niveau und die Flexibilität der Ausrüstungen sowie die Qualifikation und Disponibilität des gesellschaftlichen Gesamtarbeiters, weiterhin das Niveau der Betriebsorganisation und der Entwicklungsstand der gesamten Wirtschaft und Wirtschaftsorganisation. Hinzu kommen noch das Niveau der Transport-, Umschlags- und Lagerprozesse einerseits

und der Entwicklungsstand der gesamten Informationsprozesse andererseits sowie die Wirksamkeit des Wirtschaftsmechanismus, insbesondere in bezug auf den Ausgleich von Angebot und Nachfrage.

Man darf diese Kontinuität aber, obwohl sie über die Zeit gemessen wird, nicht allein zeitbezogen oder aufwandsbezogen betrachten. Die Kennziffern des Umschlags der Fonds sind keine Größen der Zeitdauer , sondern eine Art Zeitdichte.

Das geht aus folgendem Zusammenhang klar hervor:

$$T_U = T \frac{U}{R}$$

T_U Umschlagszeit in Tagen

T Dauer der Gesamtrealisierung, d.h. 360 Tage

U Umlaufmittel in Mark

R Realisierung in Mark.

Je größer die Realisierung R bei gegebenen Umlaufmitteln ist, desto geringer ist die Umschlagszeit. Die Zeit des Kreislaufs kann also quasi verdichtet werden. Das Verhältnis U/R ist der Umschlagskoeffizient, seine reziproke Größe ist die Umschlagszahl Z = R/U.

Es gilt daher

$$T_U = \frac{1}{Z}$$

Je höher die Umschlagszahl (die Geschwindigkeit des Kreislaufs), desto stärker wird die zur Verfügung stehende Zeit von 360 Tagen zur Umschlagszeit verdichtet. Die Differenz zwischen der Basiszeit des Kalenderjahres und der verdichteten Zeit ist praktisch vernichtete Zeit. Die "Zusammendrängung von Zeit und Raum" betrachtete K.Marx (Lohn, S. 127) als eine wichtige Entwicklungstendenz der modernen Produktivkräfte.

Wie kann man mit der gleichen Masse an Fonds eine höhere Realisierung erreichen?

Erstens durch Rationalisierung vorhandener Fonds auf Basis bekannter technischer Prinziplösungen. Hierbei sind die Erhöhungen der Umschlagszahl geringfügig, ihr Gesamteffekt, d.h. die Masse des realisierten Neuwerts und Gewinns ist jedoch ganz erheblich.

Zweitens durch Einführung von Basisinnovationen. Hier sind die Erhöhungen der Umschlagszahl für den betreffenden Kostenträger ganz erheblich, ihr Gesamteffekt, d.h. die Masse des realisierten Neuwerts und Gewinns ist jedoch zunächst gering.
Durch Basisinnovationen, aber auch durch qualitative Übergänge im Ressourcenaufwand können positive und negative "Wertrevolutionen" (Marx, Kapital II, S. 109) entstehen, die sich auf den Umschlag auswirken. So kann durch teurere und knappere Materialien der Materialanteil in den Selbstkosten sprunghaft ansteigen, verbunden mit einer Reduzierung des Neuwertanteils, der Realisierung und der gesamten Umschlagszahl. Durch Erzeugnisinnovationen können die Neuwertschöpfung beträchtlich erhöht, die Verwertung verbessert und zugleich der Umschlag beschleunigt werden.
Der hohe Anteil der Liege- und Wartezeiten kann wesentlich durch die Anwendung der modernen Informationstechnologie auf Basis der Mikroelektronik reduziert werden. Vor allem die flexible Automatisierung ist auf die Umschlagsbeschleunigung gerichtet. Sie ist die wichtigste strategische Entwicklungsrichtung der Produktivkräfte zur Überwindung des inneren Widerspruchs des Kreislaufs in seinem produktiven Teil, der durch die bisherige Entwicklung der Technik selbst hervorgerufen wurde.
Zur Zeitgliederung muß noch eine Ergänzung gemacht werden. Das betrifft die Zeit der Produktionsvorbereitung, die nicht unmittelbar zur Umschlagszeit hinzuaddiert werden darf, da ihre Aufwendungen und Ergebnisse in der Regel in mehreren Umschlägen wirksam werden. Zur Zeit für Produktionsvorbereitung gehört die Zeit für die Forschung sowie für die Erzeugnis- und Verfahrensentwicklung, weiterhin die Zeit für Investitionen und Produktionseinführung sowie die Zeit für die mit den vorstehenden Aktivitäten verbundene Planung, Bilanzierung und Vertragsbindung. Da für die Produktionsvorbereitung ebenfalls Umlaufmittel benötigt werden, ist es prinzipiell möglich, auch die Umschlagszeit der Produktionsvorbereitung zu ermitteln, wenn die Leistung in Forschung und Entwicklung wertmäßig (aus Verkauf entsprechender Leistungen) vorliegt.

Eine besondere Aufmerksamkeit muß man der Verflechtung des Kreislaufs der Umlaufmittel und der Grundmittel schenken. Die Beschleunigung des Kreislaufs der Umlaufmittel kann durch Mehraufwand an Grundmitteln bewirkt sein. Daher ist es wesentlich zu wissen, wie sich die Umschlagszeit der Produktionsfonds verändert.

Dafür gilt die Beziehung: $Z_{PF} = g_F a + M_{PF} Z$

Z_{PF} Umschlagszahl der Produktionsfonds

g_F Anteil der Grundfonds an den Produktionsfonds

a Abschreibungsrate

M_{PF} Anteil der materiellen Umlaufmittel an den Produktionsfonds

Z Umschlagszahl der Umlaufmittel.

Die Umschlagszahl der Produktionsfonds hängt von drei Größen ab: von der Struktur der Produktionsfonds, von der Nutzungsdauer der Grundmittel (bzw. der Abschreibungsrate) und von der Umschlagszahl der Umlaufmittel.

Unzureichende Nutzung der Grundmittel zeigt sich nicht unmittelbar in den ersten beiden Gliedern der rechten Seite der Gleichung. Sie wirkt sich vor allem negativ auf die Fondsrentabilität aus. Daher ist auch die Umschlagszahl keine Kennziffer der Gesamteffektivität. Sie zeigt nur den allerdings sehr wichtigen Kreislaufaspekt der Effektivität.

2. Wirtschaftliche Kreisläufe und ihre Verflechtung

Kreislaufprozesse oder Zyklen in der Ökonomie beschränken sich nicht auf die Bewegung der Umlaufmittel und Grundmittel. In der realen ökonomischen Entwicklung wirken verschiedene Kreisläufe aufeinander ein, sind miteinander vermascht, wie man in der Regelungstheorie sagt. Es gibt zunächst stationäre Zyklen, das heißt die einfache Wiederholung des Kreislaufs, wie zum Beispiel der Ersatz eines verschlissenen Arbeitsmittels durch ein neues auf gleichem technischen und ökonomischen Niveau. Die meisten Zyklen in der Ökonomie sind dynamischer Art, d.h. die

Wiederholung des Kreislaufs erfolgt auf verändertem technischen und ökonomischen Niveau. Dabei treten auch Fälle der negativen Reproduktion auf, in denen der Kreislauf auf einer niedrigeren Stufe als früher vollzogen werden muß (zum Beispiel Heizölablösung, Umstellung auf weniger geeignete, aber besser verfügbare Rohstoffe, Auslaufen veralteter Fertigungen). Diesen Formen der negativen Reproduktion muß man eine größere Aufmerksamkeit als bisher schenken. Sie müssen planmäßig gesteuert werden, um Ressourcen für Innovationen zügiger als bisher freizusetzen. Die intensiv erweiterte Reproduktion in der Volkswirtschaft erfordert die planmäßige Steuerung der negativen Reproduktion in bestimmten Zweigen und Fertigungen. So führt die Entwicklung der Mikroelektronik zur weiteren Substitution elektromechanischer Fertigungen.
Der Kreislauf der intensiv erweiterten Reproduktion umfaßt verschiedene wirtschaftliche Zyklen, um die es im folgenden geht.

2.1. Kreislauf der Fonds des Nationalreichtums

Das Volksvermögen der DDR betrug 1981 etwa 1746 Milliarden Mark (vgl. Tab. 12 und Abb. 26). Teilt man diesen Betrag durch das

Tabelle 12:
Entwicklung des Volksvermögens der DDR
(in Millionen Mark, Preise von 1980+)

	Absolut	Index
1975	1 308 800	100
1976	1 375 875	105
1977	1 446 495	111
1978	1 518 105	116
1979	1 591 555	122
1980	1 667 415	127
1981	1 745 945	133

+ Berechnet anhand von Haustein und Ivanov (1978, S. 22), Müller (1979, S. 919), Statistisches Jahrbuch der DDR 1982, S. 91.
Der Wert des Bodens und der erschlossenen Bodenschätze (außer Rohbraunkohle) konnte noch nicht berücksichtigt werden.

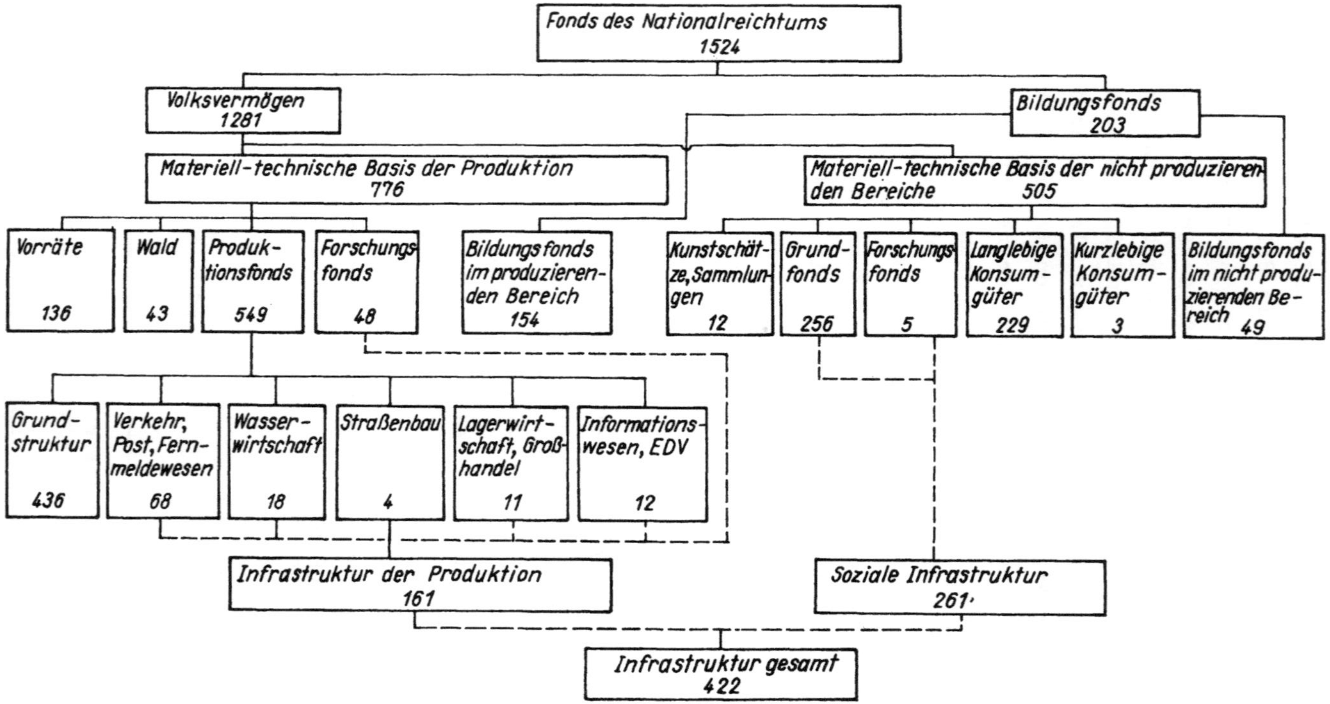

Abb. 26:
Fonds des Nationalreichtums der DDR (Zahlenangaben in Milliarden Mark 1975, Preise vom Jahr 1980)

jährliche volkswirtschaftliche Ersatzprodukt, so erhält man eine durchschnittliche Nutzungsdauer der Elemente des Volksvermögens von etwa 4,7 Jahren. Dazu gehören sehr verschiedene Güter, so zum Beispiel:

Kurzlebige Konsumgüter	0,05	Jahre
Vorräte an materiellen Umlaufmitteln	0,5	Jahre
Unvollendete Investitionen	1	Jahr
Langlebige Konsumgüter	5	Jahre
Maschinen und Geräte	5 bis 12	Jahre
Ausrüstungen	12 bis 20	Jahre
Gebäude im produzierenden Bereich	60 bis 80	Jahre
Gebäude im nichtproduzierenden Bereich	100 bis 120	Jahre
Kunstschätze, Sammlungen	120	Jahre

Tabelle 13 zeigt die Entwicklung der Nutzungsdauer des Volksvermögens der UdSSR.

Tabelle 13:
Entwicklung des Volksvermögens der UdSSR (und seine Reproduktion in Mrd. Rubel, effektive Preise+)

	1965	1970	1975	1980	1985
Volksvermögen gesamt	900	1400	2000	2700	3600
Ersatzfonds	226,5	354,1	499,3	616,3	804,8
Nutzungsdauer in Jahren	4,0	4,0	4,0	4,4	4,5

+ Berechnet nach Naradnoe chozjaistvo SSSR 1982, 1972, 1968

In den letzten drei Jahrzehnten hat sich die Nutzungsdauer bestimmter Elemente des Nationalreichtums tendenziell verringert. Dazu trugen der wissenschaftlich-technische Fortschritt und die Steigerung des Lebensniveaus, nicht zuletzt aber die profitgesteuerte Strategie der kapitalistischen Konzerne bei. Dazu schreibt G.Wilde (1983, S. 6):

"Der massenhafte moralische Verschleiß vorhandener Bestände und der hieraus resultierende Anstieg der Ersatznachfrage schufen für die kapitalistische Wirtschaft äußerst profitable Bedingungen. Aus diesem Grund wurden in großem Umfang Strategien zur künstlichen Forcierung des moralischen Verschleißes in Form von technischen Pseudoinnovationen und einer im hektischen Tempo wechselnden Mode (und ihrer Ausdehnung auf Erzeugnisgruppen, die von Hause aus nicht der Mode unterworfen sind) praktiziert."

Unter den gegebenen weltwirtschaftlichen Umständen blieb diese Strategie nicht ohne Einfluß auf die sozialistische Wirtschaft. Hinzu kam, daß unter den Bedingungen des extensiven Wachstums der sozialistischen Wirtschaft einige Faktoren wirkten, die eine Einsparung an Ressourcen auf Kosten des Konsumenten mit sich brachten. Verringerung der Nutzungsdauer spart lokale Produktionskosten, erhöht aber die Aufwendungen des Konsumenten und den Aufwand der Gesellschaft. Eine einfache Rechnung zeigt, welch enormen Ressourcenaufwand die Gesellschaft sparen kann, wenn sie eine Strategie der höheren Nutzungsdauer volkswirtschaftlich durchsetzt. Für das Volksvermögen der DDR auf Basis der Zahlen von 1981 bedeutet eine Erhöhung der Nutzungsdauer der Elemente des Volksvermögens von einem Prozent eine Einsparung an Ersatzprodukt von 3,6 Mrd. Mark. Entsprechend ergeben

5 Prozent	17,5 Mrd. M
10 Prozent	33,4 Mrd. M
20 Prozent	61,3 Mrd. M.

Bei bestimmten Elementen des Volksvermögens geht es daher in den nächsten beiden Fünfjahrplänen nicht um eine Zyklusverkürzung, sondern um die entschiedene Verlängerung der Nutzungsdauer als Aufgabe der Wirtschaftsstrategie und Planung.

Berücksichtigt man jedoch das technische Niveau einer Innovation, so ist leicht einzusehen, daß jeder fundamentale technologische Durchbruch, jeder Übergang zu einer neuen Prinziplösung auch bei relativ langer Entwicklungszeit viel effektiver ist als eine einfache Zeitbeschleunigung. Wenn die technischen Lösungen ein prinzipiell höheres Niveau und qualitativen Spitzenstandard verkörpern, wird eine höhere Nutztungsdauer damit vorprogrammiert. Außerdem kann die Modulbauweise die Lebensdauer des Gesamterzeugnisses wesentlich erhöhen.

Es ist auch nicht notwendigerweise so, daß die Zyklusverlängerung des Volksvermögens den Kreislauf der Umlaufmittel der

Industrie negativ beeinflussen muß. Wenn man den für die Erhöhung der Nutzungsdauer notwendigen Fondsvorschuß erstens preiswirksam macht und zweitens ohne Stockungen realisieren kann, kann der Kreislauf der Umlaufmittel sogar beschleunigt werden.

2.2. Kreislauf der Produktionsfonds

Auf Fragen nach dem Kreislauf der Produktionsfonds sind wir bereits im vorangegangenen Abschnitt eingegangen. Hier sei noch ein spezieller Zyklus erwähnt, der zum Kreislauf der Grundfonds gehört: der Modernisierungszyklus von Betrieben als technische und örtliche Einheiten.

Er verläuft zeitlich und inhaltlich wie folgt:

$A - V_{01} - L_{01} - V_{02} - L_{02} - \ldots M_1 - V_{11} - L_{11} - \ldots M_2 - \ldots S$

A Produktionsanlauf eines Betriebes (1 - 4 Jahre)

V Phase der Vervollkommung oder Rationalisierung auf gegebener technischer Grundlage (16 bis 20 Jahre, d.h. mehrmals fünf bis sieben Jahre innerhalb des Gesamtzyklus von A bis M_1 oder von M_1 bis M_2)

L Lokale Modernisierung einzelner Abteilungen (3 bis 6 Jahre, d.h. mehrmals 1 bis 2 Jahre innerhalb des Zyklus)

M Grundlegende Umgestaltung (Rekonstruktion) des Betriebes auf der Basis von Modernisierungsinvestitionen

S Stillegung des Betriebes

Der Lebenszyklus eines Betriebes setzt sich aus mehreren Modernisierungszyklen zusammen. In der Leichtindustrie umfaßt der Modernisierungszyklus einen Zeitraum von 15 bis 25 Jahren. Er kann ebenfalls nicht beliebig verkürzt werden, da eine komplexe Modernisierung einen erheblichen Investitionsaufwand, allerdings bei geringem Bauanteil (nicht mehr als 20 - 25 Prozent) verlangt. Eine Strategie der systematischen lokalen Modernisierung, d.h. eine Beschleunigung des "kleinen Modernisierungszyklus" kann zur ökonomisch sinnvollen Verlängerung des "großen Modernisierungszyklus" beitragen.

Ein weiterer Zyklus, der hier erwähnt werden soll, ist der Investitionszyklus. Er ist jedem Wirtschaftspraktiker vertraut

und erstmalig in der Literatur von J.Roesler anhand des Materials von vier Industriezweigen beschrieben worden (Roesler, Schwärzel und Siedt, 1983). Investitionen erfolgen in den Industriezweigen nicht kontinuierlich, sondern in Schüben. Daraus ergibt sich folgender Zyklus:
erste Phase: Realisierung der Investitionen; Zunahme der Beschäftigten; Produktion wächst schneller als Arbeitsproduktivität; Grundfondsquote wächst weiter oder bleibt gleich;
zweite Phase: Inbetriebnahme der Investitionen; Fall der Grundfondsquote; schnelles Wachstum der Arbeitsproduktivität;
dritte Phase: Wachstum der Arbeitsproduktivität und der Grundfondsquote.
Der Zyklus dauert etwa vier bis sechs Jahre, wie sich an vielen statistischen Materialien zeigen läßt. Investitionszyklus und Modernisierungszyklus sind gesetzmäßige Erscheinungen der sozialistischen Ökonomie, die bei der Planung der Investitionen beachtet werden müssen. Das Kombinat muß sichern, daß durch die planmäßige Staffelung der Investitionsmaßnahmen eine möglichst gleichmäßige Entwicklung der Gesamteffektivität gewährleistet wird. Die objektiven Ungleichmäßigkeiten des einzelnen Investitionszyklus müssen also von vornherein berücksichtigt werden.

2.3. Zyklus Forschung - Entwicklung - Produktion

Der Zyklus Forschung - Entwicklung - Produktion kann einmal betrachtet werden als ein dynamischer Kreislauf des theoretischen Wissens, seiner Anregung aus gesellschaftlichen Bedürfnissen und der Eigenentwicklung der theoretischen Disziplin, seiner schrittweisen Ausarbeitung und Anwendung und ihrer Rückkopplung auf die theoretische Entwicklung. Dieser Kreislauf interessiert vor allem in wissenschaftsstrategischen Arbeiten der Akademie der Wissenschaften. Der Terminus "Zyklus Wissenschaft - Produktion" wurde erstmalig in der sowjetischen Literatur in den 70er Jahren verwendet. Der reale Prozeß wurde bereits in den 60er Jahren verstärkt untersucht.
Zum anderen ist dieser Zyklus ein dynamischer Kreislauf des

Fondsvorschusses in der Forschung und Entwicklung, seiner Entstehung, seiner Umsetzung und Realisierung und seiner Wiedererwirtschaftung. Er wird durch folgende Größen charakterisiert:

- jährlicher Fonds Wissenschaft und Technik W_T
- Erlös aus Wissenschaft und Technik E_W
- Umlaufmittel wissenschaftlich-technischer Einrichtungen U_W, darunter Bestände an noch nicht in die Produktion überführten fertiggestellten wissenschaftlich-technischen Arbeiten U_{WF}, Bestände an unfertigen wissenschaftlich-technischen Arbeiten U_{UW}
- Forschungskosten K_W
- Gewinn (normativer Gewinn und Extragewinn) G_W
- Gesamtaufwand A_{WI}, darunter Aufwand für Wissenschaft und Technik A_W
- Aufwand für Investitionen oder für Generalreparatur zur Einführung A_I
- durchschnittliche Entwicklungsdauer bzw. Zeit der Produktionsvorbereitung von der Entscheidung über die Ausbreitung des Pflichtenhefts bis zur Produktionseinführung T_E
- Wiedererwirtschaftungsdauer für neue Erzeugnisse

$$T_{WE} = \frac{\text{Gesamtaufwand}}{\text{Gewinn}}$$

und für neue Verfahren

$$T_{WV} = \frac{\text{Gesamtaufwand}}{\text{Gewinnzuwachs}}$$

auf Basis von zwei vollen Nutzungsjahren.

Auch bei der Forschung und Entwicklung besteht das Problem nicht allein und oft nicht einmal vorrangig in der Verkürzung des Zyklus in der reinen Dimension der Zeitdauer (der Entwicklungszeit). Wenn nur noch kurzfristige Themen bearbeitet werden, sinkt auf die Dauer die Gesamteffektivität. Die Wiedererwirtschaftungsdauer ist als Kennziffer für die Gesamteffektivität besser geeignet; für analytische Zwecke sollte man aber mindestens einen Zeitraum von drei bis fünf Jahren im Vergleich berücksichtigen.

Die Zeit des Zyklus Forschung – Entwicklung – Produktion beträgt in der Volkswirtschaft im Durchschnitt etwa zwölf Jahre, davon fünf Jahre Zeit für Grundlagenforschung, angewandte Forschung, Entwicklung und Überleitung und etwa sieben Jahre moralische Nutzungsdauer technisch anwendbarer Forschungsresultate. Die Zeit für Entwicklung und Überleitung beträgt im Durchschnitt etwa anderthalb Jahre.

2.4. Innovationszyklus

Dieser Zyklus (genauer : der Zyklus der dynamischen Effektivität) darf nicht verwechselt werden mit dem Zyklus Forschung - Entwicklung - Produktion. Der Effektivitätszyklus der Innovation beginnt mit der kommerziellen Einführung (nicht mit der Produktionseinführung) neuer Erzeugnisse. Mit dem erstmaligen Verkauf des neuen Erzeugnisses beginnt die Einführungsphase, in der die Effektivität der Innovation (dynamische Effektivität) in der Regel noch unter dem gesellschaftlichen Durchschnitt liegt. Sie ist dann beendet, wenn die dynamische Effektivität die Durchschnittsmarke überschreitet und Extragewinn sichert. Es beginnt die Phase des schnellen Wachstums, in der die dynamische Effektivität schnell steigt, die Masse des Extragewinns jedoch noch gering ist. Wenn die dynamische Effektivität nicht mehr weiter steigt, die Gewinnmasse aus der Neuerung jedoch beträchtlich ist und die durchschnittliche Effektivität positiv beeinflußt, ist die Reifephase erreicht. Zugleich beginnt die Neuerung ihren eigenen moralischen Verschleiß zu forcieren, da das Anheben der Durchschnittseffektivität zum Fall der relativen Neuerungseffektivität (des Verhältnisses von dynamischer und durchschnittlicher Effektivität) beiträgt. Das wird noch beschleunigt, wenn konkurrierende Innovationen auftreten.
Ein Extragewinn kann jedoch in der Reifephase oft aus der später einsetzenden Verfahrensinnovation erzielt werden. Schließlich wird die Sättigungsphase erreicht, in der die relative Neuerungseffektivität schnell sinkt, obwohl die Gewinnmasse noch sehr beträchtlich ist und sogar leicht ansteigen kann. In der Rückgangsphase schließlich kommt es zu einem schnellen Fall der Gewinnmasse und zum Auftreten von Verlusten.

Der Zyklus der dynamischen Effektivität von Basisinnovationen dauert von der ersten kommerziellen Einführung bis zum Beginn des schnellen Wachstums zehn bis fünfzehn Jahre, zum Beispiel beim Industrieroboter von 1962 bis 1973, die Phase des schnellen Wachstums ebenfalls etwa zehn bis fünfzehn Jahre.
Verbesserungsinnovationen haben natürlich einen viel kürzeren Zyklus ihrer dynamischen Effektivität. Auf die Rolle der Basisinnovationen für die Kreislaufökonomie werden wir später eingehen.
Mit dem Effektivitätszyklus der Innovationen hängt auch der Lebenszyklus von Erzeugnissen und Verfahren oder Umschlagszyklus des Sortiments eng zusammen. Dennoch sind Lebenszyklus und Zyklus der dynamischen Effektivität nicht identisch. Bei den Lebenszyklen geht es um die Zeit, in der ein Erzeugnis produziert und beziehungsweise abgesetzt werden kann. Der Umschlagszyklus des Sortiments wird als reziproker Wert des Erneuerungsgrades berechnet.
Dieser Lebenszyklus ist gewissermaßen ein Aspekt oder ein Ausschnitt des Zyklus der dynamischen Effektivität von Neuerungen.

2.5. Bevölkerungszyklus

Der Altersaufbau und die Kennziffern der Bevölkerungsreproduktion (Geburtenrate, Sterberate, durchschnittliche Lebenserwartung) bestimmen den allgemeinen Bevölkerungszyklus. Der Anteil der Bevölkerung im arbeitsfähigen Alter ist eine wichtige Grundgröße für die Berechnung der Arbeitskräfteressourcen.
In der DDR gibt es einen spezifischen Zyklus der geburtenschwachen Jahrgänge, der durch den zweiten Weltkrieg ausgelöst wurde und etwa achtundzwanzig Jahre umfaßt. So sind zum Beispiel 1986 die Jahrgänge der 11- bis 13jährigen, der 39- bis 41jährigen und der 67- bis 69jährigen sehr schwach und die Jahrgänge der 22- bis 24jährigen und 45- bis 47jährigen sehr stark besetzt. Bis 1993 werden also immer geringer besetzte Jahrgänge in den Arbeitsprozeß einbezogen. Das hat direkte Auswirkungen auf den wirtschaftlichen Kreislauf.

2.6. Ausbildungszyklus

Der Ausbildungszyklus beträgt für Ungelernte zehn Jahre, für Facharbeiter dreizehn, Fachschulkader vierzehn und für Hochschulkader sechzehn Jahre. Dagegen wird der Umschlagszyklus oder die Nutzungsdauer der Bildungsfonds auf Basis der Dauer der Arbeitsfähigkeit dieser Beschäftigtenkategorien berechnet (45, 41, 38 und 36 Jahre).
Dabei muß der Bildungsfonds allerdings auch die Ausgaben für die Weiterbildung enthalten. Der Kreislauf und der Bildungsfonds hat wichtige Besonderheiten gegenüber dem Kreislauf der Grundlagenfonds. Die Bildungsfonds werden nicht wie die Produktionsgrundfonds durch die konkrete Arbeit auf das Produkt übertragen und aus dem Ersatzfonds reproduziert. Sie können nur aus dem von der lebendigen Arbeit geschaffenen Neuwert reproduziert werden. Die Grundlage ihrer einfachen Reproduktion ist das notwendige Produkt, die erweiterte Reproduktion der Bildungsfonds erfolgt aus dem Mehrprodukt.

2.7. Gesellschaftlicher Produktionszyklus

Der gesellschaftliche Produktionszyklus vom Rohstoff bis zum Fertigprodukt, der Stoffrückführung und Wiedernutzung von Sekundärrohstoffen hängt mit einem anderen großen Zyklus zusammen, nämlich dem Stoffkreislauf zwischen Natur und Gesellschaft. Bestimmte Eigenschaften natürlicher und ökonomischer Kreisläufe sind in Tabelle 14 gegenübergestellt.
Während in der Natur die Stoffkreisläufe langsam jedoch mit außerordentlich hohem Wirkungsgrad ablaufen, sind die vom Menschen seit der industriellen Revolution geschaffenen künstlichen Stoffkreisläufe zwar viel schneller, aber von wesentlich niedrigerem stofflichen und energetischen Wirkungsgrad. Die Verluste der Primärenergie bis zur Stufe der Nutzungsenergie

betragen 64 Prozent, d.h. der gesamte energetische Wirkungsgrad liegt bei 36 Prozent.

Tabelle 14:
Eigenschaften natürlicher und ökonomischer Kreisläufe

	Natur	Wirtschaft
Art der Reproduktion	Selbstreproduktion	Vermittelte Reproduktion
Zeitaufwand für die Herstellung von Kopien	lang	kurz
Stoffkreislauf	weitgehend geschlossen hoher Wirkungsgrad	weitgehend offen sehr geringer Wirkungsgrad
Energetischer Wirkungsgrad	80 - 90 Prozent	30 - 40 Prozent
Veränderung durch	Mutabilität	bewußte Gestaltung
Informationsverarbeitung	Gene natürliche Übertragung	soziale Kommunikation technische Übertragung

Der stoffliche Wirkungsgrad ist noch weitaus niedriger, wie Abbildung 27 zeigt. Von den 34 bis 35 Mrd. t Stoffen (Wasser, Luft, mineralische Roh- und Brennstoffe, Lebendmasse), die wir in der DDR pro Jahr der Natur entreißen, gehen nur etwa 1,3 Mrd. Tonnen (Sekundärrohstoffe, aufbereitetes Trink- und Brauchwasser) unmittelbar wieder zurück in den wirtschaftlichen Kreislauf.

Das entspricht einem Wirkungsgrad des stofflichen Kreislaufs von etwa vier Prozent. Es ist eigentlich ganz logisch, daß ein in dieser Hinsicht so uneffektiv arbeitendes System des künstlichen Stoffkreislaufs, das auf der Erde erst seit etwa 150 bis 200 Jahren existiert, dringend der grundlegenden Erneuerung bedarf, wenn das Gleichgewicht von Natur und Gesellschaft erhalten bleiben soll. Der Mensch ist ein Teil der Natur, er muß ihre Gesetzmäßigkeiten, ihre Grenzen und die Endlichkeit der Naturressourcen der Erde beachten.

Der wirtschaftliche Kreislauf ist ein Zyklus der vermittelten Reproduktion im Unterschied zur natürlichen Selbstreproduktion.

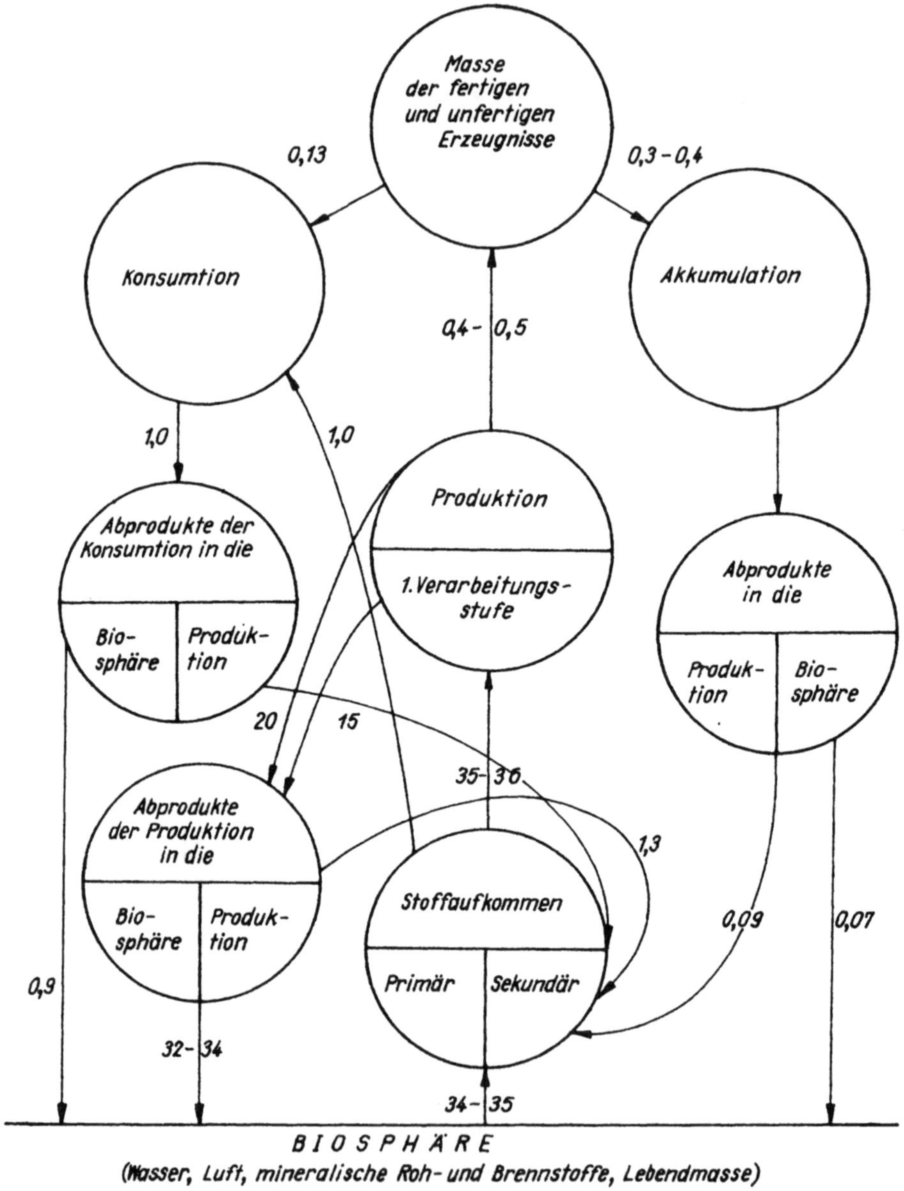

Abb. 27:
Stoffkreislauf der Volkswirtschaft der DDR (Schätzung in Milliarden Tonnen im Jahr 1975)

Der Mensch schiebt immer mehr technische Mittel zwischen sich und die Natur, der Produktionsprozeß ist abgesondert vom Lebensprozeß, mit dem er bei der natürlichen Reproduktion eine Einheit bildet. Damit wird eine enorme Produktivität bei der Herstellung von Kopien erreicht, zugleich aber auch ein weites Feld der Schöpfung neuer funktioneller Gebilde eröffnet.
Jedoch ist diese Entwicklung, die sich seit dem Aufkommen der maschinellen Großproduktion mit Beschleunigung vollzieht, für den Menschen nicht ohne Problematik. Die immer mehr vermittelte Reproduktion führt zum Verlust an Realitätsnähe, die im Widerspruch zur ganzheitlichen Entwicklung des Menschen als Natur- und Gesellschaftswesen steht. Das Maschinenzeitalter bringt Erscheinungen der Bewegungsarmut mit sich, die zu gesundheitlichen Folgen für die lebende Generation, möglicherweise aber auch zu genetischen Wirkungen führen. Der Gebrauch des Computers kann zur sozialen Vereinzelung beitragen, wenn die technischen Lösungen ohne Rücksicht auf den Verlust an soialer Kommunikation im Kollektiv realisiert werden.
Zu den natürlichen Zyklen, die für den wirtschaftlichen Kreislauf Bedeutung besitzen, gehört auch der Zyklus der Regeneration der natürlichen Ressourcen, zum Beispiel des Waldes, der Viehbestände und so weiter.
Der gesellschaftliche Produktionszyklus vom Rohstoff bis zum Fertigprodukt ist nicht allein aus der Sicht der stofflichen, energetischen und transportiven Seite zu betrachten. Für den wirtschaftlichen Kreislauf ist vor allem die Veredlung wichtig, d.h. das "Aufsaugen" von lebendiger Arbeit durch das Stoffquantum, das sich durch den Produktionsprozeß bewegt. Die Neuwertschöpfung im gesellschaftlichen Produktionsprozeß ist die Grundlage für den gesamten wirtschaftlichen Kreislauf.

2.8. Reproduktionszyklus des gesellschaftlichen Gesamtprodukts

Der Reproduktionszyklus des gesellschaftlichen Gesamtprodukts wird durch die Produktions- und Austauschverhältnisse von Abteilung I und Abteilung II der gesellschaftlichen Produktion,

durch die Proportion von Ersatzprodukt und Nettoprodukt, durch Mehrproduktrate und Akkumulationsrate bestimmt (Reproduktionstheorie).
Die damit gegebenen volkswirtschaftlichen Bedingungen beeinflussen in hohem Maße den wirtschaftlichen Kreislauf der Kombinate und Betriebe. Zwei kleinere Kreisläufe hängen mit dem großen Kreislauf des gesellschaftlichen Gesamtprodukts zusammen.
Erstens der Kreislauf der individuellen Hauswirtschaft einschließlich der damit verbundenen Produktionsformen. Mit wachsendem Lebensniveau und steigendem Fonds an langlebigen Konsumgütern wächst das wirtschaftliche Gewicht dieses Kreislaufs.
Zweitens der Kreislauf der sogenannten Schattenwirtschaft. Das sind jene wirtschaftlichen Aktivitäten produktiven und nichtproduktiven Charakters, die steuerlich nicht erfaßt werden und daher weder in der volkswirtschaftlichen Gesamtrechnung noch in der Staatshaushaltsrechnung erscheinen.

3. Innovation und Entropie wirtschaftlicher Kreisläufe

Worin bestehen die wichtigsten Eigenschaften der wirtschaftlichen Kreisläufe aus systemanalytischer Sicht?
Die dialektische Beziehung von Kontinuität und Diskontinuität ist das wichtigste Moment für die Effektivität des Kreislaufs. In stationären oder einfachen dynamischen Kreisläufen bestimmt in erster Linie die Kontinuität das wirtschaftliche Ergebnis, und die Unterbrechungen dieser Kontinuität wirken meist negativ. Dagegen ist der ökonomische Entwicklungszyklus stets eine widersprüchliche Beziehung evolutionärer, kontinuierlicher und diskontinuierlicher Veränderungen. Der lokale oder individuelle Kreislauf ist in bestimmter Hinsicht ein reversibler, d.h. umkehrbarer Prozeß. In der Warenwirtschaft ist die gesellschaftlich notwendige Arbeitszeit Maß des Wertes. Sie wird es aber nur, indem der Gegenstand zur Ware wird, d.h. einer Folge von Tauschbeziehungen zu unterliegen beginnt. In diesen wirtschaftlichen Kreisläufen gibt es ein Element der Rückbeziehung

oder Reversibilität, auf das Marx bei der Analyse der allgemeinen Wertform verweist. Marx schreibt dazu:
"Wenn ein Mann seine Leinwand mit vielen anderen Waren austauscht und daher ihren Wert in einer Reihe von anderen Waren ausdrückt, so müssen notwendig auch die vielen andren Warenbesitzer ihre Waren mit Leinwand austauschen und daher die Werte ihrer verschiednen Waren in derselben dritten Ware ausdrücken, in Leinwand"(Marx, Kapital I, S. 79).
Die Reversibilität ist eine reale Möglichkeit des Kreislaufs W - G - W (Marx, Kapital I, S. 120 ff.), die jedoch selten in reiner Form verwirklicht wird. Dazu gehört der Rücklauf von nicht mehr benötigten Waren laut Bilanzierungsverordnung oder in anderen Fällen der Kauf von Waren, für die vorher Material, Teile oder Baugruppen geliefert wurden. Wirtschaftliche Kreisläufe sind jedoch vor allem irreversibel, d.h. nicht umkehrbar. Erstens führen die einzelnen Akte der Warenzirkulation in ihrer Masse zur Veränderung des Verhältnisses von Angebot und Nachfrage, das dann wieder zurückwirkt auf den einzelnen Kreislauf. Zweitens entwickelt sich mit der Warenzirkulation die gesellschaftliche Arbeitsteilung, der Stoffwechsel der menschlichen Arbeit, der von einem bestimmten Punkt ab wieder zurückwirkt auf den lokalen Kreislauf.
Drittens trägt jeder individuelle Kreislauf in ganz unterschiedlicher Weise zur Erhöhung der gesellschaftlichen Durchschnittseffektivität bei. Der Kreislauf auf Basis der Rationalisierung vorhandener Fonds mit Hilfe von bekannten technischen Prinziplösungen der Vergangenheit erhöht die Masse des Nutzens mit einer großen Zahl von Verbesserungsinnovationen, deren Effektivität jedoch zurückgeht. Dieser Kreislauf verlangsamt sich, langfristig gesehen. Der Kreislauf auf der Grundlage von Basisinnovationen und mit ihnen direkt verbundenen Verbesserungsinnovationen dagegen erhöht die Effektivität bei einer zunächst geringen, jedoch schnell wachsenden Nutzensmasse. Der Kreislauf wird beschleunigt, langfristig gesehen.
Viertens muß man beachten, daß sich mit jedem Kreislauf die Reproduktionsbedingungen weiter verändern. Dazu gehört auch das Anwachsen der Verluste aus der Verschlechterung der Abbaubedin-

gungen der Rohstoffe und Brennstoffe, aus der ökologischen Situation, der beschleunigten Veraltung und aus anderen Faktoren.

Die den Grad der molekularen Unordnung zum Ausdruck bringende "Entropie" ist ein Fundamentalbegriff der modernen Naturwissenschaften, der dem zweiten Hauptsatz der Thermodynamik zugrunde liegt. Danach kann Wärme immer nur von wärmeren Körpern auf kältere übergehen, aber nicht umgekehrt, d.h. können Temperaturdifferenzen stets in nichtumkehrbarer Richtung dem Ausgleich (Gleichgewichtszustand) zustreben. Es gibt nach dem zweiten Hauptsatz keine geschlossenen energetischen Zyklen, bei jedem Kreislauf geht wertvolle Energie in Form von nicht mehr nutzbarer Wärme (Wärmedissipation) verloren. Der Entropiebegriff ist in jüngster Zeit auch auf viele andere Vorgänge (zum Beispiel Messung der Information) angewandt worden (Ebeling, 1976, S. 37).

Die physikalische Entropie kann eine Rolle bei der Analyse der Energieverflechtung der Wirtschaftszweige spielen. Damit wollen wir uns hier jedoch nicht beschäftigen. Wachsende Entropie heißt in einem allgemeineren Sinne Bewegung in Richtung auf einen wahrscheinlicheren Zustand, heißt zunehmender Ausgleich. Solche Bewegungen gibt es auch in der Ökonomie, in der Veränderung der Ressourcen, des Nutzens und der Effektivität. Sie kommen zum Beispiel in der zunehmenden Entwertung der vorhandenen Fonds durch die Abschwächung der Wachstums- und Effektivitätsimpulse technischer Prinziplösungen der Vergangenheit zum Ausdruck (Marx, Kapital III, S. 121). Im Ergebnis der Verschlechterung von Reproduktionsbedingungen (Ressourcenlage, Preisentwicklung) kommt es zu einem Rückgang des Effektivitätszuwachses. Die Nutzensmasse aus einer großen Zahl von Verbesserungsinnovationen auf Basis bekannter technischer Prinziplösungen steigt zunächst weiter. Jedoch werden die individuellen oder lokalen Zuwachsraten der Effektivität immer geringer und vor allem immer ausgeglichener. Die vorgeschossenen Fonds können nicht mehr wie früher verwertet werden, d.h. sie sind schrittweise entwertet. Schließlich kommt es mit Notwendigkeit zu einem Fall der Durchschnittseffektivität, wenn keine Basis-

innovationen erfolgreich verwirklicht werden.
Wenn ein wirtschaftliches System keine Impulse aus Basisinnovationen erfährt, tendiert es zu einem Zustand der größten Wahrscheinlichkeit, in dem die Effektivitätsniveaus der Teilsysteme weitestmöglich ausgeglichen sind und die Durchschnittseffektivität allmählich sinkt, weil die organische Zusammensetzung der Fonds steigt, die Ressourcenaufwendungen steigen und die Wachstumsimpulse der alten Technologien nachlassen. Das diskontinuierliche Auftreten und Ausbreiten von Basisinnovationen führt dazu, daß neue, höhere und sehr differenzierte Effektivitätspotentiale zunächst nur bestimmter Teilsysteme geschaffen werden (Antriebsfunktion der Basisinnovationen). Diese Potentiale werden mit steigenden Effektivitätsniveaus der Teilsysteme ausgenutzt, dabei erhöht sich die Varianz der Effektivitäten. Die Durchschnittseffektivität sinkt zwar weiter, dieses Sinken wird aber immer mehr abgebremst. Später breiten sich die Wirkungen der Basisinnovation im Gesamtsystem immer mehr aus, und die Varianz erreicht hohe Werte, während die Durchschnittseffektivität zu steigen beginnt. Die Entropie sinkt in diesem Prozeß, d.h. die Entwertung verlangsamt sich bis zum nächsten Umschlagspunkt.
Wirtschaftliche Entropie ist zunehmende Entwertung bei fehlendem Effektivitätsschub aus Basisinnovationen. Ihr Gegenprozeß ist der Effektivitätsimpuls aus Basisinnovationen.
Zwischen 1970 und 1980 kam es in allen entwickelten Industrieländern zu einem Wachstum der wirtschaftlichen Entropie im Ergebnis der veränderten Ressourcenbedingungen und der Erschöpfung der Wachstumsreserven der Basisinnovationen der Vergangenheit. In der Periode vor 1970 sah die ökonomische Landschaft ganz anders aus. So erreichte die Fondsrentabilität der Industrie der UdSSR 1970 mit 21,5 Prozent ihr Maximum für die ganze Periode seit 1960 (vgl. Spalte 5 in Tab. 15). Die Grundlage dafür war die schnelle Entwicklung der Chemie, insbesondere der Erdölchemie und Synthesefaserproduktion, der Elektroenergetik und der damit verbundenen Zweige des Maschinenbaus sowie der textilen Weiterverarbeitung der Synthesefasern.

Tabelle 15:
Grunddaten des Kreislaufes in der Industrie der UdSSR

	Gewinn effektive Preise Mrd. Rubel	Produktionsfonds Mrd. Rubel	Umlaufmittel materielle Mio. Rubel	Produktion effektive Preise Mrd. Rubel	Fondsrentabilität Prozent	Umschlagszahl Koeff.	Rentabilität der Produktion Prozent
	(1)	(2)	(3)	(4)	(5)	(6)	(7)
1958	10.7	86.1	26.0	129.2	12.4	4.97	8.26
1959	12.5	93.4	27.7	143.9	13.4	5.19	8.70
1960	14.0	103.1	29.0	157.4	13.6	5.43	8.91
1961	15.2	113.4	31.1	172.6	13.4	5.55	8.80
1962	18.5	124.7	33.4	188.4	14.8	5.64	9.80
1963	19.6	140.2	37.8	201.0	14.0	5.32	9.76
1964	21.9	156.5	40.9	212.4	14.0	5.19	10.32
1965	22.5	173.4	44.3	229.4	13.0	5.18	9.83
1966	25.1	188.6	47.1	248.3	13.3	5.27	10.10
1967	34.9	204.1	53.0	285.9	17.1	5.39	12.21
1968	44.4	221.1	56.4	322.8	20.1	5.72	13.76
1969	48.8	238.1	58.0	345.0	20.5	5.95	14.15
1970	56.0	260.3	63.3	374.3	21.5	5.91	14.95
1971	56.2	284.0	66.4	395.7	19.8	5.96	14.21
1972	59.2	307.8	66.5	420.0	19.3	6.32	14.14
1973	60.0	333.6	72.5	447.3	18.0	6.17	13.42
1974	64.2	362.8	77.6	479.6	17.7	6.18	13.39
1975	65.9	417.3	84.2	511.2	15.8	6.07	12.90
1976	74.8	450.2	88.8	527.9	14.4	5.94	12.28
1977	67.3	479.7	95.6	553.7	14.0	5.79	12.13
1978	70.7	523.4	101.4	577.7	13.5	5.70	12.23
1979	70.3	558.3	108.3	595.1	12.6	5.49	11.82
1980	73.3	600.8	115.9	616.3	12.2	5.32	11.89
1981	75.0	652.4	130.6	635.3	11.5	4.86	11.81
1982	87.8	696.9	138.0	721.5	12.6	5.23	12.60
1983	92.7	747.5	150.5	751.3	12.4	4.99	12.40
1984	96.3	796.1	157.2	779.0	12.1	4.96	12.10
1985	100.6	860.0	162.9	803.8	11.7	4.93	11.70

Entnommen bzw.berechnet nach Narodnoe chozjaistvo SSSR 1960, S. 843; 1965, S. 757, 761; 1967, S. 62, 185, 857, 861; 1969, S. 741, 747; 1970, S. 701, 706; 1975, S. 191, 725, 731; 1977, S. 441; 1980, S. 503, 505; 1982, S. 151, 549, 555; 1985, S. 93, 549, 554; Promyslennost SSSR 1961, S. 99.

Lag die durchschnittliche Fondsrentabilität von 14 Industriezweigen der UdSSR (Elektroenergetik, Erdölgewinnung, Erdölverarbeitung, Erdgas-, Kohle- und Torfindustrie, Schwarzmetallurgie, Chemie einschließlich Erdölchemie, Maschinenbau einschließlich Metallverarbeitung, Holzgewinnung, Papier- einschließlich Zellstoffindustrie, Baumaterialienindustrie, Leichtindustrie einschließlich Textilindustrie, Lebensmittelindustrie) 1965 bei 13 Prozent, so stieg sie 1970 auf 21,5 Prozent (vgl. Spalte 5 in Tab. 15). In den Jahren nach 1970 war es vor allem der Industriekomplex vom Erdöl über die Chemie und Synthesefasern bis zur Textilindustrie, verbunden mit den entsprechenden Zweigen des Maschinenbaus, dessen historischer Wachstumsimpuls sich wesentlich abschwächte.
Die relative Effektivität der Chemie und Erdölchemie, die 1977 den Wert von 1,36 erreicht hatte, sank bis 1985 auf 0,82 (vgl. Spalte 5 in Tab. 16). Die Fondsrentabilität der Industrie gesamt sank von 21,5 Prozent im Jahre 1970 auf 11,7 Prozent 1985 (vgl. Spalte 1 in Tab. 16), gleichzeitig reduzierte sich die Standardabweichung der Fondsrentabilität nach Industriezweigen von 15,4 auf 5,6 Prozent (vgl. Spalte 2 in Tab. 16).
Das Ziel der sowjetischen Wirtschaftsreform besteht unter anderem darin, die Fondsrentabilität der Industrie durch Lenkung der produktiven Investitionen in den Maschinenbaukomplex und in die dynamischen Zweige der technischen Revolution der Informatiosverarbeitung wieder zu erhöhen. Die Wirkung dieser Maßnahmen wird sich wahrscheinlich zuerst in der Überwindung der Entropietendenzen, in der Erhöhung der Standardabweichung der Fondsrentabilität zeigen, wie die empirischen Daten vermuten lassen.
Wir hatten festgestellt, daß die wirtschaftliche Entropie mit Entwertungsprozessen zusammenhängt. Die Entwertung kann für eine Wirtschaftseinheit auch ein Mittel des Entropieexports sein. Wenn Fonds ausgesondert werden, erhöht sich die Fondsrentabilität sprunghaft. Im Zusammenhang mit der Heizölablösung mußten solche Prozesse in der Industrie der DDR planmäßig beherrscht werden. Ein anderes Beispiel ist die Großrundstricktechnik in der Textilindustrie. Ihre zunächst hohe Rentabilität

Tabelle 16:
Berechnung der Standardabweichung der Fondrentabilität nach Industriezweigen und der relativen Fondrentabilität

	Industrie gesamt			Chemie und Erdölchemie		Maschinenbau und Metallverarbeitung	
	Fondsrentabilität	Standardabweichung nach Industriezweigen	Variationskoeffizient s/e	Fondsrentabilität	Relative Fondsrentabilität e/e	Fondsrentabilität	Relative Fondsrentabilität
	e	s	v	e	r	e	r
	Prozent	Prozent	Prozent	Prozent	Koeffiz.	Prozent	Koeffiz.
	(1)	(2)	(3)	(4)	(5)	(6)	(7)
1964	14.0	18.84	135	17.9	1.28	16.5	1.18
1965	13.0	17.92	138	16.4	1.26	17.6	1.28
1966	13.3	18.08	126	17.5	1.32	19.3	1.45
1967	17.1	16.31	95	18.4	1.08	20.1	1.18
1968	20.1	14.14	70	19.2	0.96	21.2	1.05
1969	20.5	14.53	71	19.8	0.97	21.5	1.05
1970	21.5	15.38	72	20.2	0.94	22.8	1.06
1971	19.8	13.73	69	19.2	0.97	19.2	0.97
1972	19.3	11.44	59	19.8	1.03	20.2	1.05
1973	18.0	10.14	56	21.1	1.17	16.4	0.81
1974	17.7	9.47	54	22.2	1.25	16.8	0.95
1975	15.8	8.63	55	21.0	1.33	16.6	1.05
1976	14.4	8.22	57	19.3	1.34	14.9	1.03
1977	14.0	8.79	63	19.0	1.36	14.8	1.06
1978	13.5	9.12	68	18.4	1.36	15.2	1.13
1979	12.6	9.52	76	16.0	1.27	15.7	1.25
1980	12.2	9.81	81	15.2	1.25	15.8	1.30
1981	11.5	9.83	85	14.6	1.27	15.3	1.33
1982	12.6	7.81	62	8.9	0.71	11.1	0.88
1983	12.4	7.37	59	9.4	0.76	11.6	0.94
1984	12.1	5.44	45	9.6	0.79	12.2	1.01
1985	11.7	5.59	48	9.6	0.82	13.0	1.11

(Quellen siehe Hinweise zu Tabelle 15)

wurde durch Bedarfsänderungen und veränderte Ressourcenbewertung schrittweise ausgehöhlt (Entropiewachstum). Damit ist der Bedarf an texturierten Garnen wesentlich zurückgegangen. Auswirkungen auf die Fonds sind unvermeidlich, will man die geplante Fondsrentabilität einhalten.

Die Ökonomie kann nicht ausschließlich unter Gesichtspunkten des Gleichgewichts, des kontinuierlichen technischen Fortschritts und der gleichmäßigen Entwertung betrachtet werden. Auf dieser Vorstellung eines kontinuierlichen, gleichmäßigen technischen Fortschritts beruht eine große Zahl ökonomisch-mathemtischer Wachstumsmodelle. Der technische Fortschritt wird in der einen oder anderen Form in die Produktionsfunktion eingeführt und figuriert nun neben Kapital und Arbeit als dritte, beliebig teilbare und gleichmäßig zunehmende Ressourcengröße. Die konkreten historischen Prozesse des wirtschaftlichen Entropiewachstums und der Entropieverminderung werden nicht beachtet.

In der ökonomischen Wirklichkeit sind jedoch das Innovationstempo und sein Gegenprozeß, die Entwertung der vorhandenen Fonds um so weniger gleichmäßig, je längere Perioden man betrachtet. Es treten mehr oder weniger plötzliche qualitative Änderungen ein, und es entstehen neue "exzeptionelle Produktionsweisen" (Marx, Kapital III, S. 657) mit wesentlich überdurchschnittlicher Effektivität, die zugleich zur schnelleren Entwertung vorhandener Fonds führen. Auch die Reproduktionsbedingungen unterliegen qualitativen Umschlägen auf der Basis vorangegangener langjähriger qualitativer Entwicklungen. Die Ungleichmäßigkeit des Effektivitätszuwachses wächst, das höhere Effektivitätspotential der Neuerungen wird in schnellem Tempo erschlossen und wirkt sich positiv auf die gesellschaftliche Durchschnittseffektivität sowie entropievermindernd aus.

Die Auswirkungen der qualitativen Veränderungen im technischen Fortschritt, in der Ressourcensituation und in den allgemeinen ökonomischen Bedingungen auf die Wertstruktur der gesellschaftlichen Produktion nennt Marx Wertrevolution (Marx, Kapital II, S. 109, S. 147). Während vor der Wertrevolution sich die individuellen Rentabilitätsraten im Nahbereich des Durchschnitts befinden und das eine Erzeugnis etwas mehr Gewinn bringt als das andere, kann die Wertrevolution ein plötzliches Absacken der Rentabilität ganzer Erzeugnisgruppen mit sich bringen. So geschah es nach der Preisrevolution der Schlüsselressource Erdöl mit vielen Erzeugnisgruppen der chemischen Industrie und anderer Zweige. Die Wertrevolution ist daher ein höchst bedeutsamer Faktor des wirtschftlichen Kreislaufs. Wenn alles scheinbar rund läuft und eine hohe Gewinnmasse bei einer Vielzahl von Teilverbesserungen mit ausgeglichener Effektivität erzielt wird (d.h. hohe Entropie, geringer Entropiezuwachs), kann es zu einem scharfen Rückgang der Rentabilität durch äußere Wertrevolutionen kommen. Entwertung des Alten führt aber mit Notwendigkeit zur Umverteilung der Ressourcen auf neue, zukunftsträchtige Gebiete.

Im Kapitalismus entbrennt der Konkurrenzkampf auf einer neuen Stufe, bei der es um die Minimierung der individuellen Verluste geht (Marx, Kapital III, S. 263). Geschäftszuammenbrüche, staatliche Zuschüsse zum Ausgleich von Milliardenverlusten (zum Beispiel Firma Chrysler in den USA 1980/81, AEG-Konzern in der BRD 1981/82), Schließung traditioneller Erzeugnislinien (so ist Agfa 1983 aus dem Kamerageschäft ausgestiegen) sind Formen der Kapitalentwertung, die zugleich schlagartig die Profitrate erhöhen und Kapital für neue Unternehmungen freisetzen.

In der sozialistischen Ökonomie können die `Entwertungsprozesse in planmäßige Bahnen gelenkt, sie können aber nicht vermieden werden, insoweit sie reale Notwendigkeiten der Produktivkraftentwicklung zum Ausdruck bringen. Oft gelingt es in der Praxis nicht, die Ressourcen für veraltete Erzeugnisse genügend schnell zur Mobilisierung der Innovationen umzudisponieren. Damit wird das durch die Wertrevolution entstandene Ungleichgewicht weiter verschärft. Es entsteht ein fehlerhafter Kreislauf: Ressourcenmangel führt zur Verringerung des Innovationstempos, unzureichende Innovationen verschärfen das Ressourcendefizit. Die Beherrschung der Ausbreitungsphase von Neuerungen ist daher eine Schlüsselfrage der Weiterentwicklung der Ressourcenplanung im Sozialismus.

Die Störung des alten Gleichgewichts wird auch durch die Inno-

vationen selbst hervorgerufen. So führt die Ausbreitung der Mikroelektronik zur drastischen Senkung des Neuwertanteils im Vergleich zur elektromechanischen Fertigung (negative Wertrevolution), schafft aber zugleich ein enormes Potential der zusätzlichen Neuwertschöpfung durch neue Gebrauchswerte. Die neuen Produktionen (zum Beispiel Roboterindustrie) haben zu Beginn in der Regel eine niedrige wertmäßige Zusammensetzung der Fonds und eine schnell steigende Fondsrentabilität.
Wir halten also fest, daß vor allen zwei Größen für den Kreislauf wichtig sind: aus kurzfristiger Sicht seine Kontinuität, aus langfristiger Sicht aber die Diskontinuität, der Übergang zu neuen Bedingungen des Kreislaufs. Meßgrößen für die mit der Diskontinuität verbundenen Prozesse sind der Variationskoeffizient der individuellen Effektivitätszuwächse (gemessen für verschiedene Betriebe, Erzeugnisse oder Maßnahmen) oder auch der Anteil der Basisinnovationen und der mit ihnen direkt verbundenen Verbesserungsinnovationen am Gesamtaufwand oder Gesamtnutzen.
Der wirtschaftliche Entwicklungszyklus ist kein einfacher Kreislauf mehr, er ist eine "Knotenlinie von Maßverhältnissen" (Hegel, Logik I, S. 379ff.), eine spiralförmige Bewegung, in der reversible und irreversible, kontinuierliche und diskontinuierliche Prozesse miteinander verschlungen sind.
Je längere Zeiträume man betrachtet, desto weniger kann man von dieser Kompliziertheit, vom Auftreten qualitativer Veränderungen des Kreislaufs abstrahieren.
Wenn in der modernen Evolutionstheorie (vgl. Prigogine, 1979) Gleichgewichtsferne als Bedingung für qualitative Übergänge angegeben wird, so ist das der marxistisch-leninistischen Wirtschaftstheorie eine ganz vertraute Überlegung. Es sind die Widersprüche in den sich entwickelnden Produktivkräften, Ressourcen und gesellschaftlichen Bedürfnissen, die den konkreten wirtschaftlichen Kreislauf beeinflussen, verändern oder aufheben.
Ein weiteres Merkmal des Kreislaufs aus systemanalytischer Sicht ist die Nichtlinearität des dynamischen Verhaltens. Dort, wo Basisinnovationen entstehen und erfolgreich realisiert wer-

den, beobachten wir eine superexponentielle, explosionsartige Entwicklung mit steigenden jährlichen Wachstumsraten wy proportional zum erreichten Niveau y des Gewinns aus Innovationen, die weit über 40 Prozent liegen.

Für ein solches Wachstum gilt

$$\frac{d(\log y)}{dx} = \frac{dy}{20y}$$

$$\frac{y'}{y} = K + ky$$

$$w_y = K + ky$$

Die Wachstumsraten w_y wachsen proportional zum erreichten Niveau y (des Umsatzes oder des Gewinns aus der Innovation). Damit ist auch die Umschlagszahl solcher Prozesse außerordentlich hoch im Vergleich zum Durchschnitt.

Worin besteht die Erklärung für diese Erscheinung? Ihr liegt das Wirken der innovativen Arbeit zugrunde. Innovative Arbeit ist gesellschaftliche Arbeit mit einem hohen Anteil komplizierter Arbeit, angewandt in den neuerungsträchtigen Gebieten des Produktionsprozesses. Die wertschaffende Potenz der innovativen Arbeit ist wesentlich höher als die wertschaffende Potenz der Durchschnittsarbeit. Bereits die Reproduktionskosten der komplizierten Arbeit sind um einen Potenzfaktor höher als die Reproduktionskosten der einfachen Arbeit. Ihre wertschaffende Potenz aber steht wiederum in einem nichtlinearen Verhältnis zu den Reproduktionskosten. Die höheren Reproduktionskosten sind lediglich notwendige Bedingung, nicht jedoch hinreichende Ursache für die überdurchschnittliche wertschaffende Potenz.

Damit die wertschaffende Potenz der innovativen Arbeit wirksam werden kann, ist das sich gegenseitig verstärkende Wirken folgender Bedingungen erforderlich:

- verwertbarer Forschungs- und Entwicklungsverlauf und technologische Durchbrüche;
- hohes Bedarfspotential;
- Wechselwirkung mit anderen Basisinnovationen (zum Beispiel Lichtleiterentwicklung und Telekommunikation);
- beschleunigter Informationsfluß zwischen Herstellern und Anwendern.

Die innovative Arbeit kann ihr Potential nicht an einzelnen Punkten des Reproduktionsprozesses ausschöpfen. Basisinnovationen sind stets grundlegende Änderungen eines weitverzweigten gesellschaftlichen Produktions- und Anwendungssystems, sie schaffen ein neues zeitliches Bezugssystem der Wirtschaft.

4. Wirtschaftlicher Kreislauf und Zeit

Im wirtschaftlichen Kreislauf ist die Zeit eine der wichtigsten Grundgrößen. Die Auffassungen darüber unterliegen der historischen Veränderung. In der Kindheit der Menschheit gab es keine Zeitempfindung, so wie in der Entwicklung des einzelnen Menschen die Drei- bis Siebenjährigen ein intensives Unendlichkeitsgefühl haben. Die Notwendigkeit einer Zeitmessung entstand mit den großen Bewässerungssystemen am Euphrat und Tigris. Der Zeitbegriff war mit natürlichen Zyklen von Anfang an eng verbunden.

Daraus entstanden auch zyklische Geschichtsauffassungen (Polybios) in der Antike, nach denen die historische Entwicklung eine Art stationärer Kreislauf ist.

Im 17. und 18. Jahrhundert, mit dem Weltbild Newtons und dem Aufkommen der maschinellen Großproduktion setzte sich eine andere Zeitauffassung durch, die man als die mechanische oder lineare bezeichnen kann. Danach ist die Zeit ganz unabhängig von den Prozessen und ihrer Geschichte, sie ist reversibel und kann nach Art einer Zeitmaschine im Pronzip vorwärts und rückwärts ablaufen. Der große Neuerer der Physik Albert Einstein, der selbst in der speziellen Relativitätstheorie die lokale, vom Beobachter abhängige Zeit einführte, war fest davon überzeugt, daß auch diese Zeit symmetrisch in bezug auf Vergangenheit und Zukunft ist.

Mit dem zweiten Hauptsatz der Thermodynamik von R.Clausius 1867 wurde der Begriff der Irreversibilität in die Physik eingeführt. Der mechanische Zeitbegriff wurde jedoch in der Physik erst viel später überwunden.

"Wir können sagen, daß unsere Physik die Wirklichkeit der Zeit wiederentdeckt hat; die Zeit ist nicht länger ein bloßer Parameter der Bewegung, sondern mißt immer Entwicklungen in einer Welt des Nichtgleichgewichts. Ist aber erst einmal die Wirklichkeit der Zeit begründet, so ist die Hauptschwierigkeit für eine größere Einigkeit zwischen den Naturwissenschaften und den Geisteswissenschaften ausgeräumt. Wir müssen nicht mehr zwischen "praktischer" Freiheit und "theoretischem" Determinismus wählen. Das Morgen ist nicht länger im Heute enthalten" (Prigogine und Stengers, 1981, S. 25).

In der dialektisch-materialistischen Auffassung der Entwicklung sind reversible und irreversible Momente eingeschlossen. Der Zeitbegriff ist hier eine Negation der Negation in dem Sinne, daß er wieder wie im Altertum mit der Bewegung verbunden, aber zugleich eine Aufhebung des mechanisch-linearen Zeitbegriffs ist.

In der wirtschaftlichen Entwicklung hat die Zeit verschiedene wesentliche Eigenschaften.

4.1. Gesellschaftlich notwendige Arbeitszeit als Maß der Werte

Die gesellschaftlich notwendige Arbeitszeit im produktiven Bereich als Zeitmenge (d.h. in der Dimension Anzahl der Arbeitskräfte multipliziert mit der Anzahl der Arbeitstage oder Arbeitsstunden) ist das Maß der Werte und der Produktivität. Diesen Zusammenhang hat als erster Petty (Schriften zur politischen Ökonomie und Statistik) 1662 begründet. Petty kannte jedoch noch nicht den Doppelcharakter der warenproduzierenden Arbeit, der 200 Jahre später von K.Marx nachgewiesen wurde und der für den Kreislauf eine besondere Bedeutung besitzt.

Die Zeit als Maß der Arbeit ist ein konkreter Begriff: Indirekte Meßgröße für die Verausgabung menschlicher Muskel-, Nerven- und Geisteskraft auf niedriger oder hoher gesellschaftlicher und historischer Stufenleiter. So geht die Zahl der Arbeitsstunden der Produktionsarbeiter in der Industrie der DDR seit 1952 unablässig zurück, während die Anzahl der Produktionsarbeiter gestiegen ist. Die Anzahl der tatsächlichen Arbeitsstunden je Produktionsarbeiter dagegen ist von 2050 (1952) auf 1729 (1981) zurückgegangen (1850 etwa 4000 Stunden, 1900 etwa 3000 Stunden). Im Jahre 2000 ist mit einer jährlichen Arbeitszeit von 1100 bis 1300 Stunden zu rechnen.

Das ist nicht mehr weit von der Utopie des Thomas Morus aus dem Jahre 1601 mit täglich 4 Stunden Arbeit entfernt. Die Arbeitsmenge als Zahl von Arbeitskräften hat eine selbständige ökonomische Bedeutung relativ unabhängig von der Stundenrechnung. Man kann Produktivitätsberechnungen nicht auf die reine Zeitrechnung reduzieren, da für wirtschaftliche Entscheidungen und ihre Folgen die Anzahl der Beschäftigten wesentlich ist. So ist es nicht gestattet, die Arbeitszeiteinsparung einfach in Arbeitskräfte umzurechnen.

Beispielsweise bringt der Robotereinsatz in manchen Betrieben eine hohe Arbeitszeiteinsparung, aber nur eine geringe echte Freisetzung von Arbeitsplätzen. Das ist ein realer Widerspruch der Roboteranwendung in ihrer Einführungsphase. Also darf man Stunden nicht einfach in Beschäftigte umrechnen. Die Arbeitskraft ist keine einfache Stundensumme, sie ist die wichtigste Produktionspotenz, die man selbständig berechnen muß.

Das Gesetz der Ökonomie der Zeit wird manchmal recht vereinfacht als eine Art Automatismus der unablässigen Arbeitszeitverkürzung aufgefaßt, ohne die realen Widersprüche und Bedingungen dieses Prozesses aufzudecken.

Arbeit ist Stoffwechsel des Menschen mit der Natur. Da der Mensch ein Teil der Natur ist, ist Arbeit zugleich Stoffwechsel des Teils mit dem Ganzen. Wenn dieser Stoffwechsel gestört wird, die Naturbedingungen der Arbeit untergraben und zerstört werden, hört auch das Gesetz der Ökonomie der Zeit auf zu wirken. Daher ist jede Arbeitszeiteinsparung problematisch, die das Gleichgewicht des Menschen mit der Natur beeinträchtigt. Dies gilt besonders in Zukunft, da die Umweltbelastung bereits vielerorts die zulässigen Grenzen überschreitet.

Auch die Freizeit kann nicht Maß des Reichtums sein, wenn man sie aus ökonomischen Gründen oder wegen der gestörten Naturbedingungen nicht nutzen kann. Wird die Freizeit immer mehr genutzt, um langlebige Konsumgüter zu erhalten (anstatt der

Inanspruchnnahme von Dienstleistungen), die Selbstversorgung mit knappen Gütern zu sichern, zusätzliche Arbeiten zu übernehmen, so sind das ebenfalls reale Gegenwirkungen zur Ökonomie der Zeit. Andererseits muß man bei internationalen Vergleichen der Freizeitökonomie auch die Preise der Dienstleistungen beachten.

Ein anderer Widerspruch der Arbeitszeit in der modernen Produktion besteht darin, daß die Arbeitszeit der Forschung und Entwicklung in keinem direkten und einfachen Verhältnis steht zum Tauschwert und Gebrauchswert ihrer Resultate. Hier ist das schon vorweggenommen, was in der fernen Zukunft überhaupt gelten wird, wenn die Arbeitszeit nicht mehr das Maß des Reichtums sein wird.

In der Forschung und Entwicklung muß daher viel mehr Augenmerk den Kosten, vor allem aber dem Ergebnis geschenkt werden. Eine kleinliche Zeitkontrolle vor allem der kreativen Aktivitäten bringt hier im Endeffekt keine Zeiteinsparung, sondern eine Verringerung des Niveaus der Resultate, und statt Extragewinn treten Verluste ein.

4.2. Zeitdauer ökonomischer Prozesse

F.Bacon meinte bereits 1612: "Übertriebene Eilfertigkeit ist das Gefährlichste, was es für die Erledigung von Geschäften gibt ... Bemiß daher die Erledigung eines Geschäftes nicht nach der Dauer der Sitzung, sondern nach dem, was erreicht worden ist ... Auf der anderen Seite ist wahre Beschleunigung ein großer Vorzug. Denn die Zeit ist der Maßtab für Geschäfte wie das Geld für Waren; und ein Geschäft kommt teuer zu stehen, wenn es in die Länge gezogen wird" (Bacon, Essays, S. 103).

Dieser Zusammenhang zwischen Zeitdauer und Nutzen ist der Menschheit seit 5000 Jahren praktisch bekannt. Solange gibt es Preise und Zinsen. Die Planung großer Bauvorhaben im alten Ägypten erforderte beispielsweise die Zeitmessung hinsichtlich der Zeitmenge wie der Zeitdauer. Wenn vom Zeitfaktor die Rede ist, ist zunächst der allgemeine Zusammenhang von Gegenwart und

Reproduktionsphasen	Produktion		Zirkulation	Konsumtion	Gesamt
Elemente, Faktoren	Vorbereitung	Fertigung			
1. Produktion / Auftrag 1.1 Einzelauftrag 1.2 Gesamtheit von Aufträgen	Vorbereitungszeit	Produktionszyklus, Auftrags-durchlaufzeit	Verkaufszeit, Einkaufszeit, Transportzeit	Tragezeiten, Mode-Zyklen	Umschlagszeit der Umlauffonds, Umschlagszeit des Sortiments Marktperiode Lieferzeiten
2. Elementare Produktionsfaktoren 2.1 Arbeitskraft	Ausbildungsdauer	Grundzeit, Hilfszeit, Wartungszeit, Ausfallzeiten, Arbeitszeitnutzung			Arbeitszeitaufwand gesamt Struktur der Beschäftigten
2.2 Arbeitsmittel	Bauzeiten Fertigstellungszeit der Investitionen	Zeitliche Ausnutzung der Grundfonds			Umschlagszeit der Grundfonds Modernisierungszyklen
2.3 Arbeitsgegenstand		Transportzeit Verarbeitungszeit Lagerzeit	Transportzeit Lagerzeit		Durchlaufzeit des Materials
3. Dispositive Faktoren (Leitung)	Zeit für Leitung und Planung der Vorbereitung	Zeitaufwand für Produktionsleitung	Zeit für Leitung und Planung der Zirkulation		Gesamter Zeitaufwand der Leitung, Zeitbudget des Leiters
4. Gesamt	Zeit für Produktionsvorbereitung gesamt	Produktionszeit	Zirkulationszeit		Umschlag der Fonds, Reproduktionszeit

Abb. 28:
Zeitdauer wirtschaftlicher Aktivitäten

Zukunft im wirtschaftlichen Kreislauf gemeint. Künftige Aufwände und Ergebnise werden auf den gegenwärtigen Zeitpunkt abgezinst oder diskontiert. In diesem Sinne und nur in diesem Sinne wird in der UdSSR der Begriff des Zeitfaktors in der politischen Ökonomie des Sozialismus verwendet.
Die Diskontierung ist, einen gleichbleibenden Diskontssatz genommen, kein Ausdruck der konkret-historischen Zeit, sondern der Zeitdauer im allgemeinen Sinne. Wenn man das vergißt, kommt man zu hypothetischen und spekulativen Berechnungen der Art, daß ein Kapital von einer Mark bei dreiprozentiger Verzinsung in 500 Jahren auf einen Beitrag von 2 621 880 Mark anwächst.
Marx entwickelt diese Probleme bei der Behandlung des Kreislaufs des zinstragenden Kapitals. Er verweist darauf, daß die Zinseszinsformel für eine längere Zeitdauer nicht anwendbar ist, weil in der Zwischenzeit Kapitalentwertungen, Wertrevolutionen stattfinden können (Marx, Kapital III, S. 411).
Die Zeitdauer ökonomischer Prozesse ist unter bestimmten Voraussetzungen eine Funktion des Arbeitszeitaufwands, also der Zeitmenge. So kann die Zeitdauer der Entwicklung durch Konzentration von Kräften auf bestimmte Entwicklungsthemen verringert werden. Allerdings gibt es in der Praxis Grenzen für diese Art von Zeitkompression, ganz zu schweigen davon, daß die Verringerung der Zeitdauer der Entwicklung zur Bevorzugung kurzfristiger Themen mit geringer Effektivitätswirkung führen kann. Abbildung 28 zeigt einen Überblick zur Zeitdauer wirtschaftlicher Aktivitäten nach Reproduktionsphasen bezogen auf Produkt, elementare Produktionsfaktoren und dispositive Faktoren. Nur für einen Teil dieser Zeitkomponenten liegen bisher verbindliche Standards der Feinklassifikation vor .
Der Zeitraum hat neben dem Aspekt der Verzinsung noch einen weiteren Aspekt, der für den Verwertungsprozeß wesentlich ist. Das betrifft das Verhältnis fixer und variabler (konstanter und proportionaler) Kosten. Je länger der Planungszeitraum, desto geringer ist der Anteil jener Kosten, die man als unabhängig vom Leistungsvolumen betrachten kann.

4.3. Zeitpunkt wirtschaftlicher Ereignisse

Auch der Zeitpunkt wirtschaftlicher Ereignisse hat zuerst einmal logisch nichts mit der konkret-historischen Zeit zu tun. Der Zeitpunkt ist zunächst die Begrenzung, der Anfang und das Ende der Zeitdauer. Der Widerspruch von diskreter und kontinuierlicher Bestimmung von Zeit, Raum und Bewegung hat in der Geschichte von Philosophie und Mathematik eine bedeutende Rolle gespielt.

In der Ökonomie wird gelegentlich von der Produktion im Zeitpunkt Δt gesprochen. Aber der Zeitpunkt t hat keine zeitliche Ausdehnung Δt, daher kann die Produktion im Zeitpunkt t nur gleich Null sein. Erst wenn man exakt definiert

$$\hat{x}_t(\Delta t) = \frac{x_t(\Delta t)}{\Delta t}$$

$\hat{x}_t(\Delta t)$ aufsummierte Produktion in Mark je Zeiteinheit (zum Beispiel·Jahr),

kann mathematisch die Produktion als erste Ableitung der Funktion $x_t(\Delta t)$ nach der Zeit bestimmt werden.

Hierbei wird der Grenzübergang $t \to 0$ vollzogen.

In der Wirtschaft gibt es den Unterschied der Stichtagsberechnung und der Durchschnittsberechnung (auf den Zeitraum bezogen) von Beständen, der eine erhebliche Fehlerquote einschließen kann. Auch in der Planung gibt es einen realen Widerspruch von Zeitpunkt und Zeitdauer. Der Plan wird jeweils an einem bestimmten Zeitpunkt in Form von Vorgabe, staatlicher Aufgabe, staatlicher Auflage, Betriebsplan fixiert. Die Plandaten sind in der Regel auf die Zeitdauer des Planjahres im Vergleich zur Zeitdauer des laufenden Jahres bezogen. Der wirkliche Durchschnitt des laufenden Jahres ist aber im Prozeß der Planung noch nicht bekannt.

Nehmen wir als Beispiel die Produktivititätsentwicklung.

Selbst bei richtiger Vorausschätzung des Durchschnitts des Basisjahres treten Probleme auf, wenn die Produktivität sich im

zweiten Halbjahr des Basisjahres langsamer entwickelt als im ersten Halbjahr. Dann muß nämlich im Planjahr das Tempo höher sein als das geplante Tempo, das sich auf die Durchschnitte beider Jahre bezieht. Statt der geplanten fünf Prozent müssen dann beispielsweise ab Jahresanfang sechs oder sieben Prozent erreicht werden, um die Planerfüllung zu sichern.
Ein weiterer Aspekt sind die Fälligkeitstermine für Kreditzahlungen, d.h. die zeitpunktbezogene Liquiditätsplanung (Gesetzblätter I 30/83). Es genügt nicht, die Liquidität zeitraumbezogen zu berechnen, sie muß jeden Tag des laufenden Quartals gesichert sein. Auch in den internationalen Finanzbeziehungen spielt die Pünktlichkeit vereinbarter Rückzahlungen oder Zinszahlungen eine erstrangige Rolle. Für die Ermittlung der Zahlungsfähigkeit reicht es also nicht aus, zu dem Bestand an Zahlungsmitteln am Beginn einer Planperiode (z.B. 1. Juli) die während des Planungszeitraumes erwarteten Einzahlungen hinzuzurechnen und von dieser Summe die in diesem Zeitraum fälligen Auszahlungen abzuziehen. Bei dieser Rechnung kann sich ein positiver Betrag ergeben (sogenannte Periodenliquidität) und der Betrieb doch zahlungsunfähig werden.
Dies kann dann der Fall sein, wenn die Auszahlungen zu Beginn des Zeitraums fällig sind und die Einzahlungen erst am Ende des Zeitraums eingehen.

4.4. Zeitgerichtetheit ökonomischer Prozesse

Der historische Zeitpfeil markiert jene Zeit, die mit den irreversiblen Veränderungen der gesamten Konstellation der wirtschaftlichen und sozialen Bedingungen zusammenhängt.
Die Geschichtlichkeit ökonomischer Vorgänge führt dazu, daß Preise für verschiedene Zeiten und Länder schwer zu vergleichen sind. Die technische Fertigungszeit für ein Kilogramm Garn kann über 200 Jahre verglichen werden (Haustein, 1975), viel schwieriger wird es bereits mit der gesamten ökonomischen Reproduktionszeit einer Ware. Die Reproduktionszeit eines Herrenanzugs von Beginn der Fadenbildung bis zum Verkauf des fertigen Her-

renanzugs dauert mehr als 400 Tage. Vor 600 Jahren, bei den Webern und Schneidern der freien Reichsstadt Nürnberg dürfte das schneller gegangen sein. 1363 gab es dort 106 Schneider, 28 Tuchmacher, 10 Tuchscherer und 34 Färber (Klemm 1954, S. 72). Aber jeder weiß, daß das Erzeugnis der damaligen Zeit nicht mit dem heutigen Anzug vergleichbar ist, ganz zu schweigen von Kaufkraft und Bekleidungsniveau des Durchschnitts der Bevölkerung. Babbage empfahl in seinem von K. Marx geschätzten Werk "On the Economy of Machinery and Manufactures" 1835 eine Methode des historischen Vergleichs, bei der man die Quantität eines Guts umrechnet in die Zahl der Arbeitstage eines Menschen, deren Lohn für den Kauf dieser Quantität ausreicht (Babbage, Economy of Machinery, S. 61). Das ist identisch mit der Berechnung des Verhältnisses zwischen dem Preis des Konsumguts und dem täglichen oder Monatslohn des Arbeiters. Wenn eine Kühltruhe in der DDR 2000,- Mark kostet, so muß bei einem durchschnittlichen Monatslohn von 880,- Mark netto ein Beschäftigter 2,3 Monate arbeiten, um eine Kühltruhe erwerben zu können, von seinen sonstigen Ausgaben abgesehen. Diese Zeitgröße kann man mit der anderer Länder vergleichen, wenn man Preise und Nettoeinkommen kennt. Aber auch damit können der trickreiche Ökonom und Statistiker den historischen Faktor nicht vollständig überlisten. Für den Tauschwert gibt es kein von der Geschichte unabhängiges Maß. "Die Wertgegenständlichkeit der Waren unterscheidet sich dadurch von der Wittib Hurtig", meint Marx dazu sarkastisch, "daß man nicht weiß, wo sie zu haben ist" (Marx, Kapital I, S. 62). Das bedeutet allerdings nicht, daß historische Vergleiche und Ländervergleiche überhaupt nicht machbar sind. Nur gehört dazu eben einige zusätzliche Überlegung zur Korrektur der ursprünglichen Preis- und Lohngrößen. Im Beispiel der Kühltruhe muß man beachten, daß in der DDR die Leistungen aus den gesellschaftlichen Fonds für niedrige Preise und Tarife der Grundgüter, niedrige Mieten und für das Bildungswesen etwa 46 Prozent des Bruttolohns ausmachen, d.h. etwa 58 Prozent des Nettolohns. Berücksichtigt man diesen Faktor, so ergeben sich im obigen Falle nicht 2,3 son-

Wir merken an diesem Beispiel, daß die historische Zeit eine Systemgröße ist, eine Eigenschaft des wirtschaftlichen Gesamtkreislaufs, die auf die individuellen Kreisläufe zurückwirkt. Der einzelne Kreislauf mag sich technisch unverändert wiederholen, ökonomisch gesehen aber verändern sich alle Bedingungen, mit denen er in Wechselwirkung steht. In unserem Beispiel verändert sich der Anteil der gesellschaftlichen Fonds am notwendigen Produkt (= Lohn plus Zahlungen aus den gesellschaftlichen Fonds für niedrige Preise, Tarife, Mieten sowie für Bildung) ständig. Er betrug 1971 21,5 und 1981 31,6 Prozent.

Es ist allerdings merkwürdig, wie stark man in den ersten Perioden der Entwicklung der sozialistischen Planung dazu neigte, Normative, Grundparameter und Preise festzuschreiben. Erkenntnistheoretisch gesehen sind das mechanistische Vorstellungen, die nichts mit dem Wesen der marxistisch-leninistischen Wirtschaftstheorie zu tun haben. Es wirkt eine Art Trägheitskraft in diesen Anschauungen, die weniger durch Überzeugung als vielmehr durch die harten Erfahrungen des ökonomischen Wandels überwunden werden.

Auch die Berechnung von Zeitreihen mit Hilfe von festen Preisen, so sinnvoll sie für bestimmte Zwecke ist, kann niemals die Berechnung der gleichen Zeitreihen zu effektiven Preisen ersetzen. Die eigentlichen ökonomischen Kategorien wie Fondsrentabilität, Reineinkommensrate und andere sind in erster Linie in effektiven Preisen zu messen, deren Bewegung in der Tendenz die reale Wertbewegung widerspiegelt.

Der historische Zeitfaktor hängt mit der bereits im vorangegangenen Abschnitt behandelten Irreversibilität der wirtschaftlichen Prozesse zusammen, die in der Entwertung vorhandenen Kapitals als einer Art ökonomischer Entropie zum Ausdruck kommt.

Eine Form der ökonomischen Entwertung ist der moralische Verschleiß von Arbeitsmitteln. Die Maschine verliert Tauschwert "im Maße, worin entweder Maschinen derselben Konstruktion wohlfeiler reprodzuziert werden können oder bessere Maschinen konkurrierend neben sie treten. In beiden Fällen ist ihr Wert, so jung und lebenskräftig sie sonst noch sein mag, nicht mehr bestimmt durch die tatsächlich in ihr vergegenständlichte, sondern durch die zu ihrer eignen Reproduktion oder zur Reproduktion der bessren Maschine notwendige Arbeitszeit. Sie ist aber mehr oder minder entwertet. Je kürzer die Periode, worin ihr Gesamtwert reproduziert wird, desto geringer die Gefahr des moralischen Verschleisses, und je länger der Arbeitstag, umso kürzer jene Periode" (Marx, Kapital I, S. 426 f.). Durch Erhöhung des Schichtkoeffizienten, höhere Abschreibungssätze und schnelleren Umschlag können Wertverluste aus moralischem Verschleiß gemildert werden.

Aber der moralische Verschleiß erschöpft nicht die Wirksamkeit des historischen Moments in der Ökonomie. Er bezieht sich per definitionem auf vorhandene Erzeugnisse. Gäbe es aber nur die Erscheinung der Herstellung besserer und billigerer Erzeugnisse, so käme früher oder später jede Wirtschaft zum Rückgang der Wachstumsraten.

Für ein gegebenes Erzeugnis gibt es bei gegebenen Arbeitsmitteln stets technische und ökonomische Grenzen der Verbesserung und der Zeiteinsparung! Das heißt nicht, daß die Entwicklung aufhört, nur werden die Wachstumsraten auf der Asymtote in Richtung Grenze immer kleiner. Nun entstehen aber immer wieder neue Erzeugnisse für vorhandene und für neue Bedürfnisse, die man nicht unter die Kategorie moralischer Verschleiß subsumieren kann. Die Zeiten für die Genese von Innovationen sind in vielen Arbeiten untersucht worden (Chorafas, 1963, S. 90 ff.; Haustein und Neumann, 1965, S. 183, 188; Mansfield, 1968, S. 100; Lahner und Ulrich, 1969, S. 27; Haustein, 1975, S. 685). Die wichtigsten Zeitphasen einer Innovation sind bereits erläutert worden (vgl. Abschnitt 2.4). In der Literatur wurde oft die Vorbereitungsphase überbewertet. Sie gehört aber gar nicht zum eigentlichen Effektivitätszyklus einer Neuerung. Viel wichtiger und kritischer ist die Einführungsphase, in der es darauf ankommt, den Sprung in die schnelle Ausbreitung zu schaffen. Der Industrieroboter wurde 1962 kommerziell erstmalig eingeführt, aber erst ab 1973 begann seine breite Herstellung und Anwendung. Wird das schnelle Wachstum verspätet erreicht, so sind Exportchancen und Möglichkeiten der Erzielung eines Extragewinns aus internationaler Sicht verschenkt worden.

Außerdem wird hier sofort sichtbar, daß jede Beschleunigung in der Ökonomie nicht allein auf Basis von Zeitgrößen betrachtet werden kann. Das wäre ein Rückschritt noch hinter die klassische Mechanik, in der die Beschleunigung nicht nur als erste Ableitung der Geschwindigkeit nach der Zeit, sondern auch als Verhältnis von Kraft zu Masse definiert ist. Um eine Analogie zu verwenden: der Umsatz einer Innovation im Verhältnis zur durchschnittlichen Mittelbindung pro Zeiteinheit ist eine solche Beschleunigungskennziffer. Damit sind wir aber bereits bei einem weiteren Zeitaspekt, den wir bereits erwähnten.

4.5. Geschwindigkeit des wirtschaftlichen Kreislaufs

Die Zeit kann in der Wirtschaft verdichtet werden, d.h. man kann gewissermaßen die Poren der Zeit ausfüllen, indem in der Zeiteinheit mehr geleistet wird. Das ist der Geschwindigkeitsaspekt des wirtschaftlichen Kreislaufs. Wie bereits im zweiten Abschnitt erwähnt, gilt für den Kreislauf der Umlauffonds

$$T_U = \frac{T}{Z}$$

T_U Umschlagsdauer
T Kalenderzeit, z.B. 12 Monate
Z Umschlagszahl.
Je höher die Umschlagsgeschwindigkeit Z, desto kleiner ist T_U, d.h. umso stärker wird die Bezugszeit T komprimiert.
Marx erörtert ausführlich bereits in den Vorarbeiten zum Kapital die Grenze für diese Verdichtung, die seiner Meinung nach bei T_Z = 0 liegt (Marx, Ökonomische Manuskripte, S. 515). Dabei ist

$$T_U = T_P + T_Z$$

T_P Produktionszeit
T_Z Zirkulationszeit.
Die Umschlagszahl Z ist das Maß der Zeitverdichtung. Für sie gilt:

$$Z = \frac{T}{T_P + T_Z}$$

Wenn $T_Z \to 0$, dann ist

$$Z = \frac{T}{T_P}$$

Praktisch ist eine solche scharfe Reduzierung der Zirkulationszeit auf sehr kleine Werte nur in Ausnahmefällen möglich. Die Zeitverdichtung hat ihren Preis, daher kann ihr Grad nur durch Optimierungsrechnungen annähernd bestimmt werden. Spezialisierung und Kooperation führen dazu, daß die Fertigungszeiten wesentlich reduziert werden können. In der Industrie wurde daher im letzten Jahrzehnt die vertikale Arbeitsteilung der Produktionsstätten forciert, was jedoch mit einer bedeutenden Erhöhung der Transportzeiten und des Transportaufwandes verbunden war.

Mit den gravierenden Veränderungen im Energie- und Transportsystem wurden diese Lösungen schlagartig unrentabel. Bei der Zeitverdichtung im Reproduktionsprozeß muß man daher Transport und Kommunikation viel stärker als bisher beachten. Marx hat stets die "Zusammendrängung von Zeit und Raum" (Marx, Lohn, S. 127) in Beziehung zu den Kommunikations- und Transportmitteln betrachtet.

Der Zusammenhang der Zeitverdichtung zum historischen Zeitpfeil ist offensichtlich. Das Zusammendrängen der Zeit ist eine Möglichkeit der Gegenwirkung zur Irreversibilität, des Einschiebens reversibler Zyklen, der Antientropie. Die Zeit hat eben aus ökonomischer Sicht keineswegs nur die Eigenschaften der Irreversibilität und Kontinuität, wie gelegentlich in der Literatur behauptet wird.

4.6. Zeitfolge wirtschaftlicher Ereignisse

Ein für den wirtschaftlichen Kreislauf bedeutsamer weiterer Zeitaspekt ist die Reihenfolge zusammenhängender Ereignisse, die in einem Netzwerk dargestellt werden kann. Zeitfolge, Zeitdauer und Zeitpunkt sind die drei zeitlichen Komponenten der Ablauforganisation.

Die Zeit der wirtschaftlichen Aktivitäten hängt nicht allein von der Zeitdauer ab, sondern auch von ihrer zeitlichen Ordnung. Bestimmte Aktivitäten können nicht beginnen, bevor bestimmte andere abgeschlossen sind. Im Netzwerk wird die Gesamtdauer durch den kritischen Weg determiniert. Die Aktivitäten außerhalb des kritischen Weges haben Schlupf- oder Pufferzeiten. Der reale Widerspruch von Zeitmangel und Zeitüberschuß ist das bestimmende Moment in der Netzfolge der Ereignisse. Der kritische Weg kann praktisch nicht soweit verkürzt werden, daß alle Pufferseiten verschwinden.

Die behandelten sechs objektiven Eigenschaften der Zeit hängen aus ökonomischer Sicht eng zusammen. Das verbindende Glied ist das Wachstum der gesellschaftlichen Arbeitsproduktivität als Einheit kontinuierlicher und diskontinuierlicher, reversibler und irreversibler Veränderungen. Das Gesetz der Ökonomie der Zeit ist offenbar in diesem umfassenden Sinne zu sehen und nicht als bloß quantitativer Automatismus der Reduzierung der Arbeitszeit.

Der Begriff des Zeitfaktors dagegen, wenn er nicht streng auf den Vergleich zukünftiger und gegenwärtiger Aufwände und Ergebnisse reduziert wird (wie es international üblich ist), kann eher als eine ad hoc-Bezeichnung für bestimmte Eigenschaftskombinationen der Zeit betrachtet werden. Meist wird er für den Geschwindigkeitsaspekt der Zeit in Verbindung mit dem historischen Zeitpfeil und den entsprechenden Zeitpunkten des Aufkommens von Neuerungen verwendet.

In der Wirtschaft hat auch das subjektive Moment der Zeit eine gewisse Bedeutung in Ergänzung zu den genannten bestimmenden objektiven Momenten. Die auf der Grenznutzenlehre basierende bürgerliche Wirtschaftstheorie bemißt teilweise den Wert der Zeit auf subjektiver Grundlage, anhand persönlicher Zeitpräferenzen.

Die marxistisch-leninistische Wirtschaftstheorie geht nicht von einem subjektiven Ansatz bei der Erforschung der Zeitphänomene aus. Das heißt aber nicht, daß das subjektive Moment völlig außerhalb der Untersuchung bleiben muß. Das Alter der wirtschaftlich Handelnden wirkt sich ganz zweifellos auf ihre Zeiteinschätzungen aus. Ein Jahrzehnt ist 20 Prozent des Lebens eines Fünfzigjährigen, aber 40 Prozent im Leben eines Fünfundzwanzigjährigen. Die jungen Menschen erwarten daher unter sonst gleichen Bedingungen mehr von einem Jahrzehnt als die älteren. Es ist deshalb für die Vorbereitung langfristiger wirtschaftlicher Entscheidungen nicht unwesentlich, das Zeitmaß älterer und jüngerer Menschen zu vereinen oder auszugleichen. Sozialpsychologische Untersuchungen könnten hier helfen, gültigere Aussagen zu treffen. Das betrifft auch das Problem der Geschichtlichkeit der sozialen Psychologie bestimmter Arbeitsgenerationen.

5. Der Einfluß von Innovationen auf den wirtschaftlichen Kreislauf - Ein Meßkonzept

Kreislaufökonomie ist die planmäßige Gestaltung des Umschlags der Fonds durch den gesellschaftlichen Gesamtarbeiter und die damit ermöglichte Verringerung der Reproduktionszeit der Erzeugnisse mit dem Ziel der Erhöhung der Gesamteffektivität der Reproduktion. Sie schließt zwei Seiten ein:
erstens den individuellen Reproduktionsprozeß, die betriebswirtschaftliche Kreislaufökonomie und zweitens den gesellschaftlichen Reproduktionsprozeß, die volkswirtschaftliche Kreislaufökonomie. Zwischen beiden Seiten gibt es in der Realität Widersprüche, die die Zyklusverkürzung beeinträchtigen. Einer davon ist die Existenz erhöhter Materialbestände in den Betrieben der Finalproduktion und niedriger Fertigwarenbestände in der Vorstufe. Das behindert die Flexibilität der Finalstufe auf Kosten der Vorstufe.
Die entscheidende Frage lautet: Wie kann der gesellschaftliche Gesamtarbeiter unter Nutzung der Mittel der modernen Informationstechnik den Reproduktionszyklus so verkürzen, daß eine wesentliche Steigerung der Effektivität bei sinkendem gesellschaftlichen Gesamtaufwand erreicht wird ?
Dabei muß man folgende Zusammenhänge beachten. Erstens ist die gesellschaftlich kombinierte Arbeit Ergebnis einer langen historischen Entwicklung. Sie unterliegt aber gerade in den 80er

und 90er Jahren in den entwickelten Ländern einer radikalen Veränderung in ihren Strukturen und Beziehungen, die mit der Revolution der Informationstechnik zusammenhängt. Der Anteil der direkten technischen Arbeitsfunktionen des Menschen geht weiter zurück. Zweitens ist es aber der Mensch, der schöpferisch Neues schafft oder die Natur veranlaßt, solches für ihn zu tun. Die gesellschaftliche Kombination der kreativen Arbeit mit der routinemäßigen Produktionserfahrung ist entscheidend für die Verkürzung der Reproduktionszeit. Mit Routine allein, Nachahmung und Erfahrung kann man nur begrenzte Rationalisierungserfolge erreichen. Mit Kreativität allein können bestenfalls solche Spitzenleistungen entstehen, die nie die Serienreife erlangen.

Das Konzept der Analyse der Kreislaufökonomie ist auf der genannten Fragestellung aufgebaut. Es umfaßt zwei grundlegende Datengruppen des wirtschaftlichen Kreislaufs:

erstens die Reproduktionszeit oder Zykluszeit und ihre Unterteilung nach Phasen der Reproduktion der Umlauffonds (Y).

zweitens den Arbeitsaufwand je 1000 Mark Warenproduktion zu Betriebspreisen, aufgegliedert nach den Funktionen des Gesamtarbeiters, d.h. nach Arbeitsbereichen (X).

Abbildung 29 zeigt die Prinzipskizze des Einflusses der Innovation auf den Kreislauf in seinen Grundkoordinaten. Es kommt darauf an, das durch die beiden Koordinaten Y und T bestimmte Feld zu minimieren.

Hochinnovative Bereiche zeichnen sich nach unseren Untersuchungen durch ein schmales, hochstehendes Feld der Kreislaufökonomie aus, veraltete Bereiche dagegen durch ein breites, liegendes Feld. Damit wird das Verhältnis der beiden Grundkoordinaten, des spezifischen Arbeitsaufwands und der Reproduktionszeit zu einer wichtigen ökonomischen Meßgröße des Innovationsgrades:

$$KIG = Y/T$$

KIG Kreislaufbezogener Innovationsgrad.

Politisch-ökonomisch reduziert er sich, wie man zeigen kann, auf das Verhältnis zwischen der Masse der angewandten lebendigen Arbeit und der Wertsumme der materiellen Umlaufmittel. Dieses ist in der Tat in den innovativen Bereichen stets höher als im gesellschaftlichen Durchschnitt. In den dynamischen Bereichen mit hoher zusätzlicher Neuwertschöpfung je Produkt in der Zeiteinheit ist die organische Zusammensetzung der Fonds zunächst niedriger als im gesellschaftlichen Durchschnitt des gleichen Zeitpunkts.

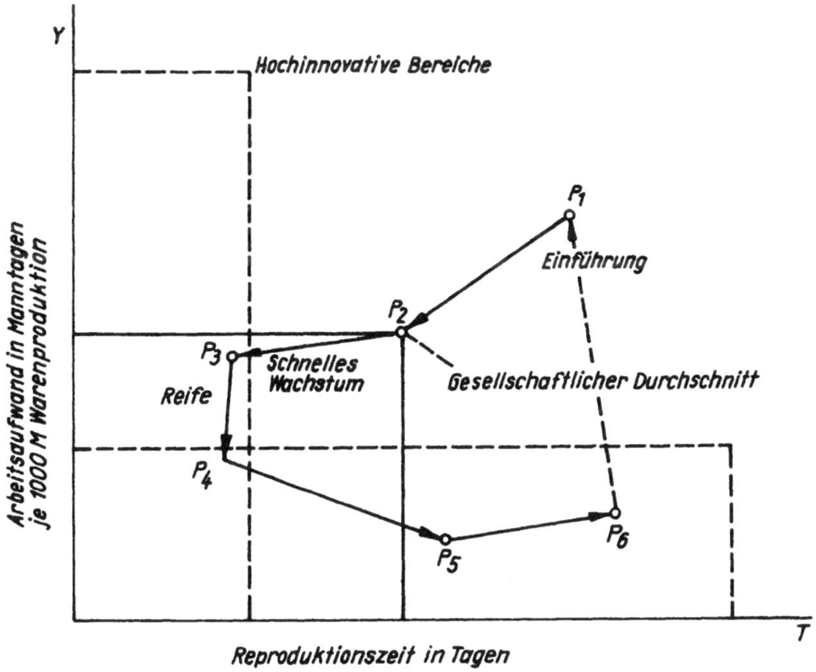

Abb. 29:
Kreislaufökonomie und Innovation (Prinzipskizze)

Die Pfeile im ersten Quadranten zeigen ferner die Prinzipwirkung der Innovationsphasen auf den Kreislauf. Neigung, Richtung und Länge des Pfeils markieren die Kreislaufwirkung der Innovation. Je wirksamer die Erzeugnisneuerung ist, desto stärker kann T reduziert werden, und je wirksamer die Verfahrensneuerung ist, desto stärker kann Y verringert werden.
Organisatorische Neuerungen helfen, die Wirkung beider Elemente zu verbinden, was am besten in der Phase des schnellen Wachstums gelingt. In der Einführungsphase kommt es darauf an, den Punkt P_2, d.h. den gesellschaftlichen Durchschnitt zu erreichen. P_2 wird nach unseren empirischen Ergebnissen aber oft über dem Durchschnitt liegen, was den Arbeitsaufwand betrifft.
In der Phase des schnellen Wachstums gelingt es, P_3 zu erreichen, d.h. den Umschlag wesentlich zu beschleunigen. Für die Reifephase ist die schnelle Senkung des Arbeitsaufwands bei geringer Umschlagsbeschleunigung typisch. In der Sättigungsphase P_4 nach P_5 verlangsamt sich der Umschlag, während der Arbeitsaufwand weiter, aber in geringerem Tempo reduziert werden kann. In der Rückgangsphase steigen beide Meßgrößen wieder an, und durch Entwicklung neuer Produkte ist es möglich, wieder ein neues Effektivitätspotential aufzubauen, d.h. von P_6 auf ein neues P_1 überzugehen (Reinnovation).
Auf diese Weise kann man die Beziehung von Innovationszyklus und Kreislauf der Fonds deutlich machen. Dabei muß man stets berücksichtigen, daß die größte Masse des Nutzens in der Reife- und Sättigungsphase entsteht. Beim Vergleich von einigen hundert Betrieben nach dem dargestellten Schema ergab sich ein außerordentlich differenziertes Bild. Innerhalb eines Kombinats gibt es erhebliche Unterschiede und Leistungsreserven der Kreislaufökonomie. Mit Hilfe sogenannter Prüflisten wurde eine weitere Tiefenanalyse durchgeführt, die die Einflußfaktoren der Kreislaufökonomie genauer offenbarte. Es ist in jedem Falle ein Komplex vieler Faktoren, deren langfristige Veränderung aber ganz entscheidend vom Tempo der Verfahrens- und Produktinnovation und von den Organisationsbedingungen beeinflußt wird.

Literaturverzeichnis

- Ablay, P., Optimieren mit Evolutionsstrategien. -In: Spektrum der Wissenschaft (Heidelberg). (1985)12. S. 164.
- Albrecht, E., Zur Dialektik ökonomischen Wachstums. -In: Deutsche Zeitschrift für Philosophie (Berlin). 37(1989)3. S. 203 - 212.
- Altschuller, G.S., Tvorcestvo kak tocnaja nauka. Moskva 1979. Deutsch: Altschuller G., Erfinden. Wege zur Lösung technischer Probleme. Berlin 1984.
- Altschuller, G.S., Algoritm izobretenija. Moskva 1969. Deutsch: Altschuller G.S., Erfinden - (k)ein Problem ?. Anleitung für Neuerer und Erfinder. Berlin 1973.
- Andrews, F.M. (Hrsg.), Scientific Productivity. The Effectiveness of Research Groups in six Countries. Cambridge - London - New York - Melbourne - Paris 1979.
- Angelov, G. / Mischeva, V., Research Situation Projecting: A new Perspective for Metascience. -In: Science of Science (Wroclaw - Dortrecht). 4 (1984) 1. S. 109 - 123.
- Anttila, R., An Introduction to Historical and Comparative Linguistics. New York - London 1972.
- Ardenne, M.v., Ungenutzte Reservern aktivieren. -In: Weltbühne (Berlin). 84(1989)25. S. 782 - 783.
- Aristoteles, Metaphysik. Übersetzt v. F.Bassenge. Berlin 1960.
- Ashby, W. R., Einführung in die Kybernetik. Frankfurt am Main 1974.
- Ayres, R.U., A Schumpeterian model of technolgical substitution. -In: Technological Forecasting and Social Change (New York). 27(1985)4. S. 375 - 383.

- Babbage, Ch., On the Economy of Machinery and Manufactures. Fourth Edition Enlarged. (1935) Reprint New York 1963.
- Bacon, F., Essays. Hrsg. von Lewin L. Schücking. Leipzig 1957.
- Bahrdt, H.P. / Krauch, H. / Rittel, H., Die wissenschaftliche Arbeit in Gruppen. -In: Kölner Zeitschrift für Soziologie und Sozialpsychologie (Opladen). 12(1960)1. S. 1-40.
- Balzer, W. / Moulines, C.U. / Sneed, J.D., An Architectonic for Science. The Structuralist Program. Dortrecht 1987.
- Banse, G. / Wendt, H. (Hrsg.), Erkenntnismethoden in den Technikwissenschaften. Eine methodologische Analyse und philosophische Diskussion der Erkenntnisprozesse in den Technikwissenschaften. Berlin 1986.
- Bantz, D.A., The Structure of Discovery: Evolution of Structural Accounts of Chemical Bonding. -In: Scientific Discovery: Case Studies. Ed. by T.Nickles. Dortrecht-Boston-London 1980. S. 291 - 329.
- Barnett, H.G., Innovation: The Basis of Cultural Change. New York, Toronto, London 1953.
- Baumgartner, P., Der Computer als Metapher. -In: Technologische Zivilisation und die Transformation des Wissens. Hrsg. v. A.Bamme, P.Baumgartner, W.Berger u. E.Kotzmann. München 1988. S. 257 - 290.
- Belkin , P.G. / Emeljanov, E.N. / Ivanov, M.A., Socialnaja psychologia naučnogo kollektiva. Moskva 1987.

- Berger, H., Begriff des Indikators. -In: Indikatoren in der soziologischen Forschung. Hrsg. v. H.Berger u. E.Priller. Berlin 1982. S. 27 - 34.
- Berger, H. / Priller, E. (Hrsg.), Indikatoren in der soziologischen Forschung. Berlin 1982.
- Berger, H. / Wolf, H. (Hrsg.), Handbuch der soziologischen Forschung. Methodologie - Methoden - Techniken. Berlin 1989.
- Berkov, V.F., Struktura i genezis naučnoj problemy. Minsk 1983.
- Bernal, J. D., The Social Function of Science. London 1939. Deutsch: Bernal, J.D., Die soziale Funktion der Wissenschaft. Übers. v. K.König. Hrsg. v. H.Steiner. Berlin 1986.
- Bernal, J.D., Science in History. London 1958. Deutsch: Bernal. J.D., Die Wissenschaft in der Geschichte. Berlin 1961.
- Bertalanffy, L.v., General System Theory. Foundation, Development, Application. New York 1968.
- Berten, B., Optimale Zusammensetzung projektierter interdisziplinärer Forschungskollektive, insbesondere unter dem Aspekt ihrer arbeitsteiligen Strukturierung. Dissertation A. Universität Rostock 1973.
- Blaseio, H., Das Kognos Prinzip. Zur Dynamik sich - selbst - organisierender wirtschaftlicher und sozialer Systeme. Berlin (West) 1986.
- Boseniuk, T. / Ebeling, W. / Engel, A., Boltzmann and Darwins Strategies in Complex Optimization. -In: Physics Letters (Amsterdam). 125A(1987). S. 307 - 310.
- Braun, T. / Glänzel, W. / Schubert, A., World Flash on Basic Research. The Newest Version of the facts and Figures on Publication Output and Relative Citation Impact in the Life Sciences and Chemistry 1981 - 1985. -In: Scientometrics (Amsterdam - Budapest). 14(1988)1/2. S. 3 - 15.
- Brink, E. / Schilling, G., Innovationsbetriebe. Entwicklung im Spannungsfeld zwischen Wissenschaft und Produktion. -In: Der Neuerer (Berlin). 38(1989)4. S. 50 - 52.
- Bruckner, E. / Ebeling, W. / Scharnhorst, A., The Application of Evolutionary Models in Scientometrics. In: Scientometrics (Amsterdam-Budapest). (Im Druck).
- Bruckner, E. / Ebeling, W. / Scharnhorst, A., Stochastic Dynamics of Instabilities in Evolutionary Systems. -In: Systems Dynamics Review (Oxford). (Im Druck).
- Bunge, M., Scientific Research. Vol I: The Search for System. Berlin (West)- Heidelberg - New York 1967.
- Buttker, K., Widersprüche der Entwicklung - Entwicklung der Widersprüche. Die Herausbildung der Quantenchemie im Blickfeld philosophischer Analyse. Berlin 1988.

- Cattel, R.B., The principal culture patterns discoverable in the syntal dimensions of existing nations. -In: Journal soc. Psychol. 32(1950). S. 215 - 253.
- Chorafas , C.N., Die Aufgaben der Forschung in der modernen Unternehmung. Berlin (West) - München - Wien 1963.
- Cole, G.A., Classifying Research Units by Patterns of Performance and Influence: a Typology of the Round 1 data. -In: Scientific Productivity. The Effectiveness of Research Groups in six Countries. Ed. by F.M.Andrews.,Cambridge, Mass.-London-New York-Melbourne-Paris 1979. S. 353-401.
- Cooley, M., Die Taylorisierung der Kopfarbeit. -In: Manag-

ment geistiger Arbeit. Hrsg. v. K.J.Drick. Frankfurt am Main 1985. S. 41 - 64.

- Daniel, H.-D. / Fisch, R., Forschungsproduktivität. Indikatoren, statistische Verteilung, Gesetzmäßigkeiten. -In: Messung und Förderung der Forschungsleistung. Person - Team - Institution. Hrsg. v. R.Fisch u. H.-D.Daniel. Konstanz 1986. S. 151-166.
- Demokrit, -In: Die Fragmente der Vorsokratiker. Band 2. Hrsg. v. H.Diels. Berlin 1954.
- Denffer, D.v. / Ziegler, H. / Ehrendorfer, F. / Bresinsky, A., Lehrbuch der Botanik für Hochschulen. Begründet von E.Strasburger, F.Noll, H.Schenk und A.F.W.Schimper. Jena 1896. 32.Auflage Jena 1983.
- Descartes, R., Regeln zur Ausrichtung der Erkenntniskraft. Übersetzt u. hrsg. v. L.Gräbe. Berlin 1972.
- Dosi, G. / Freeman, Ch. / Nelson, R. / Silverberg, G. / Soete, L. (Eds.), Technical Change and Economic Theory. London 1988.
- Dosi, G. / Orsenigo, L. / Silverberg, G., Innovation, Diversity and Diffusion: A Self-Organization Model. -In: The Diffusion of Innovation. Ed. by F.Arcangeli, P.David and G.Dosi. Oxford 1988.
- Dress, A. / Hendrichs, H. / Küppers, G. (Hrsg.), Selbstorganisation. Die Entstehung von Ordnung in Natur und Gesellschaft. München - Zürich 1986.
- Dreyfus , H. / Dreyfus, S., Künstliche Intelligenz. Von den Grenzen der Denkmaschinen und dem Wert der Intuition. Reinbeck 1987.
- Druwe, U., "Selbstorganisation" in den Sozialwissenschaften. Wissenchaftstheoretische Anmerkungen zur Übertragung der naturwissenschaftlichen Selbstorganisationsmodelle auf sozialwissenschaftliche Fragestellungen. -In: Kölner Zeitschrift für Soziologie und Sozialpsychologie (Opladen). 40(1988)4. S. 762 - 775.
- Duncker, K., Zur Psychologie des produktiven Denkens. Berlin 1935.

- Ebeling, W., On Stochastic Models for Human Conduct in the Evolution of Science and Technology. -In: Laws of Nature and Human Conduct. Ed by I.Prigogine and M.Sanglier. Brüssel 1987. S. 54 - 55.
- Ebeling, W., Strukturbildung bei irreversiblen Prozessen. Eine Einführung in die Theorie dissipativer Strukturen. Leipzig 1976.
- Ebeling , W., Physik komplexer nichtlinearer Netzwerke und neue Wege der Informationsverarbeitung. -In: Sitzungsberichte der Akademie der Wissenschaften der DDR: Mathematik - Naturwissenschaften - Technik. (Nr. 4N). Berlin 1987. S. 1 - 19.
- Ebeling, W. / Feistel, R., Physik der Selbstorganisation und Evolution. Berlin 1982. Zweite Auflage 1986.
- Ebeling , W. / Feistel,R., Stochastic Theory of Molecular Replication Processes with Selection Character. -In: Annalen der Physik (Berlin). 34(1977)81. S. 81 - 91.
- Ebeling, W. / Feistel, R., Physikalische Aspekte der qualitativen Sprünge bei Entwicklungsprozessen. II. Modellsy-

steme. -In: Wissenschaftliche Zeitschrift der Humboldt-Universität zu Berlin. Gesellschaftswissenschaftliche Reihe (Berlin). 25(1976)2. S. 25 - 32.
- Ebeling, W. / Peschel, M. (Eds.), Lotka - Volterra - Approach to Cooperation and Competition in Dynamic Systems. Berlin 1985.
- Ebeling, W. / Scharnhorst, A., Evolutionsmodelle für die Dynamik von Wissenschaftsgebieten. Mit einem Anhang von E.Bruckner und A.Scharnhorst. -In: Wissenschaft. Das Problem ihrer Entwicklung. Band 2: Komplementäre Studen zur marxistisch - leninistischen Wissenschaftstheorie. Hrsg. v. G. Kröber. Berlin 1988. S. 187 - 202.
- Ebeling, W. / Sonntag, I., Stochastic Description of Evolutionary Processes. -In: BioSystems (New York). 19(1986). S. 91 - 100.
- Eigen , M., Die "unmessbar" schnellen Reaktionen. -In: Les Prix Nobel 1967. Ed. by Nobel Foundation. Stockholm 1969. S. 151 - 180.
- Eigen, M., The Self-Organization of Matter and the Evolution of Biological Macromolecules. -In: Naturwissenschaften (Stuttgart). 58(1971)10. S. 465 - 528.
- Eigen, M., Evolution und Zeitlichkeit. -In: Die Zeit. Hrsg. von A.Preisl und A.Mohler. München - Wien 1983. S. 35 - 57.
- Eigen, M., Stufen zum Leben. Die frühe Evolution im Visier der Molekularbiologie. München - Zürich 1987.
- Eigen, M., Perspektiven der Wissenschaft. Stuttgart 1988.
- Eigen, M. / Schuster, P., The Hypercycle : A Principle of Natural Self -Organization. Berlin (West) - Heidelberg - New York 1979.
- Eliade , M., Le mythe de l'eternel retour. Archetypes et repetion. Paris 1949.
- Engels, F., Ludwig Feuerbach und der Ausgang der klassischen deutschen Philosophie. In: Marx K. / Engels F.: Werke (im folgenden: MEW). Band 21. Berlin 1962. S. 259 - 307.
- Engels, F., Herrn Eugen Dührings Umwälzung der Wissenschaft ("Antidühring"). -In: MEW. Band 20. Berlin 1962. S. 5 - 303.
- Engels, F., Dialektik der Natur. -In: MEW. Band 20. Berlin 1962. S. 305 - 570.
- Engels, F., Konspekt über "Das Kapital" von Karl Marx. Erster Band. - In: MEW. Band 16. Berlin 1962. S. 245 - 287.
- Erck, A., Die Bedeutung der geistigen Kultur der Wissenschaftler für die Entstehung und die Entwicklung neuer Forschungsrichtungen. -In: Bedingungen für die Entstehung und Entwicklung neuer Forschungsrichtungen. Akademie der Wissenschaften der DDR. Institut für Theorie, Geschichte und Organisation der Wissenschaft. Berlin 1987 (Kolloquien, Heft 59). S. 153 - 159.
- Erpenbeck, J., Autopoiese - Selbstorganisation - Erkenntnistheorie. -In: Deutsche Zeitschrift für Philosophie (Berlin). 37(1989)5. S. 416 - 426.

- Falk, G. / Ruppel, W., Energie und Entropie. Berlin (West) - Heidelberg - New York 1976.
- Feistel, R. / Ebeling, W., Evolution of Complex Systems. Berlin 1989 und Dordrecht 1989.
- Fisch, R. / Daniel, H.-D. (Hrsg.), Messung und Förderung der Forschungsleistung. Person - Team - Institution. Konstanz

1986.
- Fischer, H. / Schwarz, R.; Mathematische Methoden in der sozialistischen Wirtschaft. Berlin 1985.
- Fisher, J. / Pry, R.H.A., A simple substitution model of technological change. -In: Technological Forescasting and Social Change (New York). 3(1971). S. 75 - 88.
- Fleischer, L.-G. / Banse G. (Hrsg.), Wissenschaft im Dialog. Leipzig-Jena-Berlin 1988.
- Fleischer, W., Grundsätzliche Fragen der Wortschatzentwicklung. -In: Entwicklungstendenzen in der deutschen Gegenwartssprache. Hrsg. v. K.E.Sommerfeldt. Leipzig 1988.
- Foerster, H.v., Erkenntnistheorie und Selbstorganisation. - In: Delphin - Zeitschrift für Konstruktion, Analyse und Kritik. IV (1984), S. 6 - 19.
- Fong, P., Thermodynamic and Statistical Theory of Life: An Outline. - In: Biogenesis, Evolution, Homeostasis. Ed. by Locker, A., Berlin (West) - Heidelberg - New York 1973.
- Fratzscher, W. / Krug, P., Innovationen in der stoffwandelnden Industrie - eine wissenschaftliche Aufgabe. -In: Wissenschaft und Fortschritt (Berlin). 37(1987)12. S. 304 - 306.
- Freeman, Ch., The Economics of Industrial Innovation. Harmondsworth 1974.
- Freeman, Ch., Prometheus Unbound. -In: Futures (London). 16(1984)5. S. 449 - 499.
- Freeman, Ch., Technology Policy and Economic Performance. Lessons from Japan. London - New York 1987.
- Freeman, Ch., Japan: a news National System of Innovation. - In: Technical Change and Economic Theory. Ed. by G.Dosi, Ch.Freeman/R. Nelson, G.Silverberg and L.Soete. London 1988. S. 330 - 348.
- Fuchs-Kittowski, K. / Parthey, H., Veränderungen in der Forschungssituation durch die Entwicklung der Informationstechnologie. -In: Forschungstechnologie '87. Informationstechnologie als Teil der Forschungstechnologie in den experimentellen Wissenschaften. Tagungsmaterial. Akademie der Wissenschaften der DDR. Berlin 1988. S. 179 - 192.

- Gabelentz, G.v.d., Die Sprachwissenschaft, ihre Aufgaben, Methoden und bisherigen Ergebnisse. Zweite, vermehrte und verbesserte Auflage. Leipzig 1901.
- Geißler, U., Wissenschaftliche Tätigkeitsformen in ihrer Anforderungsspezifik für die Leitung. -In: Faktoren der Intensivierung der Forschungsarbeit in Gruppen. Akademie der Wissenschaften der DDR. Institut für Theorie, Geschichte und Organisation der Wissenschaft, Berlin 1985 (Kolloquien, Heft 50). S. 78 - 93.
- Georgescu-Roegen, N., The Entropy Law and the Economic Process. Cambridge Mass. 1971.

  Georgescu-Roegen, N., Energy and Economic Myths. New York 1976.
- Gerasimov, J.G., Struktura naučnogo issledovanija. Moskva 1985.
- Gesetzblätter I 30/83, Anordnung über die Fälligkeit von Geldverbindlichkeiten aus Warenlieferungen und Leistungen - Fälligkeitsordnung - vom 13.10.1983. Gesetzblätter der DDR. Nr. 30 vom 9.11.1983.

- Gey, E., Der Zusammenhang von interdisziplinärer Forschungssituation und Kooperationsverhalten bei der Bildung und Entwicklung neuer Spezialgebiete, dargestellt am Beispiel der Quantenchemie. -In: Interdisziplinarität in der Forschung. Analysen und Fallstudien. Hrsg. v. H.Parthey u. K.Schreiber. Berlin 1983. S. 151-175.
- Glansdorff, P. / Prigogine, I., Thermodynamic Theory of Structure, Stability and Fluctuations. New York 1971.
- Glushkov, V.M. / Ivanenko, V.V. / Yanenko, V.M., Modelirovanije razvivajucich systemov. Moskva 1983.
- Glushkov, V.M. / Pshenichnyi, B.N., A Mathematical Model of Dynamically Evolving Economics. -In: Kibernetika (Kiev). 4(1977). S. 1 - 6.
- Grassmann, P., Läßt sich die technische Entwicklung mit der biologischen Evolution vergleichen ? -In: Naturwissenschaften (Heidelberg). 72(1985)11. S. 567 - 573.
- Gromeka, W.I., Naučno - techničeskaja revoljucija i sovremenyi kapitalism. Moskva 1976.
- Guntau, M., Die Genesis der Geologie als Wissenschaft. Berlin 1984.
- Guntau, M. / Laitko, H. (Hrsg.), Der Ursprung der modernen Wissenschaften. Studien zur Entstehung wissenschaftlicher Disziplinen. Berlin 1987.

- Hahn, T. / Naumann, A. / Welskopf, R., Leistungsverhalten und Kooperation als Faktoren der Beschleunigung des wissenschaftlich - technischen Fortschritts. -In: Wirtschaftswissenschaft (Berlin). 33(1985)3. S. 321 - 335.
- Hahn, T. / Welskopf, R. (Hrsg,), Innovation und Motivation, Entwicklung und Überleitung. Berlin 1988.
- Haken, H., Advanced Synergetics. Instability Hierarchies of Self-organizing Systems and Devices. Berlin (West)- Heidelberg-New York-Tokyo 1983.
- Haken, H., Synergetics. An Introduction: Nonequilibrium Phase Transitions and Self-Organization in Physics, Chemistry and Biology. Berlin (West) - Heidelberg - New York 1977. Zweite Auflage 1978. Deutsch: Haken H., Synergetik. Eine Einführung. Nichtgleichgewichts - Phasenübergänge und Selbstorganisation in Physik, Chemie und Biologie. Berlin-(West) - Heidelberg - New York 1981. Zweite Auflage 1983.
- Haken, H., Synergetik, Selbstorganisationsvorgänge in Physik, Chemie und Biologie. -In: Naturwissenschaftliche Rundschau (Stuttgart). 38(1985)5. S.171 - 180.
- Hartkopf, W., Die Strukturformen der Probleme. Berlin (West) 1958.
- Hartmann, N., Grundzüge einer Metaphysik der Erkenntnis. Berlin - Leipzig 1921.
- Hartmann, W.-D., Ist Neues immer neu ? Entdeckungen, Erfindungen und Innovationen im Prüffeld der Zeit. Berlin 1981.
- Haustein, H.-D. / Neumann, K., Die ökonomische Analyse des technischen Niveaus der Industrieproduktion. Berlin 1965.
- Haustein, H.-D., Die Proportionalität der technischen Basis. Berlin 1975.
- Haustein, H.-D., Messung der volkswirtschaftlichen Intensivierung. Zur Methodologie. (Forschungsberichte des Zentralinstituts für Wirtschaftswissenschaften der Akademie der Wissenschaften der DDR, Heft 17). Berlin 1976.

- Haustein, H.-D. / Ivanov, D., Technisch - ökonomisches Niveau, Analysen und Planung. Berlin 1979.
- Haustein, H.-D., Innovations in the Lighting Industry. -In: IIASA WP-80-12. Laxenburg 1979.
- Haustein, H.-D. / Ivanov, D. / Kinze, H.-H., Innovationen in der sozialistischen Volkswirtschaft. Berlin 1988.
- Haustein, H.D., Automation und Innovation. Der Weg zur flexiblen Betriebsweise. Berlin 1989.
- Hayek, F.A. v., Recht, Gesetzgebung und Freiheit: Regeln und Ordnung. München 1980.
- Hayek, F. A. v, Die Irrtümer des Konstruktivismus. - In: Freiburger Studien, Band 51, Tübingen 1975.

Hegel, G.W.F., Wissenschaft der Logik. Erster Teil. Hrsg von G. Lasson. Leipzig 1951.
- Heitsch, W./Parthey, H./Wächter, W., Heuristik und Dialektik. -In: Deutsche Zeitschrift für Philosophie (Berlin). 19(1972)2. S. 145 - 159.
- Hempel, C.G. / Oppenheim, P., Studies in the Logic of Explanation. -In: Philosphy of Science (Baltimore). 15 (1948) 2. S.135 - 175.
- Herrmann, J., Zum Ursprung des Menschen und der menschlichen Gesellschaft. Berlin 1986.
- Herrmann, J., Woher kommt der Mensch ? -In: Wissenschaft im Dialog. Hrsg. v. L.-G.Fleischer u. G.Banse. Leipzig-Jena-Berlin 1988. S. 286 - 294.
- Herrmann, J. / Ullrich, H. (Hrsg.):, Menschwerdung - biotischer und gesellschaftlicher Entwicklungsprozeß. Berlin 1985.
- Hiebsch, H., Wissenschaftspsychologie. Psychologische Fragen der Wissenschaftsorganisation. Berlin 1977.
- Hörz, H., Der dialektische Determinismus in Natur und Gesellschaft. Fünfte, unveränd. Auflage. Berlin 1974.
- Hörz, H., Wissenschaft als Prozeß. Grundlagen einer dialektischen Theorie der Wissenschaftsentwicklung. Berlin 1988.,
- Hörz, H., Philosophie der Zeit. Zeitverständnis in Geschichte und Gegenwart. Berlin 1989.
- Hörz, H. / Wessel, K.-F., Philosophische Entwicklungstheorie. Berlin 1983.
- Hofbauer, J. / Sigmund, U., Evolutionstheorie und dynamische Systeme. Hamburg 1984.
- Hoffmann , U. / Kosser, K.-H. / Kupferschmidt, W., Effektive Exporttätigkeit in Kombinaten und Betrieben - Erfahrungen und Aufgaben. -In: Wirtschaftswissenschaft (Berlin). 36(1988)3. S. 382 - 395.

- Jaroševskij, M.G. (Otvetstvennyj redaktor), Problemy rukovodstva naučnym kollektivom. Moskva 1982.
- Jaroševskij, M.G., Kategorialnaja reguljacija naučnoj dejatel'nosti. -In: Voprosy filosofii (Moskva). 26 (1973) 11. S. 74 - 86.
- Jaroševskij, M.G., Die Logik der Wissenschaftsentwicklung und die wissenschaftliche Schule. -In: Wissenschaftliche Schulen. Band 1. Hrsg. v. S.R.Mikulinskij, M.G.Jaroševskij, G.Kröber u. H.Steiner. Berlin 1977. S. 13 - 81.
- Jewkes, J. / Sawers, D. / Stillerman, R., The Sources of Invention. London 1958.
- Jiménez-Montaño, M.A. / Ebeling, W., A Stochastic Evolutio-

nary Model of Technological Change. -In: Collective Phenomena 3(1980). S. 107 - 114.
- Johannsen, H.R., Eine Chronologie der Entdeckungen und Erfindungen vom Bernstein zum Mikroprozessor. Berlin (West).- Offenbach 1986.

- Kant, I., Logik. Ein Handbuch zu Vorlesungen. -In: Kant I.: Gesammelte Schriften. Band 9. Berlin - Leipzig 1923.
- Kant, I., Prolegomena zu einer jeden künftigen Metaphysik, die als Wissenschaft wird auftreten können. Hrsg. von St.Dietzsch. Leipzig 1979.
- Kara-Murza, S.G., Technologija naučnych issledovanij kak ob'ekt naukovedečeskogo analiza. -In: Vestnik Akademija Nauk SSSR (Moskva). (1979) 1. S. 44 - 52.
- Kara-Murza, S.G., Problems in studying the diffusion of technological innovations in science. -In: Science of Science (Wroslaw). 2(1981)2, S. 117 -140.
- Kara-Murza, S.G., Značenie adaptacionnogo perioda v formirovannii issledovatelja. -In: Problemy rukovodstva naučnym kollektivom. Otv. red. M.G.Jaroševskij. Moskva 1982. S. 141 - 150.
- Kara-Murza, S.G., K voprosu o soprotivlenii novovedenijam v nauke: Metoda M.C.Zveta. -In: Voprosy istorii estestvoznanija i techniki (Moskva). (1986)2, S. 121-130.
- Kellner, E., Wissenschaftliches Erkennen - Plan oder Intuition ? Erkennende und soziale Aspekte wissenschaftlicher Tätigkeit. Berlin 1987.
- Kleiner, S.A., Interrogatives, Problems and Scientific Inquiry. -In: Synthese (Dortrecht - Boston). 62 (1985) 3. S. 365 - 428.
- Klemm, F., Technik. Eine Geschichte ihrer Probleme. Freiburg - München 1954.
- Klix, F., Erwachendes Denken. Eine Entwicklungsgeschichte der menschlichen Intelligenz. Zweite Auflage, Berlin 1983. Dritte Auflage, Berlin 1985.
- Knorr-Cetina, K., The Manufacture of Knowledge. An Essay on the Constructivist and Contextual Nature of Science. Oxford 1981; Deutsch: Knorr-Cetina, K., Die Fabrikation von Erkenntnis. Zur Anthropologie der Naturwissenschaft. Frankfurt a. Main 1984.
- Korch, H. (Hrsg.), Die wissenschaftliche Hypothese. Berlin 1972.
- Kornai, J., Anti - Äquilibrium. Über die Theorien der Wirtschaftssysteme und die damit verbundenen Forschungsaufgaben. Budapest - Berlin (West) - Heidelberg - New York 1975.
- Koziolek, H., Wissenschaft, Technik und Reproduktion. Berlin 1981.
- Koziolek, H. / Schwarz, R., Bemühungen zwischen Physik und Ökonomie. -In: Sitzungsberichte der Akademie der Wissenschaften der DDR: Mathematik - Naturwissenschaften - Technik.(Nr. 8N). Berlin 1986.
- Koziolek, H. (Hrsg.), Beschleunigung des Reproduktionsprozesses, hohe Reaktionsfähigkeit und Flexibilität der Kombinate. Berlin 1988.
- Koziolek, H. / Matthes, B. / Schwarz, R., Grundzüge einer Systemanalyse von Reproduktionskreisläufen. Berlin 1988.
- Kretschmer, H., The Adaption of the Cooperative Structure to

the Research Process and Scientific Performances in Research Groups. -In: Scientometrics, (Amsterdam - Budapest). 12(1987)5-6. S. 355-372.
- Kretzschmar, H. / Adler, F. / Glodde, K. / Radtke, H. / Winzer, R., Arbeit - Leistung - Persönlichkeit. Zur Entwicklung des Leistungsverhalten in der sozialistischen Industrie. Berlin 1986.
- Kröber, G., Larry Laudans Probleme mit Wahrheit und Fortschritt. In: Wissenschaft. Das Problem ihrer Entwicklung. Band 1: Kritische Studien zu bürgerlichen Wissenschaftskonzeptionen. Hrsg. v. G.Kröber u. H.P.Krüger. Berlin 1987. S. 268 - 283.
- Kröber, G., Zum Problem der Entwicklung in wissenschaftstheoretischen Konzeptionen der Gegenwart. -In: Zeitschrift für Geschichte der Naturwissenschaften, Technik und Medizin (Leipzig). 21 (1984) 1, S. 1 - 15.
- Kröber, G. / Laitko, H., Sozialismus und Wissenschaft. Gedanken zu ihrer Einheit. Berlin 1972.
- Kröber, G., Wissenschaftsentwicklung als irreversibler gesellschaftlicher Prozeß. -In: Wissenschaft. Das Problem ihrer Entwicklung. Band II: Komplementäre Studien zur marxistisch-leninistischen Wissenschaftstheorie. Hrsg. v. G.Kröber. Berlin 1988. S. 155 - 186.
- Kuczynski, J., Vier Revolutionen der Produktivkräfte. Theorie und Vergleiche. Berlin 1975.
- Kühne, K., Evolutionsökonomie. Grundlagen der Nationalökonomie und Realtheorie der Geldwirtschaft. Stuttgart - New York 1982.
- Küppers, B.O., Der Ursprung biologischer Information: Zur Naturphilosophie der Lebensentstehung. München - Zürich 1986.
- Kuhn, Th.S., Die Entstehung des Neuen. Studien zur Struktur der Wissenschaftsgeschichte. Frankfurt am Main 1977.
- Kuhn, Th.S., The Structure of Scientific Revolutions. Chicago 1962. Deutsch: Kuhn, Th., Die Struktur wissenschaftlicher Revolutionen. Frankfurt a. Main 1967.
- Kunz, W. / Brauer, R. / Engert, H. / Proft, G. / Peche, N. / Schulmeister, D. / Weiß, R., Theoretische Fragen der Nutzung der sozialistischen ökonomischen Integration zur Meisterung des wissenschaftlich-technischen Fortschritts (Thesen). -In: Wirtschaftswissenschaft (Berlin). 36(1988)10. S. 1443 - 1459.

- Lahner, M. / Ulrich, E., Analyse von Entwicklungsphasen technischer Neuerungen. Mitteilungen des Instituts für Arbeitsmarkt- und Berufsforschung 6/69. Nürnberg 1969.
- Laitko, H., Imre Lakatos und das Problem der rationalen Rekonstruktion in der wissenschaftlichen Forschung. In: Wissenschaft. Das Problem ihrer Entwicklung. Band 1: Kritische Studien zu bürgerlichen Wissenschaftskonzeptionen. Hrsg. v. G.Kröber u. H.-P.Krüger.,Berlin 1987. S. 245 - 267.
- Lakatos, I., Falsification and the Methodology of Scientific Research Programmes. -In: Criticism and the Growth of Knowledge. Ed. by I.Lakatos and A.Musgrave. Cambridge 1970. S. 91 - 196. Deutsch: Lakatos, I., Falsifikation und die Methodologie wissenschaftlicher Forschungsprogramme. -In: Kritik

und Erkenntnisfortschritt. Hrsg. v. I.Lakatos u. A.Musgrave. Braunschweig 1974. S. 89 - 192.
- Lakatos, I., Die Methodologie der wissenschaftlichen Forschungsprogramme. Braunschweig 1982.
- Lakatos, I., Popper zum Abgrenzungs- und Induktionsproblem. In: Neue Aspekte der Wissenschaftstheorie. Hrsg. v. H.Lenk. Braunschweig 1971. S. 75 - 128.
- Langner, F., Angebot und Nachfrage im Sozialismus. Berlin 1975.
- Laudan, L., Progress and Its Problems. Towards a Theory of Scientific Growth. Berkeley - Los Angeles - London 1977.
- Laue, M. von, Geschichte der Physik. Bonn 1946.
- Leibniz, G.W., Dissertatio de Arte Combinatoria. -In: Leibniz G.W.: Sämtliche Schriften und Briefe. Sechste Reihe: Philosophische Schriften. Erster Band 1663 - 1672. Berlin 1972. S. 163 - 230.
- Leibniz, G.W., De arte inveniendi (1675 (?)). -In: Leibniz G.W.: Sämtliche Schriften und Briefe. Sechste Reihe: Philosophische Schriften. Dritter Band 1672 - 1676. Berlin 1980. S. 428 - 432.
- Leibniz, G.W., Neue Abhandlungen über den menschlichen Verstand. Zweiter Band. Hrsg. u. übersetzt v. W.von Engelhardt u. H.H.Holz. Frankfurt a. Main 1961.
- Lemaine, G. / MacLeod, R. / Mulkay, M. / Weingart, P. (Eds.), Perspectives on th Emergence of Scientific Disciplines. The Hague-Paris-Chicago 1976.
- Lenin, W.I., Philosophische Hefte. -In: Lenin W.I.: Werke. Band 38. Berlin 1964.
- Lenin, W.I., Die große Initiative. (Geschrieben am 28.Juli 1919. Veröffentlicht im Juli 1919 als Broschüre, Moskau). - In: Lenin, W.I.: Werke. Band 29. Berlin 1970. S. 397 - 424.
- Lenin, W.I., Noch eine Vernichtung des Sozialismus. (Zuerst veröffentlicht im März 1914). -In: Lenin, W.I.: Werke. Band 20. Berlin 1961. S. 181 - 204.
- Lenk, H., Verantwortung in, für, durch Technik. -In: Technikbewertung. Hrsg. v. H.Lenk. Frankfurt am Main 1988.
- Lenz, R.C., A Heuristic Approach to Technology. -In: Technological Forecasting and Social Change (New York). 27(1985)2/3. S. 249 - 264.
- Ljubomirova, N.V. / Tolstym, W.J., Social'no - filosofskij analiz soznanija: poznavatel'naja situacija. -In: Voprosy filosofii (Moskva). 39 (1986) 10. S 35 - 48.
- Lötsch, M. (Hrsg.), Ingenieure in der DDR. Soziologische Studien. Berlin 1988.
- Luck, O. / Ludvig, G., Die Entwicklung des 1-Megabit-Speicherschaltkreises: eine wissenschaftliche Herausforderung - gemeistert von einem engagierten Kollektiv. -In: Neues Deutschland (Berlin) vom 13.9.1988.
- Lundvall, B.A., Innovation as an Interactive Process: from User - Producer Interaction to the National System of Innovation. -In: Technical Change and Economic Theory. Ed. by G.Dosi, Ch.Freeman, R.Nelson, G.Silverberg and L.Soete. London 1988. S. 349 - 369.
- Ludwig, G., Die Grundstrukturen einer physikalischen Theorie. Berlin (West) - Heidelberg - New York 1978.
- Lynch, M., Art und Artefact in Laboratory Science. A Study of Shop Work and Shop Talk in a Research Laboratory. London

1985.
- Lynch, M. / Livingstone, E. / Garfinkel, H., Zeitliche Ordnung in der Arbeit des Labors. -In: Entzauberte Wissenschaft. Zur Relativität und Geltung sozialer Forschung. Göttingen 1985.
- Lynn, F., The Rate of Development and Diffusion of Technology. -In: The Economics of Technological Change. Ed. by E.Mansfield. New York 1968.

- Mansfield, E., Technological Change. New York 1971.
- Mansfield, E. (Ed.), The Economics of Technological Change. New York 1968.
- Mansfield, E. / Romeo, A. / Schwartz, M. / Tesco, D. / Wagner, S. / Brach, P., Technology Transfer, Productivity and Economic Policy. New York - London 1982.
- Marchetti, C., Die magische Entwicklungskurve. -In: Bild der Wissenschaft (Stuttgart). 19(1982)10. S. 115 - 128.
- Marx, K., Thesen über Feuerbach. -In: Marx, K. / Engels, F.: Werke (im folgenden mit MEW abgekürzt). Band 3. Berlin 1959. S. 5 - 7.
- Marx, K., Das Kapital. Kritik der politischen Ökonomie. Erster Band. -In: MEW. Band 23. Berlin 1962.
- Marx, K., Das Kapital. Kritik der politischen Ökonomie. Zweiter Band. -In: MEW. BAND 24. Berlin 1963.
- Marx, K., Das Kapital. Kritik der politischen Ökonomie. Dritter Band. -In: MEW. Band 25. Berlin 1964.
- Marx, K., Theorien über den Mehrwert (Vierter Band des "Kapitals"). Erster Teil. -In: MEW. Band 26.1. Berlin 1956.
- Marx, K., Theorien über den Mehrwert (Vierter Teil des "Kapitals"). Zweiter Teil. -In: MEW. Band 26.2. Berlin 1967
- Marx, K., Theorien über den Mehrwert (Vierter Teil des "Kapital"). Dritter Teil. -In: MEW. Band 26.3. Berlin 1968.
- Marx, K., Ökonomische Manuskripte 1857 1858. Text. Teil 2. -In: Marx, K. / Engels, F., Gesamtausgabe (MEGA); Zweite Abteilung: "Das Kapital" und Vorarbeiten. Band 1. Teil 2. Berlin 1981.
- Marx, K., Zur Kritik der Politischen Ökonomie (Manuskript 1861-1863); Text, Teil 6. -In: MEGA. Zweite Abteilung; "Das Kapital" und Vorarbeiten, Band 3, Teil 6. Berlin 1982.
- Marx, K., Einleitung zur Kritik der Politischen Ökonomie. -In: MEW. Band 13. Berlin 1961. S. 615 - 642.
- Marx, K., Grundrisse der Kritik der politischen Ökonomie. -In: MEW. Band 42. Berlin 1970.
- Marx, K., Le Capital par Karl Marx. Editeur Maurice Lachatre. Paris 1872 - 1875.
- Marx, K., Brief von K.Marx an F.Engels vom 06.Juni 1863. -In: MEW. Band 30. Berlin 1964. S. 361 - 367.
- Marx, K., Lohn, Preis, Profit. -In: MEW. Band 16. Berlin 1962. S. 101 - 152.
- Marx, K. / Engels, F., Manifest der Kommunistischen Partei. -In: MEW. Band 4. Berlin 1960. S. 459 - 493.
- Marx, K., Ökonomisch - philosophische Manuskripte aus dem Jahre 1844. -In: MEW. Band 40. K.Marx, Schriften und Briefe November 1857 bis August 1844. Berlin 1985. S. 465 - 588.
- Marx, K., Zur Kritik der Politischen Ökonomie. -In: MEW. Band 13. Berlin 1961. S. 3 - 160.
- Marz, L. / Wohanka, St., Philosophische Probleme der Komple-

xitätsbewältigung in der materiellen Produktion. -In: Deutsche Zeitschrift für Philosophie (Berlin). 37(1989)3. S. 244 - 250.
- Matthes, B. / Schwarz, R., Dynamische Modelle und Reproduktion. -In: Das Gesamtprodukt und sein Reproduktionsprozeß. Karl-Marx-Universität Leipzig. Sektion Wirtschaftswissenschaften. Leipzig 1988 (Volkswirtschaftliche Forschungsberichte, Heft 2).
- Maturana, H.R. / Varela, F.J., Der Baum der Erkenntnis. Die biologischen Wurzel der menschlichen Erkenntnis. Bern - München Wien 1987. 2. Auflage.
- Mayerthaler, W., Morphologische Natürlichkeit. Wiesbaden 1981.
- Maynard-Smith, J., Group selection and kin selection. -In: Nature. 201(1964). S. 1145 - 1147.
- Meske, W., Wissenschaftsentwicklung als Prozeß der Reproduktion des Wissenschaftspotentials. -In: Wissenschaft. Das Problem ihrer Entwicklung. Band 2: Komplementäre Studien zur marxistisch-leninistischen Wissenschaftstheorie. Hrsg. v. G.Kröber. Berlin 1988. S. 245 - 265.
- Meinhold, G., Deutsche Standardaussprache. Lautschwächungen und Formstufen. -In: Wissenschaftliche Beiträge der Friedrich - Schiller - Universität Jena 1973.
- Mensch, G., Gesamtwirtschaftliche Innovationspraxis. Göttingen 1976.
- Mikulinski, S.R., Scheinkontroversen und reale Probleme der Theorie von der Entwicklung der Wissenschaft. - In: Sowjetwissenschaft, Gesellschaftswissenschaftliche Beiträge (Berlin). (1978) 7. S.756 - 775.
- Miller, F.G., The Nature of Living Systems. -In: Behav. Sci. 20(1975) . S. 343 - 365.
- Mocek, R., Gedanken über die Wissenschaft. Die Wissenschaft als Gegenstand der Philosophie. Berlin 1980.
- Mocek, R., Neugier und Nutzen. Blicke in die Wissenschaftsgeschichte. Berlin 1988.
- Montroll, E.W. / Shuler, K.E., Dynamics of Technological Evolution. -In: Proceedings National Academy Siences of USA (Washington). 76(1979). S. 6030 - 6034.
- Moser, F., Forschen wir richtig ? Gedanken zur Forschungssituation, Methodologie und Effizienz. -In: Chimia (Basel). 36 (1982) 10. S. 387 - 396.
- Moulines, C.U., Theory-Nets and the Evolution of Theories: The Example of Newtonian Mechanics. -In: Synthese (Dortrecht - Boston). 41 (1979). S. 417 - 439.
- Müller, H.M., Evolution, Kognition und Sprache. Die Evolution des Menschen und die biologischen Grundlagen seiner Sprachfähigkeit. Berlin (West) - Hamburg 1987.

- Nelson, R. / Winter, S., An Evolutionary Theory of Economic Change. Cambridge 1982.
- Nelson, R.R. / Winter, S.G., Neoclassical vs. evolutionary theories in economic growth: Critique and prospectus. -In: The Economic Journal (London). 84(1974). S. 886 - 898.
- Nesvetailov, G.A., Žiznennyj cikl naučnogo napravlenija i intensifikacija fundamental'nych issledovanija. -In: Vestnik akademii nauk SSSR (Moskva). (1987)4, S. 68-74.
- Nick, H., Die Wechselwirkung revolutionärer und evolutionä-

rer Veränderungen. -In: Wissenschaft, Technik und Produktion. Wissenschaft, Ökonomie, Fortschritt. Berlin 1974.
- Nick, H., Wissenschaftlich-technische Revolution: historischer Platz, Entwicklungsetappen, soziales Wesen. Berlin 1983
- Nickles, Th., What is a Problem that we may solve it ? -In: Synthese (Dortrecht - Boston) 47 (1981) 3. S. 85 - 118.
- Nickles, Th. (Ed.), Scientific Discovery. Cas Studies. Dortrecht - Boston - London 1980.
- Nicolis, G., Die Erforschung des Komplexen. -In: Universitas (Stuttgart). 43(1988)6. S. 718 - 722.
- Nicolis, G. / Prigogine, I., Self-Organization in Non - Equilibrium Systems. From Dissipative Structures to Order through Fluctuations. New York 1977.
- Nicolis, G. / Prigogine I., Die Erforschung des Komplexen. Auf dem Wege zu einem neuen Verständnis der Naturwissenschaften. München - Zürich 1987.

- Oelßner, F., Gesetze der sozialistischen Ökonomie. -In: Sitzungsberichte der Akademie der Wissenschaften der DDR. Berlin 1974. Nr. 22.
- Oelßner, F., Die Arbeitswerttheorie als die wissenschaftliche Grundlage der Marx'schen politischen Ökonomie. Berlin 1967
- Oeser, E., Wissenschaftstheorie als Rekonstruktion der Wissenschaftsgeschichte. Fallstudien zu einer Theorie der Wissenschaftsentwicklung. Band 1: Metrisierung, Hypothesenentwicklung, Theoriendynamik. Band 2: Experiment, Erklärung, Prognose. Wien - München 1979.
- Oeser, E., Das Abenteuer der kollektiven Vernunft. Evolution und Involution der Wissenschaft. Berlin (West) - Hamburg 1988.
- Ostwald, W., Große Männer. Leipzig 1909.

- Parthey, H., Problemtheorie und Wissenschaftstheorie. -In: Forschungsökonomie. Hrsg. v. A.Lange. Berlin 1969. S. 65 - 68.
- Parthey, H., Problematisierung als Kriterium der Erkenntnisentwicklung. -In: Erkenntnistheoretische Probleme der Erkenntnisentwicklung. Wissenschaftschaftliche Beiträge der Karl-Marx-Universität Leipzig. Reihe Gesellschaftswissenschaften. Leipzig 1977. S. 106 - 112.
- Parthey, H., Problemsituation und Forschungssituation in der Entwicklung der Wissenschaft. -In: Deutsche Zeitschrift für Philosophie (Berlin). 29(1981)2. S. 172 - 182.
- Parthey, H., Forschungssituation interdisziplinärer Arbeit in Forschergruppen. -In: Interdisziplinarität in der Forschung. Analysen und Fallstudien. Hrsg. v. H.Parthey u. K.Schreiber. Berlin 1983. S. 31 - 42.
- Parthey, H., Objektivität und humanistischer Charakter der Wissenschaft. -In: Deutsche Zeitschrift für Philosophie (Berlin). 32(1984)5. S. 457 - 460.
- Parthey, H., Besonderheiten des Verhaltens von Wissenschaftlern mit hohen Publikationsraten in Forschungssituationen. - In: Auswahl, Ausbildung und Förderung von Forschungskadern mit hervorragenden Befähigungen. Akademie der Wissenschaften der DDR. Institut für Theorie, Geschichte und Organisation

der Wissenschaft. Berlin 1987 (Kolloquien, Heft 56). S. 94-107.
- Parthey, H., Interdisziplinäre Forschungssituation als Entwicklungsform der Wissenschaft. -In: Wissenschaft. Das Problem ihrer Entwicklung. Band 2. Komplementäre Studien zur marxistisch-leninistischen Wissenschaftstheorie. Hrsg. v. G.Kröber. Berlin 1988. S. 224 - 246.
- Parthey, H. (Hrsg.), Problemtypen bei der Hypothesen- und Prognosenbildung. Universität Rostock (Rostocker Philosophische Manuskripte, Heft 7) Rostock 1970.
- Parthey, H. (Hrsg.), Problem und Methode in der Forschung. Berlin 1978.
- Parthey, H. / Schlottmann, D., Problemtypen in den Technikwissenschaften. -In: Erkenntnismethoden in den Technikwissenschaften. Eine methodologische Analyse und philosophische Diskussion der Erkenntnisprozesse in den Technikwissenschaften. Hrsg. v. G.Banse u. H.Wendt. Berlin 1986.
- Parthey, H. / Schreiber, K. (Hrsg.), Interdisziplinarität in der Forschung. Analysen und Fallstudien. Berlin 1983.
- Parthey, H. / Vogel, H. / Wächter, W. (Hrsg.), Problemstruktur und Problemverhalten in der wissenschaftlichen Forschung. Universität Rostock (Rostocker Philosophische Manuskripte, Heft 3) Rostock 1966.
- Parthey, H. / Wahl, D., Die experimentelle Methode in Natur- und Gesellschaftswissenschaften. Berlin 1966.
- Parthey, H. / Wächter, W., Das Problem und seine Struktur in der wissenschaftlichen Forschung. -In: Problemstruktur und Problemverhalten in der wissenschaftlichen Forschung. Hrsg. v. H.Parthey, H.Vogel u. W.Wächter. Universität Rostock (Rostocker Philosophische Manuskripte, Heft 3) Rostock 1966. S. 21 - 38.
- Partuschke, S., Triebkräfte des Leistungsverhaltens im Sozialismus. -In: Deutsche Zeitschrift für Philosophie (Berlin). 37(1989)6. S. 560 - 563.
- Paul, H., Prinzipien der Sprachgeschichte. Halle 1898.
- Pelz, D.C. / Andrews, F.M., Scientists in Organizations. Productive Climates for Research and Development. Revised Edition. Ann Arbor 1976.
- Perlaki, I., Inovacie v organizacii. Bratislava 1977. Deutsch: Perlaki, I., Leitung von Neuerungsprozessen. Übersetzt von W.Nachtigall. Berlin 1980.
- Peschel, M. / Mende, W., The Predator - Prey Model: Do We Live in a Volterra World ? Berlin 1986.
- Petty, W., Schriften zur politischen Ökonomie und Statistik. Übers. u. hrsg. v. W.Görlich. Berlin 1986.
- Plato, Der Staatsmann. In: Plato, Werke. Band II.2. Übersetzt von F.Schleiermacher. Berlin 1986. S. 184 - 254.
- Polikarov, A., Metodologii, saotvetstvuvasti na opredeleni naučnii situacii. -In: Filosofska misal (Sofia). 36(1980)12. S. 111 - 120. Englisch: Polikarov, A., Methodologies Corresponding to Definite Scientific Situations. -In: Polikarov, A.: Methodological Problems of Science. Sofia 1983. S. 110 - 119.
- Popper, K.R., Logik der Forschung. Wien 1934.
- Popper, K.R., Objective Knowledge. An Evolutionary Approach. Oxford 1972. Deutsch: Popper, K.R., Objektive Erkenntnis. Ein evolutionärer Entwurf. Hamburg 1973.

- Prigogine, I., Time, Structure and Fluctuations. -In: Les Prix Nobel 1977. Ed. by Nobel Foundation. Stockholm 1979. S. 152 - 164.
- Prigogine, I., Vom Sein zum Werden. Zeit und Komplexität in den Naturwissenschaften. München - Zürich 1979. Vierte Auflage 1985.
- Prigogine, I. / Stengers I., Order out of Chaos. Man's New Dialög with Nature. London 1984.
- Prigogine, I. / Stengers, I., Dialog mit der Natur. Neue Wege naturwissenschaftlichen Denkens. München - Zürich 1981. Fünfte erweiterte Auflage 1986.
- Prigogine, I., Order Throngh Fluctuations: Self-Organization and Social Systems. - In: Evolution and Consciousness. Eds. by Jantsch, E.; Waddington, C. H., London 1976.
- Prigogine, I.; Nicolis, G., Biological Order, Structure and Instabilities. - In: Quarterly Review of Biophysics. 4 (1971) 2/3. S. 107 - 130.
- Promyšlennost SSSR. Moskva 1961.
Pruitt, D.G. / Kimmel, M.J., Twenty years of experimental gaming. -In: Annual Review of Psychology. 28(1977) . S. 363 - 392.

- Quesnay, F., Ökonomische Schriften. In zwei Bänden. Übers. u. hrsg. v. M.Kuszynski. Berlin 1971 - 1976.

- Rechenberg, I., Evolutionstrategie. Optimierung technischer Systeme nach Prinzipien der biologischen Evolution. Stuttgart 1973.
- Reichel, R. / Schrauber, H., Gesetzmäßigkeiten des Prozeßverlaufs von der Grundlagenforschung bis zur umfassenden volkswirtschaftlichen Anwendung von Neuerungen. -In: Struktur und Dynamik des Kaderpotentials in der Wissenschaft. Akademie der Wissenschaften der DDR. Institut für Theorie, Geschichte und Organisation der Wissenschaft. Berlin 1983 (Studien und Forschungsberichte, Heft 13, Teil IV). S. 172 - 206.
- Reiss, H. / Hammerich, A.D. / Montroll E.W., Thermodynamics Treatment of Nonphysical Systems. -In: Journal Statistical Physics (New York). 42(1986). S. 647 -687.
- Rescher, N., Scientific Progress. Oxford 1978., Deutsch: Rescher, N., Wissenschaftlicher Fortschritt. Eine Studie über die Ökonomie der Forschung. Berlin (West) - New York 1982.
- Riedl, R., Die Ordnung des Lebendigen. Systembedingungen der Evolution. Berlin (West) - Hamburg 1975.
- Riedl, R., Evolution und Erkenntnis. München 1982.
- Riedl, R. / Bonet, E.M. (Hrsg.), Entwicklung der Evolutionären Erkenntnistheorie. Wien 1987.
- Rittel, H., Hierarchie oder Team ? Betrachtungen zu den Kooperationsformen in Forschung und Entwicklung. -In:Forschungsplanung. Hrsg. v. M.Krauch, H.Rittel u. W.Kunz. München-Wien 1966. S. 40-70.
- Rochhausen, R. (Hrsg.), Bildung und Entwicklung natur- und humanwissenschaftlicher Theorien. Berlin 1983.
- Roesler, J. / Schwärzel, R. / Siedt, V., Produktionswachstum und Effektivität in vier Industriezweigen der DDR 1950 - 1970. Berlin 1983.

- Rompe, R. / Treder, H.-J. / Ebeling, W., Zur Großen Berliner Physik. Leipzig 1987.
- Röpke, J., Die Strategie der Innovation. Tübingen 1977.
- Röseberg, U., Szenarium einer Revolution. Nichtrelativistische Quantenmechanik und philosophische Widerspruchsproblematik. Berlin 1984.

- Schleicher, A., Die Sprachen Europas in systematischer Übersicht. Bonn 1850.
- Schmalholz, H., Neue Wachstumsdynamik durch Innovationen. - In: Ifo - Schnelldienst (Ifo - Institut für Wirtschaftsforschung, München). Berlin (West) - München (1988)18/19.,
- Schneider, H., Zielorientierte Bewertung im Erzeugnis - Lebenszyklus. -In: Wissenschaftliche Zeitschrift der Karl - Marx - Universität Leipzig. Gesellschaftswissenschaftliche Reihe (Leipzig). 36(1987)4. S. 359 - 367.
- Schrauber, H., Zur Ausbreitung technischer Neuerungen. -In: Wissenschaftliche Zeitschrift der Hochschule für Ökonomie Berlin-Karlshorst (Berlin). 31(1986)3. S. 86 - 90.
- Schumpeter, J.A., Theorie der wirtschaftlichen Entwicklung. Eine Untersuchung über Unternehmergewinn, Kapital, Kredit, Zins und Konjunkturzyklus. Leipzig 1912. Zweite Auflage 1926. Neuauflage: Berlin (West) 1952.
- Schuster, P., Structure and Dynamics of Replication - Mutation Systems. -In: Physica Scripta (Stockholm). 35(1987) S. 402 - 416.
- Schwefel, H.P., Numerische Optimierung von Computermodellen mittels der Evolutionsstrategie. Basel 1977.
- Searle, J., Geist, Hirn und Wissenschaft. Frankfurt am Main 1986.
- Segeth, W., Aufforderung als Denkform. Vom Wissen zum zielgerichteten Handeln. Berlin 1974.
- Sharikov, J.S., Naučnaja problema. -In: Logika naučnogo issledovanija. Otvetstvennye redaktori: P.W.Kopnin / M.W.Popowič. Moskva 1965. S. 19 - 44. Deutsch: Sharikov, J.S., Das wissenschaftliche Problem. In: Logik der wissenschaftlichen Forschung. Hrsg. v. P.W.Kopnin u. M.W.Popowitsch. Berlin 1969. S. 31 - 63.
- Shinn, T., Scientific Disciplines and Organizational Specifity: The Social and Cognitive Configuration of Laboratory Activies. -In: Scientific Establishments and Hierarchies. Ed. by N.Elias, H.Martins and R.Whithley. Dortrecht-Boston-London 1982. S. 239-264.
- Siegmund, R., Biorhythmen als Konstituenten des menschlichen Verhaltens. -In: Philosophische und ethische Probleme der modernen Verhaltensforschung. Hrsg. v. G.Tembrock, E.Geissler u. W.Scheler. Berlin 1978. S. 256 - 267.
- Silverberg, G., Modelling Economic Dynamics and Technical Change: Mathematical Approches to Self-Organization and Evolution. -In: Technical Change and Economic Theory. Ed. by G.Dosi, Ch.Freeman, R.Nelson, G.Silverberg and L.Soete. London 1988. S. 531 - 559.
- Silverberg, G., Embodiend Technical Progress in a Dynamic Economic Model. The Self-Organization Paradigm. -In: Nonlinear Models of Fluctuating Growth. Ed. by R.M.Goodwin. Berlin (West) - Heidelberg - New York - Tokyo 1984.
- Simon, R., Die Hypothese in der naturwissenschaftlichen Er-

kenntnisentwicklung. -In: Deutsche Zeitschrift für Philosophie (Berlin). 37 (1989) 4. S. 351 - 359.
- Smith, A., Eine Untersuchung über das Wesen und die Ursachen des Reichtums der Nationen. In drei Bänden. Übers. u. hrsg. v. P.Thal. Berlin 1963 - 1984.
- Stachowiak, H., Allgemeine Modelltheorie. Wien - New York 1973.
- Statistisches Jahrbuch 1988 der Deutschen Demokratischen Republik. Berlin 1988.
- Stegmüller, W., Vom dritten bis sechsten (siebten ?) Dogma des Empirismus. -In: Erkenntnis- und Wissenschaftstheorie. Hrsg. v. P.Weitgartner u. J.Czermak. Wien 1983. S. 232 - 244.
- Stegmüller, W., Rationale Rekonstruktion von Wissenschaft und ihrem Wandel. Stuttgart 1979.
- Stegmüller, W., Probleme und Resultate der Wissenschaftstheorie und Analytischen Philosophie. Band II: Theorie und Erfahrung. Dritter Teilband: Die Entwicklung des neuesten Strukturalismus seit 1973. Berlin (West) - Heidelberg - New York - Tokyo 1986.
- Steinitz, K., Wirtschaftswachstum und ökonomische Strategie. -In: Wirtschaftswissenschaft (Berlin). 35(1987)10. S. 1456 - 1472.
- Steinitz, K., Probleme des Wirtschaftswachstums in der Ökonomischen Strategie. -In: Sitzungsberichte der Akademie der Wissenschaften der DDR. Gesellschaftswissenschaften. Jahrgang 1987. Nr. 7/G. Berlin 1988.
- Stichweh, R., Die Autopoiesis der Wisssenschaft. -In: Theorie als Passion. Hrsg. v. D.Baecker. Frankfurt am Main 1987. S. 447 - 481.
- Susman, G.I., Autonomy at work. New York 1976.

- Tatarinov, Ju.B., Problemy ocenki effektivnosti fundamental'nych issledovanij: logiko - metodologičeskie aspekty. Moskva 1986.
- Tembrock, G., Verhaltensbiologie. Jena 1980.
- Tembrock, G., Verhaltenswissenschaften in Theorie und Praxis. -In: Sitzungsberichte der Akademie der Wissenschaften der DDR: Mathematik - Naturwissenschaften - Technik.(Nr. 7/N). Berlin 1983.
- Tembrock, G., Humanevolution aus verhaltensbiologischer Sicht. Ernst - Haeckel - Vorlesung an der Friedrich - Schiller Universität Jena. Jena 1987.
- Thom, A. / Wagner K., Entwicklungsformen der theoretischen Erkenntnis. -In: Bildung und Entwicklung natur- und gesellschaftswissenschaftlicher Theorien. Hrsg. v. R.Rochhausen. Berlin 1983. S. 37 - 68.
- Toffler, A., Der Zukunftsschock. Bern - München - Wien 1970.

- Uznadze, D.N., Eksperimental'nye osnovy psichologii ustanovki. Tbilissi 1961., Englisch: Udnadze D.N., The Psychology of set. New York 1966.

- Vogel, C., Von der Natur des Menschen in der Kultur. -In: Studium Generale . Vorträge zum Thema Mensch und Tier. Band III/IV. Stuttgart 1986. S. 138 - 149.
- Vorozcov, V.P. / Moskalenko, A.T., Metodologičeskie ustanov-

ki učenogo. Novosibirsk 1986.
- Vorwerg, M., Grundlagen einer persönlichkeits - psychologischen Theorie des sozialen Verhaltens. In: Persönlichkeitspsychologische Grundlagen interpersonellen Verhaltens. Band 1. Hrsg. v. M.Vorwerg u. H.Schröder. Karl-Marx-Universtität Leipzig. Sektion Psychologie. Leipzig 1980. S. 10 - 97.
- Vorwerg, M., Persönlichkeitspsychologie im Wandel. In: Psychologie für die Praxis (Berlin). (1985) 3. S. 197 - 216.
- Völz, H., Information. Berlin 1983.

- Wangermann, G., Der Problemlösungsprozeß in der naturwissenschaftlich - experimentellen Forschung. Ein Beitrag zur Analyse. Berlin 1984 (Abhandlungen der Akademie der Wissenschaften der DDR, Abteilung Gesellschaftswissenschaften, Jahrgang 1984, Nr. 1/G).
- Weidlich, W. / Haag, G., Concepts and Models of a Quantitative Sociology. Berlin (West)-Heidelberg-New York 1983.
- Wein, H., Untersuchungen über das Problembewußtsein. Berlin 1937.
- Weingart, P. / Winterhager, M., Die Vermessung der Forschung: Theorie und Praxis der Wissenschaftsindikatoren. Frankfurt / Main-New York 1984.
- Weizsäcker, E. von (Hrsg.), Offene Systeme I. Stuttgart 1974.
- Weiß, R., Die Leistungsfähigkeit kritisch - rationalistisch geleiteter Wissenschaft. Wissenschaft als Problemlösung und Problemproduktion. Freiburg 1979.
- Weller, W., Lernende Steuerungen. Berlin 1985.
- Wendt, H., Natur und Technik - Theorie und Strategie. Erkannte Naturgesetze und Prinzipien ihrer bewußten Ausnutzung. Berlin 1976.
- Wendt, H., Erfindung und Entdeckung. -In: Erkenntnismethoden in den Technikwissenschaften. Eine methodologische Analyse und philosophische Diskussion der Erkenntnisprozesse in den Technikwissenschaften. Hrsg. v. G.Banse u. H.Wendt. Berlin 1986. S. 31 - 36.
- Wer - Was - Wann ?, Entdeckungen und Erfindungen in Naturwissenschaft und Technik. Leipzig 1972.
- Wittich, D., Die gefesselte Dialektik. Zu den philosophischen Ideen des Wissenschaftshistorikers Th.S.Kuhn. -In: Deutsche Zeitschrift für Philosophie (Berlin). 26 (1978) 6. S. 785 - 796.
- Wittich, D., Zum objektiven Korrelat des Problems und zur Unterscheidung von Problem und Problemsituation. -In: Problemstruktur und Problemverhalten in der wissenschaftlichen Forschung. Hrsg. v. H.Parthey, H.Vogel u. W.Wächter. Universität Rostock. Rostock 1966 (Rostocker Philosophische Manuskripte, Heft 3). S. 45 - 50.
- Wolffgramm, H., Allgemeine Technologie. Leipzig 1978.
- Wurzel, W.U., Flexionmorphologie und Natürlichkeit. Ein Beitrag zur morphologischen Theoriebildung. =In: Studia grammatica XXI. Hrsg. v. W.Motsch u. J.Kunze. Berlin 1984.
- Wurzel, W.U., Grammatische Normen und Sprachveränderung. - In: Theoretische und praktische Fragen der Sprachkultur. - In: Linguistische Studien des Zentralinstituts für Sprachwissenschaft der Akademie der Wissenschaften der DDR. Reihe A. Arbeitberichte, Heft 170.,Berlin 1987. S. 145 - 160.

- Wurzel, W.U., Dialektischer Determinismus und Sprachsystem. -In: Deutsche Zeitschrift für Philosophie (Berlin). 29(1981)11.
- Wurzel, W.U., Zur Erklärbarkeit sprachlichen Wandels. -In: Zeitschrift für Phonetik, Sprachwissenschaft und Kommunikationsforschung (Berlin). 41(1988)4. S. 488 - 510.
- Wölfling, M., Treibhauseffekt für Innovationen? -In: Spectrum (Berlin). 19(1988)12. S. 18 - 20.

- Zabrodin, V.Ju., Poznavatel'naja situacija v sovremennoj geologii. -In: Voprosy filosofii (Moskva). 38(1985)1. S. 64 - 72.
- Zelenina, J.A., Istoričeskaja situacija metodologija analiz. Moskva 1987.
- Zuscovitch, E. / Heraud, J.-A. / Cohendet, P., Innovation Diffusion from a qualitative Standpoint. Technological networks and economic evolution through case studies. -In: Futures (London). 20(1988)3. S. 266 - 289.

Personenverzeichnis

Sachregister

Bei Fragen zur Produktsicherheit wenden Sie sich bitte an:
If you have any questions regarding product safety,
please contact:

Walter de Gruyter GmbH
Genthiner Straße 13
10785 Berlin
productsafety@degruyterbrill.com